国家动物博物馆
National Zoological Museum of China

国家动物博物馆科普著译书系

The Encyclopedia of Animals

动物王国

〔英〕蒂姆·哈里斯（Tim Harris）◎著

罗雅文◎译

天津出版传媒集团

天津科学技术出版社

主编

张劲硕　国家动物博物馆副馆长（主持工作）、研究馆员

副主编

黄乘明　国家动物博物馆原展示馆馆长，中国科学院动物研究所研究员
孙　忻　国家动物博物馆原展示馆馆长，中国动物学会科普工作委员会副主任

特约审校

李建军　北京自然博物馆原副馆长、研究员

编写组成员

高　源　北京自然博物馆副研究馆员
孙路阳　国家动物博物馆科普与宣传部副主任、科普讲师
刘基文　国家动物博物馆运营与管理部主任、科普讲师
张　正　中国古动物馆展教部科普教师、小达尔文俱乐部负责人
王传齐　国家动物博物馆科普主管、科普讲师
张　雪　国家动物博物馆科普主管、科普讲师
许可欣　国家动物博物馆设计主管、科普讲师

本书审校专家

张劲硕　博士、研究馆员，中国科学院动物研究所·国家动物博物馆副馆长（主持工作）。
宋　刚　博士，中国科学院动物研究所副研究员，硕士生导师。曾参加和组织了多次由科技部、中国科学院及国家自然科学基金委资助的野外科学考察。
张　洁　中国科学院动物研究所副研究员。留日博士，研究方向：鱼类学。
程继龙　博士，中国科学院动物研究所助理研究员，主要从事啮齿动物分类学、系统发育学以及人类工程建设对野生动物影响和保护对策研究。
齐　硕　中山大学生态学院博士生，研究方向为两栖爬行动物系统演化及生态适应，发表两栖爬行动物新种17个，出版科普书籍5部。

本书出版团队

出 品 方	斯坦威图书	封面设计	异一设计　高怀新
出 品 人	申　明	排版设计	杜　帅
出版总监	李佳铌	发行统筹	阳秋利
产品经理	韩依格	市场营销	王长红
责任编辑	马妍吉	行政主管	张　月
助理编辑	刘予盈	翻译统筹	话语桥 Lan-bridge

图片版权说明

推荐序

善待动物，从了解它们开始

燕子和雨燕是亲戚吗？它们谁更适应空中的生活？深海里的鮟鱇鱼为什么会发光？看上去外貌迥异的食蚁兽、树懒、犰狳，它们有哪些相似的行为？翻开这本《动物王国》，你将会徜徉在一个神奇、有趣的动物世界，了解有关动物进化、分类、行为等方面的知识，探寻不同物种之间的关系。

这本科普读物由深受读者喜爱的英国作家蒂姆·哈里斯（Tim Harris）编写，书中包括 400 多种动物类别，近 800 个物种，大量的精美图片展示了动物在自然环境中的行为，知识点突出，可谓是一本动物科普图鉴。

当然，本书中收录的仅仅是生活在地球上的一部分物种，其中也包含一些已经灭绝或濒临灭绝的物种，如已灭绝的马达加斯加的巨型隆鸟、树懒的祖先大地懒、柬埔寨野牛等，面临严峻灭绝风险的旋角羚、加湾鼠海豚、紫蓝金刚鹦鹉等，这些与人类共生的地球公民因为人类的活动而危及生存。目前，共有 100 万动植物物种濒临灭绝，地球物种的消失速度是数百年前的 100~1000 倍。科学家们认为，地球正在面临第六次物种大灭绝，这是动植物物种的危机，亦是人类自身的危机。

如今，地球上 3/4 的陆地环境和约 66% 的海洋环境已经因人类行为而发生了巨大变化，人类活动直接构成了对生物多样性的最大威胁。然而地球上的每个物种都是独一无二的，都是生物群落和生态系统不可分割的一部分，生物多样性的丧失会威胁到所有生物，也包括人类自己。我们必须立即行动，遏制物种灭绝的速度，重建与自然的关系。

我们期待，通过书中的科普内容，读者能在了解动物的同时，建立"尊重自然，善待动物"的理念，在生活中，践行"动物友好型生活方式"，拒绝消费野生动物制品、不参与野生动物娱乐活动、不饲养野生动物，保护野生动物的自然栖息地。

让我们携手，保护自然，善待动物，重建更美好的地球家园！

世界动物保护协会北京代表处

作者的信

亲爱的中国读者：

我由衷地希望你在阅读这本《动物王国》时收获的快乐和我在整理它时收获的一样多。我们的创作初衷就是通过丰富多彩的插图和照片来展示动物王国的千姿百态。我们希望你能享受阅读的过程，在阅读中认识各种各样的动物，了解它们之间的关系，了解它们为了生存在这个复杂多变的星球上进化出的适应性特征。

我们的书从哺乳动物讲起，这一类群征服了地球上所有的栖息环境，包括沙漠、森林、草原、严寒的极地、河流和海洋。它们中有如孟加拉虎一般可怕的捕食者，也有如海牛一般温柔的"巨人"，还有和我们人类最亲的亲戚——类人猿。

接下来让我们揭开鸟类的篇章，它们通常羽毛斑斓，拥有飞行的宝贵天赋，其中一些物种凭借自己非凡的技能散发出更加迷人的魅力，比如远超人类的敏锐视力，又比如克服艰险的长途跋涉的能力。

爬行类和两栖类动物种类繁多，在人类所知最致命的生物之中，就有爬行类的毒蛇。

地球上的海洋中生活着各种各样的鱼，它们中有大白鲨这样的"冷血杀手"，但也为人类提供了许多食物。在海洋深处，你还能遇到一些不同于其他任何生命形式的奇怪生物。

最后，让我们来看看地球上体型最小但种类最多的节肢动物，包括昆虫纲和蛛形纲的成员。科学家们认为地球上 90% 以上的物种都是昆虫！它们可以组成庞大而神秘的社会，也能为植物传粉授粉，它们是植物的好帮手，会辅助植物完成养活地球上其他生物的伟大事业！

不同的动物之间是如何相互联系，动物和环境之间又如何相互影响，大概是一个人能讲述出的最伟大的故事了，毕竟它们历尽沧海桑田，才以如今的模样出现在我们眼前。希望这本书能激发出你对动物王国兴趣的火花，让你和我一样对这些动物感到喜爱与好奇。

祝你阅读愉快！

T. V. Haw

目录 Contents

两栖动物

爬行动物

鱼类

无脊椎动物

节肢动物

动物进化树

地球上已知最古老的生物化石可以追溯到大约35亿年前，而第一个多细胞动物直到9亿年前才出现。从那时起，数百万不同种类的动植物在这个世界诞生又最终走向灭绝。没有人知道地球上如今存在着多少种生物，我们已经发现了150万种，其中大多数都是昆虫，而实际的物种数量可能是这个数字的10倍。下面这幅图展示了现存动物的主要类群以及它们之间的简单关系。比如，我们可以从图中看到昆虫是由其他的无脊椎动物进化而来的，鸟类起源于爬行类动物。不过，这幅图并没有体现出进化的时间顺序——实际上，第一只哺乳动物比第一只鸟类出现得更早。

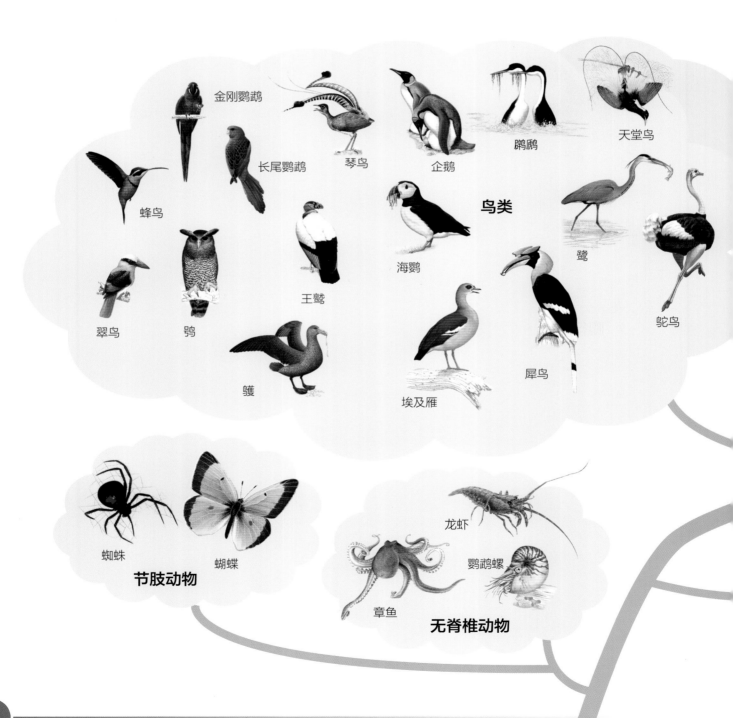

金刚鹦鹉

长尾鹦鹉

琴鸟

企鹅

鸊鷉

天堂鸟

蜂鸟

鸟类

鹭

翠鸟

鸮

王鹫

海鹦

鸌

埃及雁

犀鸟

鸵鸟

蜘蛛

蝴蝶

节肢动物

龙虾

章鱼

鹦鹉螺

无脊椎动物

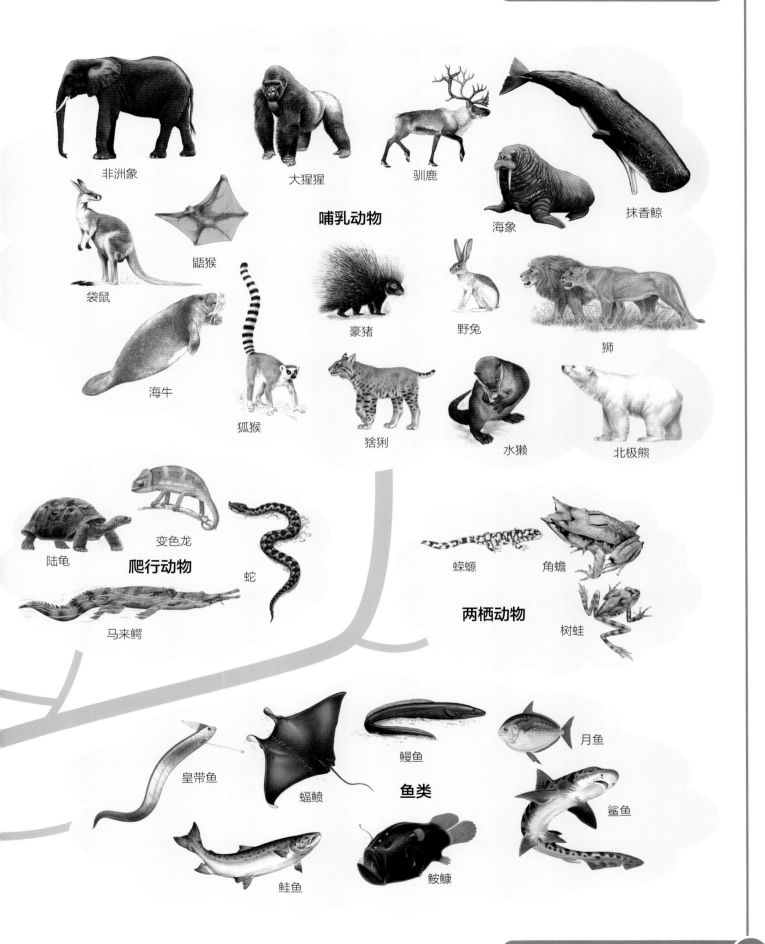

非洲象

大猩猩

驯鹿

海象

抹香鲸

哺乳动物

袋鼠

鼯猴

海牛

豪猪

野兔

狮

狐猴

猞猁

水獭

北极熊

陆龟

变色龙

爬行动物

蛇

蝾螈

角蟾

两栖动物

树蛙

马来鳄

皇带鱼

鳗鱼

月鱼

蝠鲼

鱼类

鲨鱼

鲑鱼

鮟鱇

什么是哺乳动物

哺乳动物是恒温脊椎动物（也叫温血动物），它们全身覆盖着毛发并通过分泌乳汁哺育后代。无论从结构、功能或是行为上看，哺乳动物类群都展现出了丰富的多样性：大多数哺乳动物是陆生的，也有许多大型哺乳动物生活在水中，还有的哺乳动物甚至能在飞行的过程中捕猎。地球上的6 800多种哺乳动物之中，大部分都是胎生的，不过也有少数有袋目和单孔目物种保留着卵生特征。

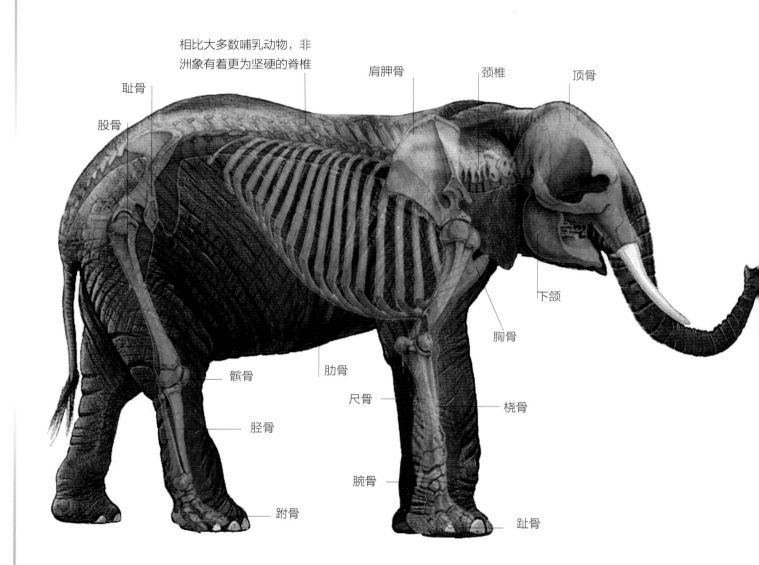

相比大多数哺乳动物，非洲象有着更为坚硬的脊椎

耻骨

股骨

肩胛骨

颈椎

顶骨

下颌

胸骨

髌骨

肋骨

尺骨

桡骨

胫骨

腕骨

趾骨

跗骨

非洲象的骨骼

哺乳动物的骨骼系统主要有3个部分：头骨、脊柱和肋骨、肢骨。其中最主要的结构都能在非洲象的身上观察到，当然，这也是因为非洲象本身就是大型哺乳动物。

食肉动物的颌骨

食肉动物颌骨上附着的巨大颞肌，其主要作用是通过提拉下颌骨来闭合口腔；嚼肌则为咬断和磨碎食物提供了力量。

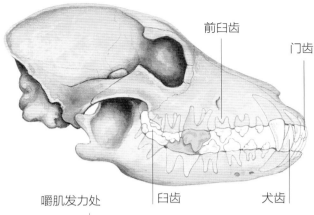

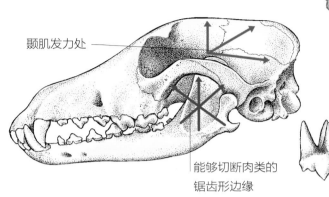

颞肌发力处

能够切断肉类的锯齿形边缘

嚼肌发力处

前臼齿

门齿

臼齿

犬齿

狼的牙齿

狼的下颌每一侧都长有 3 颗门齿、1 颗犬齿、4 颗前臼齿和 3 颗臼齿。

后肠发酵型动物和反刍型动物

有蹄类哺乳动物进化出了两种不同的消化系统来利用植物中的纤维素，分别是后肠发酵型和反刍型。

后肠发酵型动物：细胞内容物在胃部被完全消化后，剩下的纤维素进入盲肠和大肠，借助其中的肠道微生物进行消化。

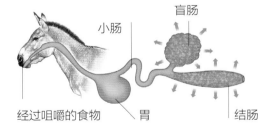

小肠

盲肠

经过咀嚼的食物

胃

结肠

反刍型动物：食物先进入瘤胃，初步消化后逆行经过食管回到口腔。通过再次咀嚼来减小食物颗粒的体积，细小的食物颗粒会经过网胃、瓣胃到达真胃（又称皱胃），最终完成消化过程。

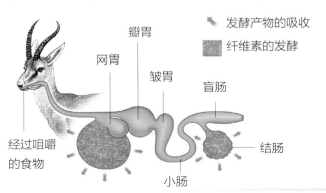

瓣胃

网胃

皱胃

盲肠

经过咀嚼的食物

结肠

小肠

发酵产物的吸收

纤维素的发酵

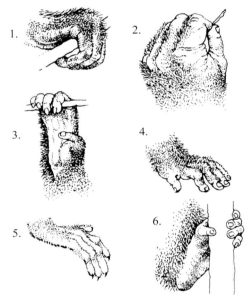

1.

2.

3.

4.

5.

6.

灵长类动物的手和脚

灵长类动物的手和脚比其他任何哺乳动物的都更加灵活。

1.**蜘蛛猴**：为适应树栖生活，便于攀缘游荡而极度退化的拇指。2.**大猩猩**：拇指与其他四指相对，实现精准抓握。 3.**长臂猿**：短小的对生拇指与用于攀缘游荡的四指相隔较远。4.**猕猴**：手掌上短小的对生拇指适于行走。 5.**狨猴**：修长的脚掌利于在树枝上奔跑。6.**猩猩**：宽厚的脚掌和能够抓握的长脚趾适于攀爬。

有袋类哺乳动物

有袋类动物种类繁多，但因为它们都具有同一种独特的繁殖方式，所以被统称为有袋类哺乳动物。它们的新生儿个头很小，需要在母亲体外完成大部分的发育过程，这一过程通常发生在母亲腹部的育儿袋内。

有袋类动物分布在大洋洲（澳大利亚、新西兰和邻近的太平洋岛屿）和美洲，体型从庞大的袋鼠到玲珑的侏袋鼬不等。在已知的所有哺乳动物当中，有袋类动物的怀孕时间最短，产下的幼崽体型最小（与成体的个头相比）。每一窝幼崽的数目少则1只，多则能达到56只。

想要描述一只典型的有袋类动物是非常困难的。现存的334种有袋类动物在形态结构、体型大小和生活习性方面都表现出了丰富的多样性。

现代有袋类动物有的食叶、食草、食虫；有的吸食花蜜和植物汁液；有的以食肉、食腐或者杂食为生。一些有袋类动物食物高度特化，非常"挑食"；另一些则食物多样，来源广泛。有袋类动物的运动方式包括奔跑、攀爬、挖掘、跳跃，甚至在空中滑翔。大多数有袋类动物都是夜行性或不完全夜行性的。

一只小北美负鼠利用自己适于卷握的尾巴挂在树枝上。小负鼠在10周左右大的时候就会离开妈妈的育儿袋。

蜜袋鼯

Petaurus breviceps

蜜袋鼯可以利用前腿和后腿之间的翼膜滑翔49米远。

翼膜

假掌袋貂

Pseudocheirus peregrinus

这种澳大利亚有袋动物既吃树叶也吃昆虫。

美丽侏袋貂（中图）

Cercartetus lepidus

这是另一种树栖的夜行性负鼠。

利氏袋鼯（下图）

Gymnobelideus leadbeateri

这种濒临灭绝的有袋类动物以桉树的汁液和小昆虫为食。

中美绵负鼠

Caluromys derbianus

生活在中美洲的雨林里，以花蜜、昆虫、树叶和种子为食。

黑肩负鼠

Caluromysiops irrupta

这种负鼠是南美洲树木的重要传粉者，它们穿梭在植物间寻找花蜜，同时也传播了花粉。

墨西哥鼠负鼠

Marmosa mexicana

这种小动物的尾巴几乎和它的身体一样长，适于卷握。

身上的条纹有助于在树枝间隐蔽伪装

刷尾负鼠

Trichosurus vulpecula

它们也许是在澳大利亚分布最广的有袋类动物，这种夜行性动物甚至能居住在城市里。

蹼足负鼠

Chironectes minimus

这一新大陆物种生活在河流和湖泊里，脚趾间有蹼，以捕食青蛙和鱼类为生。

纹袋貂

Dactylopsila trivirgata

这种生物主要在夜间活动，它们在树枝上筑巢，尾巴适于卷握。

灰林负鼠

Philander opossum

这种生物两只眼睛上方各有一个明显的白斑，这是它们独有的特征。

鳞尾袋貂

Wyulda squamicaudata

这种独居的夜间觅食动物以树叶、花朵和果实为食。

袋鼠及其近亲

袋鼠、小袋鼠、短尾矮袋鼠和丛林袋鼠都是有袋目袋鼠科的成员。袋鼠科的成员大约有60种，全部生活在澳大利亚或新几内亚。

袋鼠和小袋鼠家族中有许多明星成员，例如东部灰大袋鼠和红大袋鼠都是数量庞大、引人注目的日行性袋鼠。针对它们的研究非常透彻，因为它们和食草类牲畜争夺食物而被视作畜牧业的危害。

大多数袋鼠科成员都拥有长长的后足，以此来承载身体的重量。袋鼠和小袋鼠的后肢巨大，大腿肌肉发达，小腿纤长有力。大多数袋鼠类动物的前肢相对短小，而它们的共同特征是拥有一条长长的尾巴。体型较大的袋鼠类动物的尾巴非常粗壮，能在缓慢移动时发挥支撑体重的作用。

黄昏与薄暮中的觅食者

大多数袋鼠类动物都是夜行性的，或者在日出和日落的几个小时里活动。也有一些袋鼠在白天活动，尤其是生活在开阔区域的大型袋鼠。生活在森林里的袋鼠格外神秘，无论昼夜都很难见到它们的身影。在开阔地带，袋鼠们更倾向于群

岩大袋鼠（右图）

Macropus robustus

生活在澳大利亚一些极干旱的地区，它们可以在不喝水的情况下生存3个月，所需水分全部来源于食物。

育儿袋里的幼兽

草原袋鼠

Bettongia lesueur

这些袋鼠白天躲在地洞里，晚上就变得活跃起来。

红大袋鼠

Macropus rufus

这是世界上最大的袋鼠。雌性的怀孕时长是6~7周，之后小袋鼠就会出生并爬进育儿袋。

蒲河石小袋鼠

Petrogale persephone

岩袋鼠属的16种成员都在夜间觅食，其中，蒲河石小袋鼠是最为濒危的物种。

居生活，以此来防御捕食者的袭击。

麝袋鼠是袋鼠类动物非常独特的近亲，它们体型较小，毫不起眼，尾巴无毛而有鳞片，每只后足长有 4 只脚趾，不像袋鼠类动物一样是 5 只。

草原袋鼠属的成员也是有袋类动物，但它们属于鼠袋鼠科。这些夜行性动物像兔子一般大小，长得有点像迷你版的袋鼠。白天，它们会在地面凹陷的地方睡懒觉，但草原袋鼠是个例外，它们会挖掘洞穴并栖息在洞穴里。

红大袋鼠 强壮有力的后腿使它们能够单腿跳到 7 米远。图中这只红大袋鼠是雌性个体，雄性的皮毛颜色会更红。

沼林袋鼠（左图）
Thylogale stigmatica

丛林袋鼠属一共有 7 个物种，都是以热带雨林地表或森林附近开阔草地上的水果、浆果和树叶为食的小型袋鼠。

尖尾兔袋鼠
Onychogalea fraenata

这一胆小、独居物种的种群数量只有 1 000 多一点儿。

黄足岩袋鼠
Petrogale xanthopus

这一物种在澳大利亚的分布范围非常有限，它们那带条纹的尾巴十分显眼。

帕氏大袋鼠
Macropus parryi

这种群居的有袋动物聚居数量有时可达 50 只。

古氏树袋鼠
Dendrolagus goodfellowi

这种行动敏捷的袋鼠生活在新几内亚的森林里，可以从 9 米高的地方跳到地面而不受伤。

短尾矮袋鼠
Setonix brachyurus

袋鼠的这一种近亲会爬上树寻找树叶，它们在澳大利亚西部的分布范围非常有限。

纹兔袋鼠
Lagostrophus fasciatus

这种袋鼠栖息在澳大利亚西海岸的两个岛上，现在是濒危物种。

—— 背部有黑色横纹

大象和海牛

大象是体型最大的陆生哺乳动物，只要有充足的水分和食物，它们几乎可以生活在任何生态环境中。生活在海洋里的儒艮和海牛是大象的近亲。

大象拥有庞大的身躯、大头、短脖子和像柱子一样壮实的腿，这也导致它们成为唯一不会跳跃的陆生哺乳动物。它们的脚又宽又圆，有着柔软的脚底和马蹄般的指甲。它们还有着灰黑色的厚皮肤、大耳朵和细尾巴。

它们标志性的长鼻子末端有两个鼻孔。对于大象这样的短颈动物，长鼻子可以帮助它们拾取地面上的食物，或者摘取高过头顶的树叶和果实；可以在洗澡时用来往身上喷水或泥沙；也可以用于嗅闻，或是通过鼻端的触觉感受器探索外界环境。

儒艮和海牛没有后肢，前肢退化成了大型鳍状肢，尾巴演变成了宽大的船桨模样。它们生活在温暖的浅海或者入海口中，船桨般的尾巴推动着它们在水中前行。

亚洲象

Elephas maximus

亚洲象的耳朵明显比它们的非洲近亲更小。

儒艮

Dugong dugon

儒艮在水下最长可待 6 分钟，不过通常情况下只能待一半的时间，它们一生中的大部分时间都生活在不到 10 米深的水里。

和海豚相似的尾鳍

儒艮生活在非洲东部、澳大利亚和东南亚沿海的温暖浅水水域，以海床上的海草为食。

非洲草原象

Loxodonta africana

地球上最大的陆生哺乳动物，重达 6.3 吨，以大大的耳朵著称。

像船桨一样的尾巴

美洲海牛

Trichechus manatus

唯一一种生活在海洋里的海牛属动物，分布于加勒比海和南美洲北部的沿海水域。

大象的进化

从左至右依次是：
始祖象（渐新世），
三棱齿象（中新世中期），
铲齿象（中新世晚期），
帝王猛犸象（更新世），
非洲草原象（现代）。

非洲草原象

非洲草原象是地球上现存最大的陆生哺乳动物。它们的肤色从黑色、浅灰色到棕色都有，身体一些部位的皮肤厚度能达到 4 厘米。它们的皮肤尽管很厚，但却非常敏感，需要频繁地通过洗浴、按摩和用泥沙"扑粉"来保持良好状态。刚出生的小象通常是毛茸茸的，但在成长的过程中会逐渐褪去这层覆盖物。

非洲草原象比亚洲象体型更大，最大的个体重达 10 吨，高达 4 米。它们有 21 对肋骨，比亚洲象多 1 对；背部中间略微向下倾斜，不像亚洲象的背部轻微隆起。它们巨大且扁平的前额就像一个大型推土机，能推倒一整棵树，从而更加方便地取食树叶。

非洲草原象的象鼻末端有 2 个指状突起，非常敏感、灵巧，既可以用于捡起食物或其他物品，也可以用来操控物体。强壮的象鼻不仅能够撕裂树木，还是灵敏的触觉和嗅觉器官，同时也具备饮水、交流、威胁，以及增大发声音量的功能。

非洲草原象无论雌雄都长有象牙，象牙由嘴巴两侧细长的上门齿发育而来，用于战斗、挖掘和取食。

非洲草原象每天要喝 180 升水，它们饮水时先把水吸入长鼻子，然后再对着嘴巴喷洒进去。

雌性非洲草原象在 10 岁左右发育成熟，之后每 4 个月就有 2 ~ 4 天的发情期。因此，非洲草原象的交配发生在一年中的不同时候，幼崽也会在一年中的不同季节出生，不过大多数小象还是集中在雨季高峰期之前出生。小公象成年后，年长的母象会把它们赶出族群，它们可能会聚集成单身汉小群体或者独自生活。

名称	非洲草原象

拉丁学名 *Loxodonta africana*

英文名 African Elephant

分类 长鼻目 象科

体型

头部和躯干（包括象鼻）：6 ~ 7.5 米

尾长：100 ~ 150 厘米　肩高：2.7 ~ 3.3 米

体重：3 ~ 6 吨

雌性一般比雄性小。

繁殖 通常每 3 ~ 4 年在雨季产下 1 头幼崽，妊娠期 22 个月。幼崽 4 个月大时断奶，雌性 11 岁性成熟，雄性则要到 20 岁。它们在野外可以活 60 ~ 70 年。

主要特征 身体呈灰色，脑袋和耳朵都很大；有着长长的象牙和灵活的象鼻；皮肤上有稀疏的黑色硬毛；前额和背部平坦。

栖息地 主要在稀树草原。

食物 树叶、水果、草本植物、草、根茎、小树枝和树皮。

食蚁兽、树懒和犰狳

这些长相奇怪的动物看起来形态各异，但它们都被归类到了异关节总目（Xenarthra）中。"Xenarthra"一词起源于希腊语，意思是"奇怪的关节"，体现出了这一类动物脊椎的独特联结方式。

食蚁兽、树懒和犰狳都以蚂蚁或其他昆虫为食。真正的"食蚁兽"（披毛目动物）用它们有力的腿和爪子挖掘白蚁的巢穴。它们利用长管状的鼻子灵活探入，黏糊糊的舌头进进出出，大量地舔食昆虫。

犰狳

犰狳是来自有甲目的重点保护动物，其英文名起源于西班牙语，意思是"穿铠甲的小家伙"。它们的外壳，或者说鳞甲，是由大面积覆盖上半身的坚硬骨板构成，这些骨板的外面由薄薄的角质表皮覆盖，起到保护作用。其背部的鳞甲呈现可动的条带形状，使得它们能够灵活地把身体卷起来。条带数量决定了犰狳的名称。在受到威胁时，三带犰狳能够蜷缩成球形，而其他种类的犰狳通常只会缩回四肢。犰狳的食物比较多样，包括各种昆虫、腐肉，甚至还包括小型脊椎动物。它们的鼻子比食蚁兽用来探索蚁巢的长鼻子短得多。

树懒

树懒是非常特殊的食草动物，属于披毛目。它们栖息在树上，以行动缓慢而出名。为了适应以树叶为食的低能量饮食，它们的新陈代谢非常缓慢。通常，它们会取食其他动物避而不食的植物。大部分时间，树懒都倒挂在树枝上，它们的毛发间附着有绿藻，这为它们提供了良好的保护色。

用于探索昆虫巢穴的长鼻子

小食蚁兽

Tamandua tetradactyla

这种独居的南美洲物种能够用强壮有力的爪子撬开昆虫的巢穴。

卷曲的尾巴

大食蚁兽在蚁巢觅食的过程中，会以每分钟 150 次的速度弹动超长的舌头，进进出出。

九带犰狳
Dasypus novemcinctus

九带犰狳是分布最广的犰狳，以甲虫、蚂蚁、白蚁和其他无脊椎动物为食。

大地懒
Megatherium sp.

现已灭绝的大地懒是现代树懒的祖先，曾经生活在南美洲，体长可达 6 米。

史前贫齿类动物

伏地懒（左一），生活在更新世的南美洲；**雕齿兽**（左二），身体由保护甲壳覆盖的更新世贫齿类动物。

披甲的躯壳

所有犰狳都有鳞甲覆盖的躯壳，但不同物种的甲壳形状存在差异。和三带犰狳（左图）相比，小犰狳（右图）全身的鳞甲都呈现条带状。

三条带

全身鳞甲呈条带状

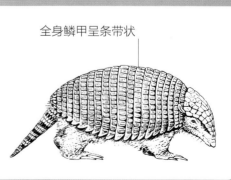

土豚

土豚的英文名字"Aardvark"在南非语中是"土猪"的意思,这种奇怪的动物可以说是名副其实了。它们的鼻子很长,末端扁平,像猪一样,但四肢比猪短。它的毛发稀疏浅白,经常沾上泥土。不过除此之外就都是不同之处了,土豚有着一条沉甸甸的大尾巴,基部粗壮末端尖细,头上还有一对直立的大耳朵。土豚是非常特殊的哺乳动物,它们仅以蚂蚁、白蚁和一些小型昆虫的幼虫为食。

嗅出晚餐

土豚通常是夜行性的,加上它们非常胆小且神秘,我们在一般情况下很难见到。然而,有时我们可能会观察到一只土豚沿着"Z"字形路线一路嗅闻,寻觅食物。土豚鼻孔周围浓密的毛可以用来过滤土壤和灰尘。寻找到合适的猎物时,土豚会蹲在地上,用长鼻牢牢地顶住地面,前肢开始迅速挖掘。它们短小有力的前肢有 4 根指头,每根指头都长着巨大的指甲,能挖掘除硬岩以外的任何土质。长长的舌头不断伸出,借助嘴内腺体分泌的黏液捕捉昆虫。一只土豚一晚上可能进食超过 5 万只昆虫。

名称 土豚

拉丁学名
Orycteropus afer

英文名
Aardvark

分类 管齿目 土豚科

体型
头部和躯干:105 ~ 130 厘米
尾长:45 ~ 63 厘米
体重:40 ~ 65 千克

主要特征 肌肉发达,长得像猪,毛发粗糙又稀疏,长鼻、长尾、大耳朵。

繁殖 妊娠期 7 个月,单胎产子。6 个月大时断奶,2 岁发育成熟。圈养条件下能活到 18 岁,在野外可能也一样。

声音 偶尔发出咕哝声。

栖息地 常见于一年四季都有大量蚂蚁和白蚁的草地、开阔林地和灌木丛;在热带雨林中不常见;在石质土壤和洪水地区不可见。

分布 零星分布在撒哈拉以南的非洲大部分地区。

小土豚会在洞穴里度过它生命的最初几天,然后在 2 周大的时候第一次外出冒险。

穿山甲

穿山甲的 8 个物种外形都与食蚁兽相似，但它们身上覆盖着坚硬、重叠的鳞片，看起来像松果一样。这些鳞片像一层层被压缩的头发，在质地（和化学成分）上与指甲相似。穿山甲的英文名字（Pangolin）来自马来语，意思是"翻滚"，因为它们可以卷曲成一个紧密的球，以保护自己脆弱的腹部。

名称	穿山甲
拉丁学名	*Manis*
英文名	Pangolin
分类	鳞甲目　穿山甲科
体型	头部和躯干：40 ~ 65 厘米　尾长：35 ~ 56 厘米　体重：10 千克
主要特征	身体覆盖着层层叠叠的鳞片。

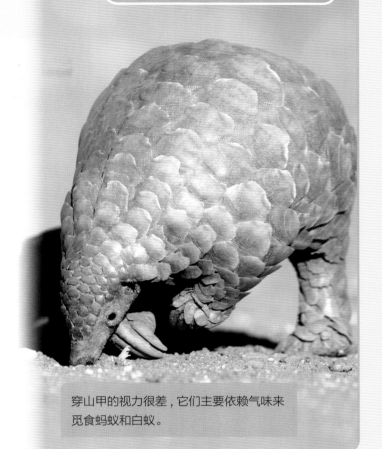

穿山甲的视力很差，它们主要依赖气味来觅食蚂蚁和白蚁。

褐喉三趾树懒

一种只吃树叶的三趾树懒，会用长长的前肢把枝叶拉到嘴边。由于树叶的营养成分含量很低，树懒需要进食大量树叶来维持生命的基本活动。在树懒结构复杂的胃里，树叶必须经过微生物的帮助才能被消化。行动缓慢的树懒能够成功存活的原因是它们进化出了特殊的生活方式——它们几乎可以终身在树林的顶端活动，远离大多数捕食者。

名称	褐喉树懒
拉丁学名	*Bradypus variegatus*
英文名	Brown-throated Three-toed Sloth
分类	异关节目　树懒科
体型	头部和躯干：56 ~ 61 厘米　尾长：5 ~ 7 厘米　体重：3.5 ~ 4.5 千克

褐喉三趾树懒一天要睡 15 ~ 18 个小时，每天只进行短时间的活动。

松鼠和河狸

松鼠属于松鼠亚目，河狸属于河狸亚目。松鼠能够在多种环境中生存，主要是食草动物；河狸体型较大，是半水生动物。

那些长得像松鼠的啮齿类动物都是攀爬高手，专门为树栖而生。树松鼠、鳞尾松鼠和睡鼠拥有适于抓握和攀爬的足和爪子，还有一条维持身体平衡的尾巴，可以在狭窄的树枝间穿梭时发挥作用。飞鼠和鳞尾松鼠极度适应树栖生活，它们能够在树与树间滑翔，永远不需要降落到地面上。

许多陆栖的松鼠亚目成员都生活在洞穴里，这个洞穴可能只是一个简单短小的管道，刚好容纳一只个体；又或者是一个庞大的洞穴系统，由交织成网的管道连通着，里面包括用于睡觉、养育后代、冬眠、储存食物和排泄的"房间"。

长得像松鼠一样的啮齿类动物囊括了世界上最能睡的哺乳动物。睡鼠、跳鼠、各种地松鼠，甚至还包括仓鼠，它们一年中的冬眠时间长达9个月。

河狸是世界上最大的啮齿动物之一。它们健壮、腿短，拥有独特的像船桨一样的扁平尾巴，上面覆盖着巨大的鳞片。游泳时，河狸以尾巴和后足为推动力，优雅地在水中前行。

花鼠

Tamias sibiricus

几只花鼠会共享洞穴一起冬眠度过寒冬。

美洲飞鼠

Glaucomys volans

这种生活在美洲东部森林的动物虽然不会飞行，但能在树与树之间滑翔。

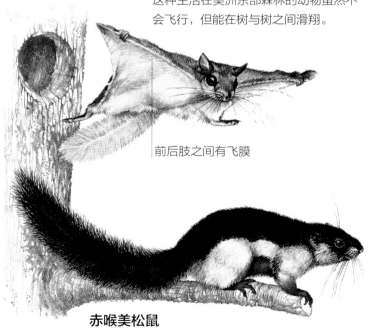

前后肢之间有飞膜

赤喉美松鼠

Callosciurus prevostii

一种颜色漂亮的林栖松鼠，生活在东南亚。

当花鼠找到一个种子或坚果丰富的觅食区，它们会先把食物塞满自己的颊囊，再带回洞穴慢慢品尝或储存起来。

印度巨松鼠

Ratufa indica

这种巨型松鼠全长可达 90 多厘米。

缨耳松鼠

Sciurus aberti

落基山脉的黄松林是它们
喜爱的栖息地。

两侧和腹部之间
的黑色条纹

北美红松鼠

Tamiasciurus hudsonicus

北美红松鼠的主要食物是嫩芽
和种子，尤其是包裹在针叶树
球果里的种子。

阿尔卑斯旱獭

Marmota marmota

阿尔卑斯旱獭是穴居动物，即使在
最坚硬的土地上也能挖出洞穴。

美洲河狸

Castor canadensis

这种啮齿类动物原产于北美洲，它们能咬断树木、建
造"水坝"和蓄水池，对环境产生了不小的影响。

新大陆的大鼠和小鼠

棉鼠亚科包含了 400 多种来自新大陆[1]的大鼠和小鼠，它们都是小型啮齿类动物，即使是其中个头最大的物种，也只能长到 29 厘米。

啮齿目动物是陆生动物中唯一一类在南极洲以外的每一片大陆上都有自然分布的物种。美洲的大鼠和小鼠是一个非常多样化的群体，其中一些适应了穴居生活：脖子短、耳朵小、尾巴短、爪子长。另一些则长时间生活在水里，它们通常有蹼足和小耳朵，适于游泳。吃鱼的大鼠和小鼠以小型甲壳类动物和鱼类为食。

美洲的大鼠和小鼠几乎占领了所有陆地生态环境，包括热带雨林、草原、针叶林和阔叶林，甚至城市地区。一些栖息在高山湖泊附近，另一些栖息在低地沼泽里。它们的分布范围很广，北至阿拉斯加，南至阿根廷的最南端。

【注释】

1. 新大陆在地理上指美洲，包括世界生物地理分区中的新北界和新热带界，与旧大陆的概念相对，旧大陆包括古北界和埃塞俄比亚界。

白足鼠是北美东部数量最多的啮齿动物，它们是游泳健将，因而能在湖泊中的岛屿上繁衍生息。

侏鼠

Baiomys sp.

侏鼠是美洲最小的啮齿动物，它们的活动范围也很小。

林鼠

Neotoma sp.

林鼠用树枝和其他碎片筑巢，非常喜欢亮晶晶的东西，它们有时会从人类的居所叼走一些闪耀着光芒的"宝贝"。

鸟蛋是棉鼠食物的组成部分之一

棉鼠

Sigmodon sp.

棉鼠是杂食动物，生活在美国南部和南美洲北部。与其他大鼠不同的是，棉鼠幼崽出生时全身被毛。

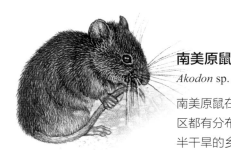

南美原鼠

Akodon sp.

南美原鼠在南美洲的大部分地区都有分布，从潮湿的森林到半干旱的乡村都有它们的身影。

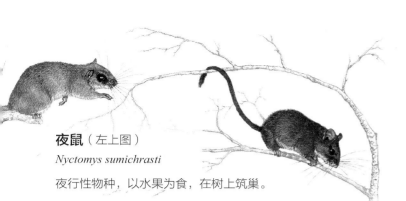

登鼠

Rhipidomys sp.

这些树栖种类生活在南美洲的
原始林和次生林中。

夜鼠（左上图）

Nyctomys sumichrasti

夜行性物种，以水果为食，在树上筑巢。

恰帕斯攀鼠（左图）

Tylomys bullaris

树栖物种，很少从树冠上下来。

白足鼠

Peromyscus sp.

在北美很常见，以跳跃能力闻名。

渔鼠

Ichthyomis sp.

捕食鱼类、甲壳类和水生节肢动物，生活
在南美洲的淡水溪流中。

泳鼠

Nectomys sp.

这类啮齿动物适应于潮湿环境中
的穴居生活，尤其是在河流附近。

南美水鼠

Scapteromys tumidus

这种大鼠生活在洪水淹没的草
地，它们在这些草皮下筑巢，
而不是穴居生活。

裂爪鼠

Chelemys sp.

起源于南美洲，同属的 3 个物
种都生活在地洞里。

叶耳鼠

Phyllotis sp.

大多数生活在高海拔地区，分布在安第
斯高原海拔 4 300 米或者更高的区域。

田鼠和旅鼠

世界上大约有 150 种田鼠和旅鼠，遍布北美和亚欧大陆。这些物种中有许多生活在水域附近，它们繁殖迅速，有些每年会产下几窝幼崽。

大多数田鼠和旅鼠是素食啮齿动物，以苔藓、草、叶、根、鳞茎和水果为食。它们的牙冠上有一个明显的锯齿，有利于快速撕碎粗糙的植物。

旅鼠的繁殖速度非常快，即使在以繁殖能力著称的啮齿类动物之中也显得极为突出。雌性旅鼠能在短期内接连产下大窝幼崽，而新生的旅鼠自己也能早早地开始繁殖。雌性在 2 周大的时候就能怀孕了。通常情况下，旅鼠仅在温暖的夏季繁殖，而且高出生率伴随着高死亡率。但每隔 2 ～ 5 年，温和的气候和充沛的食物也使它们能在冬季繁殖。旅鼠的提前繁殖，极大地加快了春季的种群增长速率。种群密度在这样温暖的"旅鼠之年"会成百倍地增加，最终高达每公顷 10 000 只。

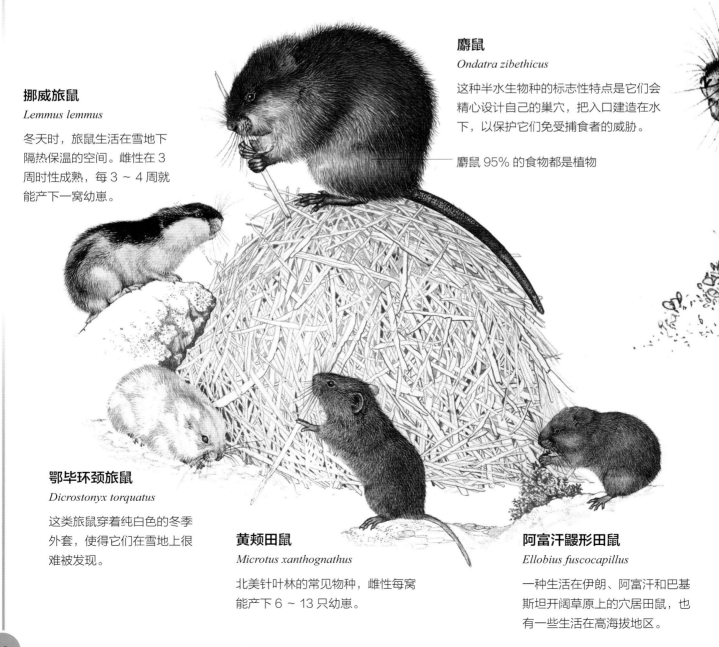

麝鼠

Ondatra zibethicus

这种半水生物种的标志性特点是它们会精心设计自己的巢穴，把入口建造在水下，以保护它们免受捕食者的威胁。

—— 麝鼠 95% 的食物都是植物

挪威旅鼠

Lemmus lemmus

冬天时，旅鼠生活在雪地下隔热保温的空间。雌性在 3 周时性成熟，每 3 ～ 4 周就能产下一窝幼崽。

鄂毕环颈旅鼠

Dicrostonyx torquatus

这类旅鼠穿着纯白色的冬季外套，使得它们在雪地上很难被发现。

黄颊田鼠

Microtus xanthognathus

北美针叶林的常见物种，雌性每窝能产下 6 ～ 13 只幼崽。

阿富汗鼹形田鼠

Ellobius fuscocapillus

一种生活在伊朗、阿富汗和巴基斯坦开阔草原上的穴居田鼠，也有一些生活在高海拔地区。

麝鼠是体型非常大的田鼠。它们在静止和流动缓慢的河流湖泊中收集水生植物，并以这些植物为主食。从解剖学的角度来看，麝鼠扁平的尾巴可当作"舵"，部分后足有蹼，表明它们适应于半水生生活。麝鼠足的外缘有坚硬的毛发，划动起来有点像鳍，这些毛发增加了其划水时与水的接触面积。麝鼠擅长游泳和潜水，必要时，它们可以在水下停留超过 15 分钟。

麝鼠在沼泽的浅水区用植物和泥土搭窝，俗称"踏头墩子"。它们以小家庭为单位生活。

鄂毕环颈旅鼠

Dicrostonyx torquatus

它们在整个冬季都保持活跃，通过在雪下挖洞来寻找食物。

赤树鮃

Arborimus longicaudus

这种田鼠在北美洲西北太平洋地区原始森林的树冠上筑巢。

水鮃

Arvicola terrestris

这一物种在河岸挖掘洞穴，每天吃进相当于自己体重 80% 的食物。

好斗的旅鼠

挪威旅鼠有很强的攻击性，尤其是在种群数量增加时，它们对食物和觅食地盘的争夺也随之加剧。

威胁的姿势

正在打斗的两只雄鼠

扭打在一起的雄鼠

草原田鼠

Microtus pennsylvanicus

这种北美啮齿类动物昼夜都很活跃，会在植被中留下了由它们活动轨迹形成的网络。

旧大陆的大鼠和小鼠

　　旧大陆的大鼠和小鼠（隶属于鼠亚科）是一类生命力非常顽强的啮齿动物，有超过 500 个物种生活在非洲、亚欧大陆和澳大利亚。

　　旧大陆的大鼠和小鼠对全世界来说都不陌生，因为其中包括了与我们生活联系最紧密的 3 种哺乳动物：小家鼠、褐家鼠和黑家鼠。它们被称为共生动物，或许是由于在人群中不受欢迎，这些啮齿类小家伙通过陆运或海运的货物从它们的家乡亚洲出走到了世界各地。这 3 种鼠类对储存的粮食都极具威胁性，并且携带可能感染人类的疾病。其中最臭名昭著的黑死病爆发时夺去了数亿人的生命。

　　旧大陆的鼠类繁殖非常快，许多物种能够在短期内连续繁殖后代，因为雌性几乎在产下幼崽后就立即进入下一个繁殖期。一只雌性老鼠在哺乳一窝幼崽时可能已经怀上了下一窝幼崽。

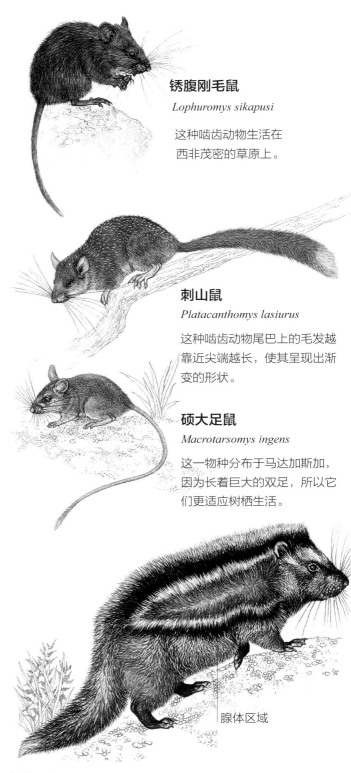

锈腹刚毛鼠

Lophuromys sikapusi

这种啮齿动物生活在西非茂密的草原上。

刺山鼠

Platacanthomys lasiurus

这种啮齿动物尾巴上的毛发越靠近尖端越长，使其呈现出渐变的形状。

硕大足鼠

Macrotarsomys ingens

这一物种分布于马达加斯加，因为长着巨大的双足，所以它们更适应树栖生活。

东非冠鼠

Lophiomys imhausi

这一物种生活在非洲，当受到打扰时，它们会抬起毛冠，露出侧面的腺体区域，这里的鬃毛浸染着树皮上的毒液，足以用于威慑任何潜在的攻击者。

腺体区域

黑家鼠起源于南亚和东南亚，但自从被带上船后，它们就在世界各地安了家。

露沼鼠

Otomys irroratus

一种不挖掘地洞的食草动物。

笔尾树鼠

Chiropodomys gliroides

它们生活在东南亚的原生林和次生林中。

东方水鼠

Hydromys chrysogaster

澳大利亚最大的啮齿动物，在水下捕食鱼类、两栖动物和水生昆虫。

普通毛鼠

Dasymys incomtus

生活在非洲大部分地区的森林、稀树草原和沼泽中。

旱地纹鼠

Rhabdomys pumilio

雌性旱地纹鼠一胎通常会产下 5 只幼崽，幼崽在 5 ~ 6 周时性成熟。它们是非洲南部蛇类重要的食物来源。

纳塔尔乳鼠

Mastomys natalensis

这种老鼠通常生活在非洲的村庄及附近。

弹褐弹鼠

Notomys cervinus

炎热的白天，这种澳大利亚沙漠小鼠躲在 90 厘米深的洞穴里，夜间才外出觅食。

尾长占据动物体长的一半

罗氏滑尾鼠

Mallomys rothschildi

这种大鼠只生活在新几内亚，体长可达 80 厘米，当地的人会捕杀它们来补充伙食。

沙鼠和囊鼠

沙鼠和囊鼠都是小型啮齿动物。自然界中，沙鼠（鼠科）只生活在非洲和亚欧大陆，而囊鼠（囊鼠科动物）生活在北美和中美洲。

沙鼠家族中有一些对沙漠生活高度适应的成员。它们的毛又长又软，略带斑白，通常与它们生活的沙地或干燥的草地颜色相近。

沙鼠的耳朵非常灵敏，能听到人类听力范围之外的声音。即使是最轻微的危险迹象，也会让它们以惊人的速度跳开并躲进一个安全的洞穴中。它们是耐受性很强的动物，一年四季都很活跃，能经受得住中亚草原上严酷的冬天，也能承受得了非洲和西南亚沙漠中炎热的夏天。沙鼠需要应对全年缺水的问题，它们所获水分大多数来自种子和叶子上一昼夜间积累的露水。

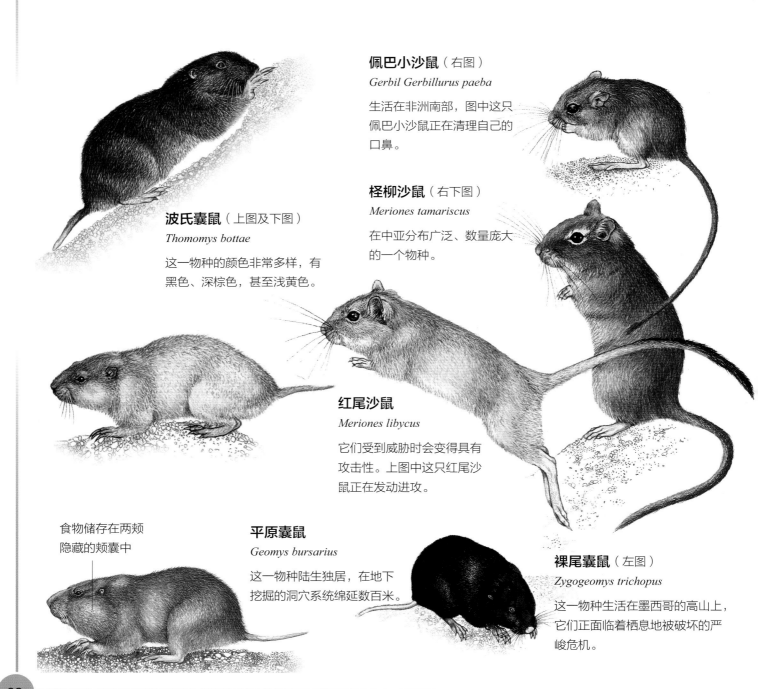

佩巴小沙鼠（右图）
Gerbil Gerbillurus paeba

生活在非洲南部，图中这只佩巴小沙鼠正在清理自己的口鼻。

柽柳沙鼠（右下图）
Meriones tamariscus

在中亚分布广泛、数量庞大的一个物种。

波氏囊鼠（上图及下图）
Thomomys bottae

这一物种的颜色非常多样，有黑色、深棕色，甚至浅黄色。

红尾沙鼠
Meriones libycus

它们受到威胁时会变得具有攻击性。上图中这只红尾沙鼠正在发动进攻。

食物储存在两颊隐藏的颊囊中

平原囊鼠
Geomys bursarius

这一物种陆生独居，在地下挖掘的洞穴系统绵延数百米。

裸尾囊鼠（左图）
Zygogeomys trichopus

这一物种生活在墨西哥的高山上，它们正面临着栖息地被破坏的严峻危机。

囊鼠

囊鼠通常被称为囊地鼠。之所以叫这样的名字，是因为它们面颊两侧各生有一个皮毛做衬里的小囊，能够用来携带食物和筑巢材料。与松鼠或仓鼠的颊囊不同的是，囊鼠的颊囊位于外部。这类动物大部分时间都生活在自己挖的地洞里。它们用前足的大爪子挖土，然后借助足、胸部和下巴的快速移动，把泥土推出地洞。除繁殖期以外，囊鼠一直独来独往，每一只都生活在一个单独的洞穴里。它们每年至少产下1窝幼崽，多的时候可达4窝。

大沙鼠是生活在中亚和南亚沙漠中的穴居啮齿类动物。它们有时会大量聚集在一起，过着群居生活。

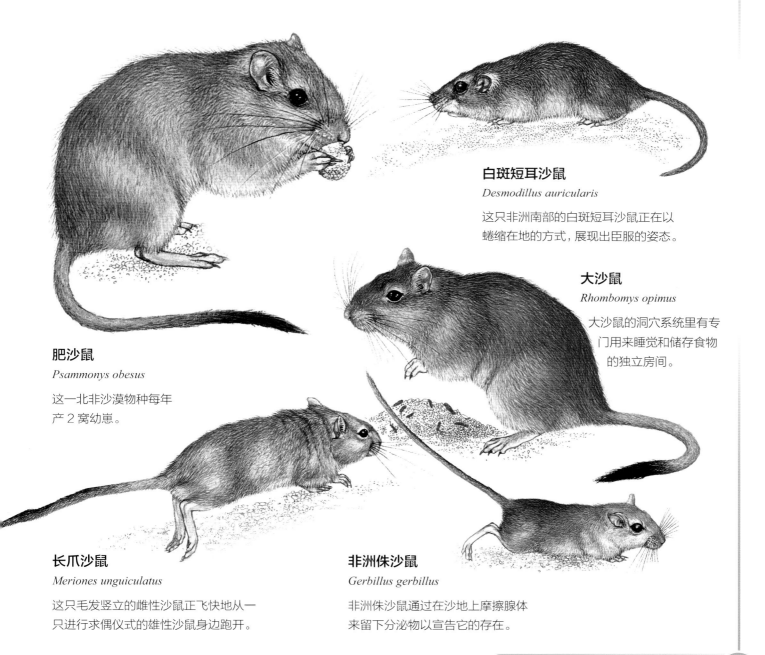

白斑短耳沙鼠
Desmodillus auricularis

这只非洲南部的白斑短耳沙鼠正在以蜷缩在地的方式，展现出臣服的姿态。

大沙鼠
Rhombomys opimus

大沙鼠的洞穴系统里有专门用来睡觉和储存食物的独立房间。

肥沙鼠
Psammomys obesus

这一北非沙漠物种每年产2窝幼崽。

长爪沙鼠
Meriones unguiculatus

这只毛发竖立的雌性沙鼠正飞快地从一只进行求偶仪式的雄性沙鼠身边跑开。

非洲侏沙鼠
Gerbillus gerbillus

非洲侏沙鼠通过在沙地上摩擦腺体来留下分泌物以宣告它的存在。

豪猪、梳齿鼠及其近亲

豪猪长着引人瞩目的刺，使人能够一眼就识别出来。它们的大家庭中共有29种不同的成员，遍布北美、南美、非洲和亚欧大陆。梳齿鼠是生活在非洲沙漠里的生物。

虽然其他动物可能也有刺，但豪猪的刺却是自成一派的：非洲豪猪身上的一些刺可能长到超过35厘米，和铅笔一样粗。当这些刺竖立起来，豪猪就展示出了令人印象深刻的恐吓姿态，足以吓退大多数攻击者。同时，这些粗壮的刺还可以充当声音信号设备，因为它们具有中空结构，一起抖动时会发出"咯咯"的响声。

梳齿鼠是一类矮小的啮齿动物，它们的腿很短，眼睛很大，耳朵圆圆的。它们听觉敏锐，毛茸茸的耳朵能够阻挡大漠飞扬的风沙。梳齿鼠过着群居生活，不过它们栖息在狭窄的岩石缝隙里，而不是挖掘的洞穴中。梳齿鼠能够挤进岩缝这样狭小的空间，要多亏它们有灵活可动的胸腔。

图中是一只带着孩子的豪猪妈妈。通常情况下，雌性豪猪一次只产下1只幼崽，幼崽在满2个月之前一直以妈妈的乳汁为食。

硬毛鼠

科名：*Capromyidae*

硬毛鼠体格壮硕，眼睛和耳朵相对较小，四肢较短，栖息在加勒比群岛。

巴拉望豪猪

Thecurus sp.

这一亚属的3种成员生活在婆罗洲、苏门答腊和菲律宾的岛屿上。

非洲岩鼠

Petromus typicus

非洲岩鼠头骨扁平，肋骨灵活，能够挤进岩石之间的缝隙里。

低地斑刺豚鼠

Agouti paca

无尾刺豚鼠科的唯一物种，栖息在南美洲的森林里，有内外颊囊。

短尾毛丝鼠
Chinchilla chinchilla

这一濒危物种曾因皮毛遭受人类的大肆捕杀，如今在动物保护措施的实施下其种群数量得到恢复。

长尾豚鼠
Dinomys branickii

一种罕见的夜行性动物，生活在亚马孙盆地西部。

草原蔗鼠
Thryonomys gregorianus

一种生活在沼泽和河流沿岸的食草动物，在撒哈拉以南非洲分布广泛。

—— 有些刺将近30厘米长

贝氏华毛鼠
Abrocoma bennettii

这些小家伙是智利的特有物种。

非洲冕豪猪
Hystrix cristata

这种长着毛冠的豪猪生活在旧大陆，短尾巴上长着粗壮、尖利、圆柱形的刺，摇晃起来会发出警告敌人的"咯咯"声。

棘鼠
科名：*Echimyidae*

这类长得像豚鼠的啮齿动物至少有80种，它们具有扁平柔韧的刺或不同寻常的柔软皮毛。

梳齿鼠
Gundis

这4种梳齿鼠生活在非洲北部和东北部的沙漠和山区。从上到下依次是：梳齿鼠（*Ctenodactylus gundi*）；撒哈拉梳趾鼠（*Massoutiera mzabi*）；沟齿梳趾鼠（*Felovia vae*）；软毛梳趾鼠（*Pectinator spekei*）。

兔

兔被称为兔形目动物，它们共同组成了兔科。其中大多数种类的耳朵很长，野兔还是世界上跑得最快的动物之一。

与啮齿类动物不同，兔的上颌有两对门齿，前一对很长，终生不断生长，形状像凿子；第二对门齿较小，隐藏在第一对的后方，叫作钉齿。为了防止前门齿长得太长，它们必须不停地咀嚼纤维植物。

为了从大量低营养的植物中尽可能多地获取可用营养，兔形目动物具有很长的肠道。和许多其他特化的食草动物一样，兔消化道的一部分（即盲肠）中会进行微生物发酵。在这个过程中，数百万肠道细菌能够帮助它们将植物中更大、更复杂的分子分解成简单易吸收的小分子糖和维生素。兔有时也会吃自己的粪便，这种行为被称为食粪性，能够让未完全消化的物质再经历一次肠道的消化。

所有的兔形目动物都长着厚厚的皮毛，其中许多种类（特别是兔属成员）常常因此遭到人类

穴兔
Oryctolagus cuniculus
一种原产于地中海地区的穴居兔，世界上许多地方都有它们的身影。

中非兔
Poelagus marjorita
这种夜行性动物生活在中非潮湿的草原上。

非常长的耳朵可以散热，调节体温

羚羊兔
Lepus alleni
这一物种生活在墨西哥的沙漠中，以仙人掌为食。

南非山兔
Bunolagus monticularis
世界上最稀有的哺乳动物之一，整个南非只有不超过 400 只。

纳塔尔红兔（右图）
Pronolagus crassicaudatus
这种非洲南部的岩兔白天待在岩石的缝隙里，晚上才出来觅食。

琉球兔
Pentalagus furnessi
一种生活在日本奄美大岛森林里的兔子，在夜晚挖洞觅食。

捕杀。除此之外，兔也是其他捕食者的重要猎物，尤其是中型鸟类和哺乳动物。为了逃避捕食者，它们跑得飞快，至少在短距离赛跑中成绩优异。欧洲野兔能够以每小时 56 千米的速度跑完 91 米的路程，当路程缩短到 20 米时，它们的速度可以达到每小时 80 千米。

兔的种群数量每年都有很大的波动。它们起源于除了南极洲和大洋洲之外所有的大陆，但自从欧洲野兔被引入澳大利亚以后，就成了当地农作物的主要危害。

雪兔在冬季是白色的。如果雌性还没有准备好交配，就会不断地击打雄性，呈现出一场"拳击比赛"。

黑尾长耳大野兔
Lepus californicus

这种来自北美的小兔躲在小灌木丛里睡觉，它们不在洞穴里居住。

苏门答腊兔
Nesolagus netscheri

这种珍稀的兔形目动物来自印度尼西亚苏门答腊岛，它们生活在偏远山区森林的洞穴中。

欧洲野兔
Lepus europaeus

这一物种以疯狂的春季活动而著名，其中包括雄性和雌性之间的"拳击"。

长腿有助于快速奔跑 ——

粗毛兔
Caprolagus hispidus

它们居住在印度的娑罗双树林，会寄居在其他动物挖掘的洞穴中。

白靴兔
Lepus americanus

这种野兔在北美分布区的北部，在冬天皮毛会变成白色。

黑尾长耳大野兔

黑尾长耳大野兔已经适应了美国西部炎热干燥的沙漠环境。在长期的干旱环境中，它们靠食用三齿拉雷亚灌木和牧豆树勉强维持生活，它们生命活动所需的全部水分都来自仙人掌多汁的肉质茎[1]。从欧洲移民踏上北美的大地之后，黑尾长耳大野兔是少数受到有利影响的本土野生哺乳动物之一。

黑尾长耳大野兔在一天中最热的时候会躲在灌木丛或其他动物凉爽的洞穴里。虽然它们一般情况下不会亲自挖洞，但偶尔也会为了躲避极端高温天气而破例动手。不止它们，草兔也会采取同样的措施来躲避沙漠的高温天气。黑尾长耳大野兔常常在黄昏时出没，因为这时外面还不太热。它们巨大的耳朵就像散热器一样，能够散发身体的热量以保持凉爽。其耳朵上薄薄的组织中分布着粗大的血管，在它们四处活动的时候可以让血液及时降温。

黑尾长耳大野兔是群居动物。它们的活动范围相互重叠，并且能够相互识别、认出对方。它们繁殖的权力很大程度上是由地位决定的，而地位又是通过打斗赢得的。

【注释】

1. 仙人掌的叶子特化成针状，我们常见的绿色肉质部分是它们的茎。

名称　黑尾长耳大野兔

拉丁学名

Lepus californicus

英文名

Black-tailed Jackrabbit

分类　兔形目　兔科

体型

头部和躯干：47 ~ 63 厘米

尾长：可长达 10 厘米　体重：1.5 ~ 2.7 千克

主要特征　大型野兔，耳朵巨大、直立，尖端黑色；后肢修长；面部扁平，眼睛大而突出；皮毛灰棕色，腹部颜色更浅；背部的黑色条纹与黑尾巴融为一体。

繁殖　每年产崽多达 6 窝，每窝幼崽 1 ~ 6 只（通常为 3 ~ 4 只），一年中的任何时候都能繁殖，孕期 41 ~ 47 天。幼崽 3 周左右断奶，7 ~ 8 个月性成熟，但通常要等到下一年才开始参与繁殖。圈养条件下能活到 6 岁，在野外能活到 5 岁。

栖息地　干旱和半干旱地区的沙漠、草原和牧场。

黑尾长耳大野兔的耳朵巨大，耳朵上裸露的皮肤遍布大量血管，有助于它们在炎热的夏天保持凉爽。

穴兔

一有危险的迹象，穴兔就会凭借修长的后腿，以惊人的速度奔向安全的地方，奔跑时左晃右闪、声东击西以甩掉追赶者。一只疾驰的兔子极有可能比狐狸、水貂或猛禽跑得更快。穴兔的大眼睛为它们提供了卓越的全方位视觉，长而可动的耳朵能持续侦查捕食者的动向。

名称 穴兔	
拉丁学名	
Oryctolagus cuniculus	
英文名	
European Rabbit	
分类	兔形目 兔科
体型	头部和躯干：35 ~ 50 厘米
尾长：4 ~ 8 厘米	体重：1.3 ~ 3 千克

兔子习惯性的蹲姿隐藏了它们的大长腿。

白靴兔

白靴兔生活在北美洲的森林里，分部范围从阿拉斯加到拉布拉多海岸，南至加利福尼亚的落基山脉和阿巴拉契亚山脉。它们在夏季皮毛呈现斑白的灰褐色，四肢和脸周围有大量的红色毛发。白靴兔会花很多时间梳理皮毛以保持良好状态，夏天它们还会定期洗个沙浴以去除油脂和寄生虫。

名称 白靴兔	
拉丁学名	
Lepus americanus	
英文名	
Snowshoe Hare	
分类	兔形目 兔科
体型	头部和躯干：41 ~ 55 厘米
尾长：4 ~ 5 厘米	体重：1.4 ~ 1.8 千克

每年秋天，白靴兔都会换上一身纯白色的冬装，只剩耳尖和眼睑保留着黑色。

狐猴和婴猴

狐猴、婴猴、蜂猴和懒猴都是拥有共同祖先的灵长类动物。狐猴只生活在马达加斯加，而婴猴、蜂猴和懒猴则生活在马达加斯加以外的非洲和亚洲南部。

数十种狐猴中的许多成员正面临着栖息地被破坏的巨大压力，其中一些物种甚至有灭绝的风险。狐猴生活在各种各样的森林环境中。它们中有些在白天活动，有些只在夜间活动。它们以昆虫、树叶和水果为食，一些是独居动物，另一些则生活在雌雄混合的大群体中。一只侏儒倭狐猴通常只有 30 克重，仅比一只小家鼠重一点儿。

婴猴、蜂猴和懒猴都是夜行性动物。它们的大眼睛后面有一层反光膜（脉络膜），能在晚上捕捉尽可能多的光线。但它们的色觉极弱，甚至有些种类根本就是"色盲"。指尖的肉垫赋予它们良好的抓握能力，灵活的大拇指让它们可以敏捷地抓住树枝。

毛耳鼠狐猴

Allocebus trichotis

这种濒危动物以水果、树的汁液和昆虫为食。

灰驯狐猴

Hapalemur griseus

它们生活在竹林和芦苇地里。

环尾狐猴

Lemur catta

这种狐猴通常生活在多达 25 只个体的大群体中。

蜂猴是生活在东南亚森林中的小型夜行性灵长类动物。它们是杂食者，吃植物、昆虫和小型爬行动物。

孟加拉蜂猴
Nycticebus bengalensis

它们是东南亚森林中重要种子的传播者和传粉者。

粗尾婴猴
Otolemur crassicaudatus

这种婴猴生活在非洲南部的森林里，以鸟、蛋、小型哺乳动物和爬行动物为食。

灰懒猴
Loris lydekkerianus

这一亚洲物种有引人注目的面部图案，没有尾巴。

树熊猴
Perodicticus potto

这种懒猴体型庞大，肌肉发达，主要以水果为食，不过有时也吃蝙蝠、鸟类和啮齿动物。

金熊猴
Arctocebus calabarensis

懒猴主要以毛虫为食，更喜欢生活在森林下层而不是待在树冠上。

倭丛猴
Galagoides demidoff

一种严格意义上的树栖物种，会建造复杂的球形叶巢来睡觉。

褐狐猴
Eulemur fulvus

它们有的白天觅食，有的晚上觅食，皮毛颜色十分多变。

领狐猴
Varecia variegata

它们是所有狐猴中体型最大的一种，在林冠层觅食。

新大陆的灵长类动物

南美洲和中美洲的灵长类动物形形色色，包含了新大陆猴（卷尾猴、松鼠猴、夜猴、伶猴、粗尾猴和吼猴）、狨猴和猬猴。

与它们旧大陆的亲戚不同，新大陆的猴子有善于卷握的尾巴。蜘蛛猴、绒毛猴和吼猴的尾巴可以缠在树枝上并牢牢抓住，力量强到可以承受整个身体的重量。松鼠猴和卷尾猴的尾巴灵活，但不能完全卷曲。卷尾猴有复杂的社会行为，它们经常互相梳理毛发，并且会在同性之间和异性之间组成好斗的联盟。吼猴通过嘹亮的吠叫和"咕噜"声交流，这些声音时常回荡在森林中，尤其是在黎明和黄昏的时候。

带着一身引人瞩目的簇毛、鬃毛、髭须和冠毛，狨猴和猬猴是新大陆灵长类动物中种类最为繁多、色彩最为丰富的类群。这些森林里的灵长类动物体型很小，几乎像松鼠一样。

大大的眼睛有助于提升它们的夜间视力

夜猴

Aotus trivergatus

是一种完全夜行性的猴，在太阳落山后不久就开始活动。

金狮面狨是一种濒危的哺乳动物，栖息于热带原始森林。

雌性的皮毛是浅黄色的

黑吼猴

Alouatta caraya

吼猴特别喜欢在大清早的时候发出吼叫，参与树顶的集体"合唱"。

狨猴和猬猴

1. **结尾猴**（*Callimico goeldii*）：分布于巴西、玻利维亚、秘鲁、哥伦比亚和厄瓜多尔。

2. **黑尾狨**（*Mico melanurus*）：分布于巴西、玻利维亚和巴拉圭。

3. **棉冠獠狨**（*Saguinus geoffroyi*）：分布于哥伦比亚、巴拿马和哥斯达黎加。

4. **金头狮面狨**（*Leontopithecus chrysomelas*）：分布于巴西。

5. **亚马孙狨**（*Mico humeralifer*）：分布于巴西。

6. **倭狨**（*Cebuella pygmaea*）：分布于哥伦比亚、秘鲁、厄瓜多尔、玻利维亚和巴西。

7. **白唇猬**（*Saguinus labiatus*）：分布于巴西、玻利维亚和秘鲁。

8. **棕须猬**（*Saguinus fuscicollis*）：分布于巴西、玻利维亚、秘鲁和厄瓜多尔。

北方褐吼猴

北方褐吼猴生活在由大约十几只个体组成的小社会性群体中。通常情况下，群体中有 2 ~ 3 只成年雄性、少数雌性和一些不同年龄阶段的年轻个体。太阳升起时，北方褐吼猴一天的日常活动即将开始，但在此之前，成年雄性会带头发出它们独特的吼叫。它们的声音有时是嘶哑的咳喘或低沉的呻吟，有时也会是尖利的咆哮。这些声音能够在森林中传播 4.8 千米，成为巴西热带雨林的一大特征。成年雄性吼猴的喉咙里有像"小音箱"一样的骨质结构，当空气受到挤压经过喉咙时，就会发出这种特殊的声音。这个"小音箱"大约有一个高尔夫球的大小，形成了成年雄性吼猴喉部特有的肿胀突起。

我们至今尚未完全明确为什么吼猴会发出这样的声音，不过这有可能是一种定位的方法，能够告知周围的同类自己在哪里。为减少食物竞争，同一个地方不能聚集太多吼猴，每一次黎明的集体吼叫都能帮助它们远离彼此的觅食地。

名称	北方褐吼猴

拉丁学名
Alouatta guariba

英文名
Brown Howler Monkey

分类　灵长目　蜘蛛猴科

体型　头部和躯干：45 ~ 58 厘米
尾长：50 ~ 66 厘米　体重：4 ~ 7 千克
雄性通常比雌性体型大。

主要特征　圆滚滚，胖乎乎，成年雄性喉部有肿胀突起，皮毛深红棕色，腹部颜色较浅。

繁殖　每年产 1 次单胎，妊娠期约 189 天，幼崽 10 ~ 12 个月大时断奶，雌性 3 ~ 4 岁时性成熟，雄性成熟更晚，在野外估计寿命为 15 ~ 20 年。

叫声　多数时候是声大而低沉的咆哮，在 4.8 千米外都能听到。

栖息地　热带雨林。

吼猴可能是陆地上声音最大的动物，雄性在黎明和黄昏时的吼叫隔着 5 千米都能听到。

金狮面狨

金狮面狨是世界上最濒危的哺乳动物之一。通过将圈养繁殖的个体重新引入巴西的自然栖息地，已经将它们从灭绝边缘拯救了回来，但野生种群仍然只有大约 1 000 只成年个体。狮面狨属的 4 类成员都只有松鼠般大小，尾巴比身体还长。

名称	金狮面狨

拉丁学名
Leontopithecus rosalia

英文名
Golden Lion Tamarin

分类　灵长目　狨科

体型　头部和躯干：20 ~ 31 厘米
尾长：32 ~ 40 厘米　体重：600 ~ 800 克

金狮面狨白天很活跃，晚上睡在树洞里。

蜘蛛猴

蜘蛛猴是敏捷的树栖动物，它们用尾巴、手和脚悬挂在树枝上采摘果实。它们通常会直接行走在树梢上，偶尔也会在树枝间荡来荡去，快速穿梭。蜘蛛猴长长的四肢和尾巴，加上小小的身体总让人联想到蜘蛛。它们的尾巴可以完全卷曲，腹面裸露着敏感的、有褶皱的皮肤。

名称	黑掌蜘蛛猴

拉丁学名
Ateles geoffroyi

英文名
Black-handed Spider Monkey

分类　灵长目　蜘蛛猴科

体型　头部和躯干：34 ~ 52 厘米
尾长：60 ~ 82 厘米　体重：6 ~ 9 千克

虽然蜘蛛猴生活在多达 30 只个体组成的族群中，但它们依然经常单独行动。

眼镜猴和猬猴

来自东南亚的眼镜猴是所有哺乳动物中眼睛最大的（相对于它们的体重而言）。眼镜猴和猬猴是皮毛颜色非常丰富的灵长类动物。

人们在印度尼西亚和菲律宾的森林中已经发现了10种眼镜猴，但由于它们个头太小，所以很难研究，可能还有其他物种尚未被发现。除了非常小的侏儒眼镜猴，其他的种类和大鼠差不多大。眼镜猴是食肉动物，以昆虫、鸟类和蛇为食，而且已有观察发现它们能捕食比自己体型更大的鸟类。

狨猴和猬猴生活在南美洲和中美洲，最喜欢茂密的雨林。它们有一些共同特征，使其在灵长类动物中脱颖而出。除了大脚趾，它们的手指和其他脚趾上都长着指甲。它们生活在由一只雌性领导的社会群体中，雌性会生下双胞胎，这在灵长类动物中是极为罕见的情况。年长的兄弟姐妹们会留在家庭群中，帮助抚养孩子。

西部眼镜猴

Tarsius bancanus

这一物种生活在印度尼西亚的婆罗洲岛和苏门答腊岛，可以长到15厘米长（不包括尾巴）。

脚趾和手指长而纤细

西里伯斯眼镜猴

Tarsius spectrum

这一物种生活在印度尼西亚的雨林和红树林里，在夜间和黄昏活动。它们的身体只有14厘米长，但却拖着一条长长的尾巴。

尾巴可长达26厘米

皇狨有长长的白胡子，群居生活在亚马孙盆地的热带雨林和次生林中，群体成员最多可达18只。

绒顶柽柳猴

Saguinus oedipus

年长的孩子会推迟自己的繁殖时间，留在家庭群中照顾年幼的兄弟姐妹。在图中这个家庭群里，父亲（1）背着一只非常年幼的婴儿，一只年长的孩子（2）正在给这个婴儿梳毛。另一只年长的孩子（3）正要从刚刚哺乳完的母亲（5）那里接过刚才那只婴儿的双胞胎兄弟（4）。

狒狒

世界上有 7 种狒狒（狒狒属和山魈属等动物），它们是猴子中体型最大的类群。这些灵长类动物主要生活在地面上，栖息地分布于非洲撒哈拉沙漠以南的许多地区。

狒狒大多生活在草原、稀树草原或半沙漠环境中，但也有一些生活在雨林里。它们的脸光溜溜的，口鼻部高高地凸起，就像狗一样。同一物种的雄性和雌性常常有不同的外表，例如，雄性阿拉伯狒狒披着长长的银灰色皮毛，有着鲜红的脸和臀部；雌性却长着棕色的皮毛和黑色的脸。

有些狒狒主要吃水果，还有些主要吃草，它们靠灵巧的双手摘取这些食物。在旱季，狒狒挖取多肉植物的球茎和其他部分来充饥。如果有机会，它们还可能以鲜花、树叶、树皮、树胶、昆虫、蜗牛、螃蟹、鱼、蜥蜴、鸟类，甚至是哺乳动物为食。狒狒长着善于咀嚼的大臼齿。大多数种类的狒狒在觅食方面极具实践探索精神，它们会互相学习处理食物的方法以及分享美食。在空

狮尾狒

Theropithecus gelada

这种灵长类动物生活在埃塞俄比亚的草原上，脖子底部有一块裸露的粉红色皮肤。

草原狒狒

Papio cynocephalus

这一物种个体之间至少能用 10 种不同的声音进行交流。

鬼魈

Mandrillus leucophaeus

鬼魈的大黑脸周围有一圈白色的毛发。

山魈

Mandrillus sphinx

雄性山魈的脸上有鲜艳的红色和蓝色。

旷的地方进食时，狒狒会尽可能把更多的食物塞入脸颊两侧的颊囊，然后退到一个更安全的地方去慢慢咀嚼。

大多数狒狒都生活在闹哄哄的群体里。这些狒狒们经常使用声音和手势进行交流。有时它们还具有攻击性，生活在一个群体里的雄性会通过激烈的竞争行为来确立它们的地位等级。等级是可以变化的，因此在狒狒们试探双方地位时，常常有争吵发生。

山魈有自己的"部落"，图中右边这只山魈长着鲜艳靓丽的口鼻，表明它是一只占据统治地位的雄性。

阿拉伯狒狒
Papio hamadryas

这种银灰色的狒狒生活在岩质沙漠和半沙漠中，以当地的草、种子和无脊椎动物为食。

几内亚狒狒
Papio papio

这些狒狒生活在群体里，每支纵队通常有 30 ~ 40 只个体。

豚尾狒狒
Papio ursinus

它们是世界上最大的狒狒之一，成年雄性可以长到 115 厘米长。

东非狒狒
Papio anubis

这一物种和阿拉伯狒狒很像，但有着更尖的黑色鼻子和不同颜色的皮毛。

旧大陆的猴

旧大陆的猴主要有两大类：一类是植食性的疣猴亚科动物（包括疣猴和叶猴）；一类是杂食性的猕猴亚科动物（包括长尾猴、白眉猴、猕猴和狒狒）。

疣猴亚科的猴子们身材纤细，四肢修长，躯干大而头小，几乎没有大拇指。它们专吃树叶，营树栖生活，共有 60 多个物种，其中包括叶猴和长鼻猴。

猕猴亚科的猴子种类繁多，从身形娇小的侏长尾猴到头大体壮的狒狒无所不包。猕猴居住在地面或栖息在树上。日本猕猴蓬松的皮毛可以让它们在日本北部冰天雪地的冬季里保持温暖。

白眉猴生活在茂密的林冠层。大多数长尾猴生活在树上，而赤猴却是例外，赤猴的长腿使它们成为速度最快的灵长类动物，奔跑起来能够达到每小时 55 千米。

通过呻嘴和孩子建立亲密联系

地中海猕猴

Macaca sylvanus

这种猴子生活在阿尔及利亚北部和摩洛哥，在直布罗陀人工引入了一定数量的种群。

灰颊白睑猴

Lophocebus albigena

这种非洲猴子生活在多达 30 只个体组成的群体里，时而下到森林的地面活动，时而回到林冠。

日本北部的冬季气温会降到 0℃以下，图中是那里的一群日本猕猴正在泡温泉。

食蟹猕猴

Macaca fascicularis

一种来自东南亚的猕猴，它们偏爱的栖息环境是雨林。

灰肢猕猴

Macaca maura

由于种群数量只有小几千只，分布范围也仅限于印度尼西亚的苏拉威西岛，灰肢猕猴现在是濒危物种。

冠毛猕猴

Macaca radiata

这种猕猴栖息于陆地和林间各种类型的栖息地。

红面猴

Macaca arctoides

这种猴子主要以水果为食，有时也会捕食淡水蟹。

南方豚尾猕猴

Macaca nemestrina

这种猴子的家乡在东南亚，虽然它们主要生活在地面，一个个却是攀爬小能手。

髭长尾猴

Cercopithecus cephus

这是非洲低地热带雨林的一种长尾猴。

加蓬侏长尾猴

Miopithecus ogouensis

肉色的耳朵和面部皮肤能够将这种猴子与它们的近亲侏长尾猴区分开来。

赤猴

Erythrocebus patas

擅于奔跑的赤猴会避开茂密的林地，选择在开阔的稀树草原或者半沙漠环境中生活。

短肢猴

Allenopithecus nigroviridis

为了躲避危险，这种生活在沼泽湿地的猴子不但游泳技术高超而且会潜水。

青腹绿猴

　　青腹绿猴是适应性很强的猴子，主要生活在非洲辽阔的稀树草原和植被稀疏的地方。它们几乎能在一切有水和果树的地方繁衍生息，但最喜欢的栖息环境是河岸边上的相思树丛。青腹绿猴的食物主要是水果，尤其是无花果，不过它们也吃小型动物。

名称	青腹绿猴

拉丁学名
Cercopithecus aethiops

英文名
Vervet Monkey

分类　灵长目　猴科

体型　头部和躯干：雄性 42 ~ 60 厘米，
雌性 30 ~ 50 厘米　尾长：48 ~ 75 厘米
体重：雄性 4 ~ 8 千克，雌性 4 ~ 5 千克

青腹绿猴有着引人注目的外表，它们黑色的面庞上方镶着白色的眉毛，脸颊两侧也围绕着白色的长毛。

阿拉伯狒狒

　　阿拉伯狒狒生活在不同寻常的复杂社群中。雄性们会组成一个稳定的核心队伍，队伍的每一位成员都拥有一个小型的雌性"后宫"。雄性们试图维持严格的秩序，有时甚至会咬住雌性的后颈，制止它们四处游荡。然而雌性有时会被来自核心队伍的其他雄性抢走。因此雄性之间常常为了获得对方的雌性或留住自己的雌性而打斗，不过这些打斗很少致伤。

名称	阿拉伯狒狒

拉丁学名
Papio hamadryas

英文名
Hamadryas Baboon

分类　灵长目　猴科

体型　头部和躯干：50 ~ 95 厘米
尾长：42 ~ 60 厘米　体重：10 ~ 25 千克

雌性阿拉伯狒狒会花费大量时间为群体中的雄性领袖梳毛。

安哥拉疣猴

疣猴属共有 5 个物种，安哥拉疣猴是其中的典型代表。它们身材修长，看起来比实际大得多。这种错觉是由它们脖子和肩膀上特有的白色长毛造成的。它们的两颊和正脸周围也有长长的胡须，身体的其他部分是黑色的，但长长的尾巴通常有一部分是白色的。

疣猴属的成员如安哥拉疣猴，能够消化老叶和粗粝的植物，因此可以生活在有明显旱季的地区。和更加挑食的红疣猴属不同，疣猴属物种的身影会出现在相对干燥的森林里，即使这里的植物大多都不易被消化。

通常情况下，疣猴们在黎明醒来时会开始日常"大合唱"。首先，它们爬到突出的高树上或者林冠的高处。然后每个族群都会加入响亮的集体嘶叫与吼叫中，以此向其他同类宣告自己的存在和族员数量。与此同时，这些疣猴们还会跳来跳去，摇晃树枝，甩动尾巴。

名称　安哥拉疣猴

拉丁学名

Colobus angolensis

英文名

Angola Colobus Monkey

分类　灵长目　猴科

体型　头部和躯干：50 ～ 66 厘米
尾长：63 ～ 89 厘米　体重：9 ～ 20 千克

主要特征　大型黑色猴子，白脸颊，长而飘逸的白毛，像斗篷一样围绕在肩上。

繁殖　每 20 个月左右会产下一个幼崽，妊娠期 6 个月。幼崽 6 个月大时断奶；雌性大约 4 岁性成熟，雄性 6 岁性成熟。圈养条件下能活到 30 岁，野外个体的寿命更短一些。

栖息地　山地和低地森林。

安哥拉疣猴坐着不动时是很难被发现的。

类人猿和长臂猿

类人猿是世界上现存与人类亲缘关系最近的生物。长臂猿是一类小型类人猿。

类人猿共有 8 种，其中黑猩猩、倭黑猩猩和大猩猩生活在赤道附近的非洲，而红毛猩猩栖息在印度尼西亚的苏门答腊岛和婆罗洲。所有的类人猿体型都很大。西部大猩猩站立起来大约有 1.7 米高，体重超过 150 千克。

猿类有皮肤裸露的耳朵和面部，它们的面部表情非常丰富，黑猩猩更是其中的佼佼者。与猴子扁平的体型相比，猿类的身体呈圆桶状。猿类没有尾巴，手指和脚趾是相对应的，除了人类以外的所有猿类前肢都比腿长。猿类通常用四肢活动。红毛猩猩大部分时间都待在树上，它们四肢悬吊，缓慢而从容地移动沉重的身躯。非洲的猿类会在地面上度过更多的时间。黑猩猩和大猩猩会"四足行走"——弯曲手指，用指关节支撑身体行动。猿类都不会游泳。

智力和食性

所有猿类都表现出极高的智力水平。它们是聪敏的学习者，会从族群里其他成员那里学习技术。猿类主要以植物为食，但黑猩猩和红毛猩猩偶尔也吃肉。尤其是黑猩猩，它们会捕食中等体

银白长臂猿

Hylobates moloch

它们是日行性动物，生活在爪哇岛远离人为干扰的热带雨林中，雌性是优秀的歌手。

雌雄银白长臂猿头顶都戴着黑色的"帽子"

克氏长臂猿

Hylobates klossii

雌性每 2 ~ 3 年产下一只幼崽。小长臂猿在一岁半时就断奶了，但直到 7 岁才完全发育成熟。

型的动物，如假面野猪和其他灵长类，甚至包括疣猴和狒狒。雄性们会合作狩猎，甚至会分享食物。

长臂猿

全球 18 种长臂猿都生活在亚洲的热带雨林中。它们四肢修长，身形苗条，姿态优雅。长臂猿之间相互唱着又长又复杂的"歌"。它们的食物主要是水果和树叶，同时也会吃一些昆虫和无脊椎动物。

大猩猩是群居动物，生活在由几只成年雌性、一只成年雄性（又称银背大猩猩，因为当它们性成熟后，其背部毛发会变为银色）和许多不同年龄的后代组成的群体里。

西部大猩猩

Gorilla gorilla

它们是体型最大的灵长类动物，与人类的亲缘关系仅次于黑猩猩。

黑猩猩

Pan troglodytes

黑猩猩有时会捕食其他动物，虽然它们主要以植物为食。这只黑猩猩刚刚猎杀了一只小羚羊。

苏门答腊猩猩

Pongo abelii

由于对森林的过度砍伐，苏门答腊猩猩遭受了巨大灾难，是极度濒危的物种。

黑猩猩

　　黑猩猩是人类的近亲。它们智商高、适应力强，能很快学会如何开发和利用新的环境。每只黑猩猩都有自己独特的个性。黑猩猩生活在由多达120只个体组成的大群里，但它们极少同时出现在一起。雌性喜欢花更多时间独处或与后代们待在一起，而雄性则更喜欢社交。

名称	黑猩猩

拉丁学名
Pan troglodytes

英文名
Chimpanzee

分类　　灵长目　人科

体型　　头部和躯干：75 ~ 83 厘米
体重：雄性 34 ~ 70 千克；雌性 26 ~ 50 千克

每只黑猩猩都有自己的个性。这只年轻雌性正在吮吸一根草。

倭黑猩猩

　　基因测序表明，倭黑猩猩就像它们更加著名的表亲黑猩猩一样，与人类的亲缘关系相当接近。尽管曾经被称为侏儒黑猩猩，倭黑猩猩的实际大小与黑猩猩相似，只是倭黑猩猩的体型比较轻盈，四肢相对较长。倭黑猩猩的社群大小在 50 ~ 200 只不等。社群在白天会分成 6 ~ 15 只的小群分头行动，共同觅食。

名称	倭黑猩猩

拉丁学名
Pan paniscus

英文名
Bonobo

分类　　灵长目　人科

体型　　头部和躯干：70 ~ 83 厘米
体重：雄性 34 ~ 60 千克；雌性平均 30 千克

倭黑猩猩只生活在非洲刚果盆地的热带雨林中。它们主要以水果为食，有时也会补充点树叶、蜂蜜和鸡蛋。

山地大猩猩

山地大猩猩是性格温和的巨型动物。它们和谐地生活在由一只雄性统领的社群中。在大猩猩的 2 个种和 4 个亚种中，山地大猩猩是被研究得最多的一种，但同时它们也可能是受到威胁最严重的一种。山地大猩猩生活在维龙加火山山脉的一小块区域，山脉位于卢旺达、乌干达和刚果民主共和国的边界。山地大猩猩的体型巨大，雌性的体重大约是人类平均体重的两倍，而雄性的体重是雌性的两倍。

山地大猩猩有长长的黑色毛发，可以让它们在潮湿阴冷的山地地区保持温暖。成年雄性大猩猩背上的毛发是银灰色的，因此被称作银背大猩猩。山地大猩猩有一张宽阔无毛的脸，小巧的耳朵，两个大鼻孔聚在一起，宽阔隆起的口鼻部一直延伸到上唇，唇下是巨大的下颌。它们需要强健的咬肌来咀嚼粗糙植物。

大猩猩是非常温顺的动物。它们是日行性动物，白天有 1/3 的时间都围绕在银背大猩猩周围休息。当孩子们玩耍时，成年大猩猩会睡觉或安静地互相梳理毛发。

名称	山地大猩猩

拉丁学名
Gorilla beringei beringei

英文名
Mountain Gorilla

分类　灵长目　人科

体型
站立高度：雄性 1.4 ~ 1.8 米，
雌性 1.3 ~ 1.5 米　臂展：2.3 米
体重：雄性重达 181 千克，雌性重达 90 千克

主要特征　大型、笨重的猿类躯体呈桶状；手臂肌肉发达，比腿更长；皮毛蓝黑色，随着年龄的增长变成灰色，雄性背部会出现银色的区域；背部毛发短，其他地方毛发长；面部宽阔，下颌巨大。

繁殖　通常每 4 年产下一个幼崽，妊娠期 250 ~ 270 天。幼崽 2.5 ~ 3 岁时断奶，雌性 8 ~ 10 岁性成熟，雄性至少到 10 岁才能性成熟。能活到 35 岁。

栖息地　海拔 1 645 ~ 3 780 米的山地雨林和亚高山灌丛。

一个山地大猩猩的家庭群由一只成年雄性（左图）、一只幼崽和一只成年雌性组成。

白掌长臂猿

白掌长臂猿是所有长臂猿中最活跃的物种。它们凭借长长的手臂在树上荡来荡去，穿梭在高高的树枝间，寻找最喜欢的食物——无花果。

长臂猿生活在热带雨林的中上层，极少下地，因为它们长长的四肢行走起来非常不便，在地面上更容易受到捕食者的攻击。

所有的长臂猿都有着小而矫健的身体，长着长长的手臂和手指。它们交替使用双手抓握树枝，在森林间四处游荡。它们拥有卓越的手眼协调能力和精准的时间把控能力。

和其他长臂猿一样，白掌长臂猿是极具领地意识的动物。它们通过"鸣唱"来警告其他长臂猿远离它们的领地，基本每天早上都要"唱"半个小时左右。雌性和雄性之间会进行"二重唱"——用不同的叫声同时鸣叫。

名称	白掌长臂猿

拉丁学名
Hylobates lar

英文名
Lar Gibbon

分类　灵长目　长臂猿科

体型
头部和躯干：45 ～ 64 厘米
体重：5 ～ 6 千克

主要特征　皮毛颜色因种群而异，有黑色、深棕色、红棕色或浅黄色；四肢修长，手脚呈浅白色；无尾；脸部周围有一圈白毛。

繁殖　每 2 年产下一个幼崽，妊娠期 7 ～ 8 个月。幼崽 20 个月大时断奶，6 ～ 7 岁性成熟；圈养条件下能活到 40 岁，野外状态下寿命 30 ～ 40 年。

叫声　家族集体高声呼叫以宣告它们的领地位置。

食物　水果、树叶、昆虫和花朵。

栖息地　常绿雨林；半落叶季雨林。

成熟的水果，尤其是无花果，是白掌长臂猿的主要食物。

猩猩

即使轻轻一瞥，我们也能发现 3 种猩猩和黑猩猩、大猩猩等其他类人猿的区别。

猩猩是唯一没有生活在非洲的猿类，它们蓬松的毛发看起来和它们的非洲亲戚没有丝毫相似之处。明亮的红色皮毛也使它们更加不同于其他猿类和大多数猴子。猩猩通常是独居的，而其他类人猿都是群居生活。

猩猩体格庞大且笨重，脖子又短又粗，腿又短又弯，手臂又长又结实。猩猩的手部结构和我们人类很像，有 4 根手指和 1 根能够对握的拇指。它们仅用几根手指就能轻松地将整个身体悬挂在树干上而不会感到累。

猩猩主要以杠果和无花果为食，但有时也吃树叶、树皮和种子。它们尤其钟爱巨大的榴梿果实，这些果实在成熟的时候会散发出强烈的气味。在果实成熟的季节，猩猩会为了寻觅自己喜爱的果树而在森林里长途跋涉。

名称	猩猩

拉丁学名

婆罗洲猩猩: *Pongo pygmaeus*

苏门答腊猩猩: *P. abelii*

塔巴努里猩猩: *P. tapanuliensis*

英文名

Orangutan

分类　灵长目　人科

体型　头部和躯干: 雄性能达到 95 厘米，雌性 75 厘米　体重: 雄性 59 ~ 91 千克，雌性 40 ~ 50 千克

主要特征　手臂极长; 脚长得像手一样; 毛发稀疏粗糙，颜色从橘黄色到深棕色都有。

繁殖　每 8 年产下一个幼崽，妊娠期 8 个月。幼崽 3 岁左右断奶，雌性 12 岁性成熟，雄性 15 岁性成熟; 圈养条件下能活到 60 岁，野外状态下寿命 45 ~ 50 年。

食物　主要是水果，也吃树皮、叶子和白蚁。

栖息地　低地和热带雨林丘陵地带。

在幼崽 4 个月大之前，猩猩妈妈会一直背着幼崽行动。幼崽在 4 岁时断奶。

鼯猴和树鼩

鼯猴和树鼩与其他哺乳动物的关系并不十分密切。它们是夜行性动物，而且能够长距离滑翔。和鼯猴一样，树鼩也起源于东南亚，但除此之外它们可以说是毫不相同了。

鼯猴有着小小的身体、尖尖的脸和长度差不多相等的细长的前后肢。与蝙蝠不同的是，鼯猴没有翅膀，因此不能真正地飞行。相反，鼯猴的飞行技术更像是所谓的鼯鼠和袋鼯。然而，没有其他任何哺乳动物能像鼯猴一样适应滑翔。它们能够轻易地滑行 70 米，甚至有时能在一次超长滑翔中跨越 130 米的距离。鼯猴的翼膜是所有滑翔哺乳动物中最大的，从后颈连接指尖和趾尖，一直延伸到尾巴的末端。鼯猴的身形相对细长，长长的四肢连接在苗条的躯干上。它们的手臂和腿太过纤细，以至于不能很好地支撑身体的重量，因此在地面基本行动瘫痪。

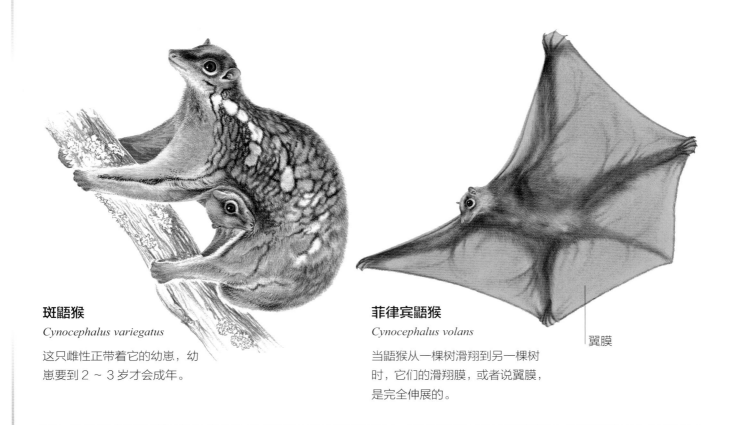

斑鼯猴

Cynocephalus variegatus

这只雌性正带着它的幼崽，幼崽要到 2 ~ 3 岁才会成年。

菲律宾鼯猴

Cynocephalus volans

当鼯猴从一棵树滑翔到另一棵树时，它们的滑翔膜，或者说翼膜，是完全伸展的。

翼膜

树鼩的头骨

和所有不在树上取食而在落叶堆里觅食的物种相比，树鼩的头骨是最长的。还要注意它们发育不良的犬齿和尖利的臼齿，这是食虫哺乳动物的典型特征。

犬齿　　　　　　尖利的臼齿

陆栖或树栖树鼩的头骨对比

1. 菲律宾树鼩，陆栖。
2. 大树鼩，陆栖。
3. 普通树鼩，半树栖。
4. 小树鼩，树栖。

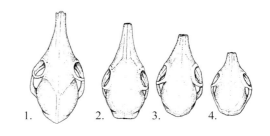

1.　　2.　　3.　　4.

鼯猴的四肢很适合挂在树枝上。在树上行动时，它们会悬挂在树枝上摇摆或者像树懒一样用全部手脚抱住树干。

树鼩

东南亚有两科共 20 种树鼩。虽然名字叫树鼩，但它们并非真正的鼩鼱，也不是都生活在树上。和其他有长长的吻部的食虫动物一样，树鼩的听觉和嗅觉都很好。它们中体型最大的大树鼩体长能达到 22 厘米，尾巴和身体一样长。

普通树鼩是一种敏捷的小动物，虽然它们的个头只有 20 厘米长，却能跨越近 20 厘米的距离从一根树枝跳到另一根树枝上。

1.

6.

5.

4.

2.

3.

一组树鼩（顺时针，从左上开始）

1. **菲律宾树鼩**（*Urogale everetti*）：生活在菲律宾棉兰老岛。

2. **小树鼩**（*Tupaia minor*）：生活在马来半岛、苏门答腊岛、婆罗洲。

3. **北细尾树鼩**（*Dendrogale murina*）：生活在泰国、老挝、柬埔寨和越南。

4. **大树鼩**（*Tupaia tana*）：生活在苏门答腊岛、婆罗洲。

5. **笔尾树鼩**（*Ptilocercus lowii*）：生活在马来半岛、苏门答腊岛、婆罗洲。

6. **普通树鼩**（*Tupaia glis*）：生活在泰国、马来半岛、苏门答腊岛。

刺猬和鼹鼠

刺猬、鼠猬和毛猬（猬科动物）在非洲和亚欧大陆上广泛分布。鼹鼠和麝鼹（鼹科动物）生活在北美和亚欧大陆。

在食物短缺或温度极端的情况下，刺猬会通过睡觉来适应季节的变化。西欧刺猬在寒冷的季节里冬眠，而生活在沙漠中的刺猬会在最炎热干旱的时期休眠。热带刺猬不会休眠，因为它们全年都有充足的食物。

一身硬刺可以让刺猬躲避大多数捕食者的伤害。当受到威胁时，它们会收缩身体边缘发达的肌肉使自己卷曲起来。这一动作将脆弱的面部和下腹部包裹在带刺的皮肤之下，形成一个满是防御利器的致密刺球。

虽然鼹鼠和麝鼹被归为同一科，它们的生活方式却完全不同。鼹鼠是穴居动物，几乎完全生活在地下；麝香鼠则是半水生动物，非常擅长游泳。

比利牛斯鼬鼹

Galemys pyrenaicus

它们的皮毛是双层的，内层是短而密的防水绒毛，外层是油性的粗毛。

星鼻鼹

Condylura cristata

吻部周围的粉红色肉质附属物是这种会游泳的鼹鼠的感觉器官。

北美鼩鼹

Neurotrichus gibbsii

这种美洲最小的鼹鼠，在厚实松软的土壤上挖洞。

蚯蚓是欧洲鼹鼠的主要食物。鼹鼠们通常在地下或地表捕食，如果它们在地表捕食，一般会选择在夜间进行。

海南毛猬

Neohylomys hainanensis

这种动物只分布在中国的海南岛，行迹非常罕见。

欧鼹

Talpa europaea

这种哺乳动物主要以蚯蚓为食，
生活在复杂的洞穴系统中。

沙漠刺猬

Hemiechinus aethiopicus

这种哺乳动物生活在北非和中东沙漠，
1 月和 2 月是它们冬眠的时间。

北非刺猬

Atelerix algirus

这种动物的身体上覆盖着多达 5 000 根
棕色和白色的刺。

中国鼩猬

Neotetracus sinensis

它们是一种严格意义上的夜行性穴居动物。

毛吻鼩鼹

Dymecodon pilirostris

这一物种是日本的特有物种。

毛猬

Hylomys suillus

这一物种生活在东南亚海拔高达
3 050 米的地方。

大耳猬

Hemiechinus auritus

这种动物的大耳朵有助于它们在
炎热的沙漠生境中散发热量。

刺毛鼩猬

Echinosorex gymnura

虽然和刺猬是亲戚，但它们长得却像大鼠一样。

裸足猬

Podogymnura truei

它们是夜行性陆栖动物，白天躲在
木头下或地洞里。

蝙蝠（1）

人类已知的哺乳动物中 1/4 的物种都是蝙蝠，但我们对蝙蝠却知之甚少。蝙蝠是唯一掌握了动力飞行能力的哺乳动物。

世界上有超过 1 200 种蝙蝠，它们有着两种截然不同的生活方式。大多数蝙蝠体型较小，主要在夜间活动，并利用回声定位来捕食飞虫；而另外的 170 种狐蝠没有回声定位系统，则以水果和花蜜为食。巨大的金冠狐蝠是体型最大的蝙蝠，翼展为 1.7 米。凹脸蝠是体型最小的蝙蝠，翼展只有 15 厘米。

会回声定位的蝙蝠鼻子精细、有褶皱，每一道褶皱都能通过声波进行回声定位。蝙蝠能通过声音"看见"东西。要想用声音确定一幅画面，蝙蝠首先通过口腔或鼻腔发出一阵短促的声音，然后根据反射回来的回声转化成视觉画面。蝙蝠并不是瞎子，即使最优秀的回声定位使用者，也会在一定程度上使用它们的视觉。此外，蝙蝠的听觉也很好。

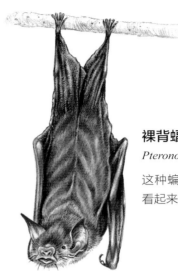

裸背蝠

Pteronotus davyi

这种蝙蝠的翅膀长在背部中央，看起来像是一块裸露的皮肤。

凹脸蝠

Craseonycteris thonglongyai

这一物种只有 3 厘米长，2 克重。

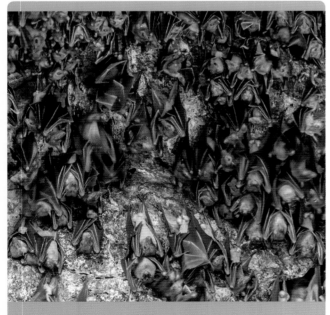

这些果蝠栖息在洞穴里。它们倒挂着休息，用脚趾抓住树枝、建筑物的边沿或岩石凸起的地方。

新西兰短尾蝠

Mystacina tuberculata

这种大耳朵的蝙蝠是新西兰仅有的两种本土蝙蝠之一。

非洲黄翼蝠

Lavia frons

这种一夫一妻制的非洲物种，会在繁殖季节共同构建夫妻俩的觅食领地。

第三指

第二指

盘翼蝠

Thyroptera discifera

它们在南美洲的常绿森林和香蕉种植园中栖息和捕食。

非常长的耳朵

烟蝠

Furipterus horrens

这种蝙蝠生活在南美洲北部，它们在近地面捕食飞蛾，飞行缓慢而摇摆。

长尾巴

小鼠尾蝠

Rhinopoma hardwickii

这种蝙蝠生活在沙漠和半沙漠地区，白天栖息在岩石和废弃的建筑上。

绒山蝠

Nyctalus noctula

这种大蝙蝠开始夜间捕猎的时间比大多数物种都早。

蝙蝠（2）

大多数蝙蝠都是夜行性的。夜间飞行有利于它们躲避猛禽之类的日行性捕食者，同时还能捕食夜间飞行的昆虫。

夜行性蝙蝠能利用回声定位在夜间寻觅猎物。它们的体型大多数很小，即使是最大的美洲假吸血蝠，重量也只有 175 克。

在白天或冬眠的时候，蝙蝠会聚集在栖息地，一个栖息地可能有数千只甚至数百万只蝙蝠。墨西哥犬吻蝠保持着脊椎动物最大聚群的世界纪录——在一个栖息地上聚集着超过 2 000 万只个体。

蝙蝠的食物种类是哺乳动物中最丰富的，普遍以无脊椎动物为食，尤其是苍蝇、甲虫、蛾子和白蚁。美洲的苍白洞蝠和一些非洲的夜凹脸蝠甚至能捕食蝎子。肉食性的蝙蝠捕食鱼类、两栖类、爬行类、鸟类和哺乳类（也包括其他蝙蝠），还有 3 种蝙蝠以其他哺乳动物的血液为食。

狐蝠（狐蝠科物种）生活在旧大陆的热带和亚热带地区，以水果、花蜜和花粉为食。在这个过程中，它们帮助许多树木和灌木完成了传粉。狐蝠不能进行回声定位，因此要依靠自己良好的视力。

白长舌蝠

Leptonycteris nivalis

它们是迁徙物种，于春秋两季往返于墨西哥中部和北部。

缨唇蝠

Trachops cirrhosus

这种蝙蝠在植物丛中捕食昆虫、青蛙和蜥蜴。

在东南亚，泰国狐蝠因为食用果园里的水果而被当作有害动物，受到一些农民的迫害。同时它们也因为自身的蝙蝠肉遭到人类的捕杀。

吸足蝠

Myzopoda aurita

在马达加斯加，这些蝙蝠手腕和脚踝上的小吸盘能帮助它们吸附在光滑的叶子表面。

琉球狐蝠

Pteropus dasymallus

它们借助良好的视力来寻找可以食用的水果和花朵。

美洲假吸血蝠

Vampyrum spectrum

一种可怕的捕食者，生活在南美洲北部，捕食小型哺乳动物、爬行动物和大型昆虫。

帕氏髯蝠

Pteronotus parnellii

它们栖息在洞穴和隧道里，主要栖息于潮湿的地方。

墨西哥兔唇蝠

Noctilio leporinus

这种蝙蝠利用回声定位来探测湖泊和河流表面的波纹，然后俯冲下去抓住靠近水面游动的鱼。

鼬和水獭

鼬、水獭和獾（鼬科动物）构成了最大的食肉动物家族，自然分布于世界上大部分地区。

大多数鼬科动物在陆地上攻击并捕杀猎物，但水獭从水中获取大部分食物（主要是鱼）。一些鼬科动物，特别是貂和獾，不但享用捕杀的猎物，也食用各种各样的水果、坚果和其他植物。

所有鼬科动物都有敏锐的嗅觉和卓越的听觉。尽管它们的视觉不够发达，但其余的感官却能在捕捉猎物时起到至关重要的作用。来自遥远北方的物种，如伶鼬和白鼬在冬天皮毛会变白，这使得它们在狩猎时能更好地与冰雪环境融为一体。

大多数鼬科动物身体细长，这说明它们柔韧而敏捷，能够灵活地攀爬并挤过狭小的缝隙。然而，这样细长的体型也意味着它们比身体较短的哺乳动物更难防止身体热量的散失。鼬科动物必须花费大量时间捕猎以获得充足的食物，为体内

黑足鼬

Mustela nigripes

图中的这只黑足鼬即将进入一只草原犬鼠的洞穴，草原犬鼠是它们非常喜欢的食物。

紧握着一个贝壳

江獭

Lutrogale perspicillata

这一物种有厚重的蹼和高度敏捷的前爪，非常适合游泳和捕捉猎物。

草原鼬

Lyncodon patagonicus

生活在阿根廷和智利的潘帕斯草原上，农民们把它们作为消灭老鼠的"武器"饲养起来。

高速的新陈代谢提供能量。小型鼬类每天要吃掉占自己体重一半的猎物。

鼬科动物的不同物种开拓了各式各样的栖息地，包括森林、沙漠，甚至海洋。除交配季节外，大多数时候它们都是独居的。同一物种的不同成员间在相遇时很可能会发生冲突。相比之下，欧洲狗獾则能与大家族群的成员和谐共处。有几种水獭也是相对而言较为社会性的动物，它们生活在结构松散的家庭群体中。许多鼬科动物都是夜行性的。

海獭除繁殖外，几乎终生海栖。这种群居动物夜间会将海藻缠在身上枕浪而眠，以防被浪冲走，并有几只轮流放哨。

美洲水鼬
Neovison vison

这种凶猛的捕食者自然分布于北美洲，如今在欧洲、中亚和东亚的大部分地区都有被驯化的个体存在。

小巢鼬
Galictis cuja

这一物种有 5 个脚趾，趾间有蹼，脚趾末端是锋利而弯曲的爪子。

海獭（左图）
Enhydra lutris

这只个体正在展示海獭特有的行为——仰面浮在水面上，用石头碾碎一个双壳类动物的壳。

白颈鼬
Poecilogale albinucha

这种夜行性捕食者生活在撒哈拉以南非洲的森林、湿地和草原上。它们可以长到 40 厘米长，身体上有一半的皮毛都是奶油色的。

非洲艾鼬（上图）
Ictonyx striatus

也叫作非洲艾虎，其防御机制包括从肛门臭腺向攻击者喷射有毒液体。

海獭

海獭曾广泛分布在北太平洋沿岸，但捕猎海獭皮让这个物种濒临灭绝。现在，由于采取了严格的全球性保护措施，海獭种群数量得到了大幅恢复。

海獭可能是将所有时间都消耗在水里的最小的温血动物。北太平洋沿海地区非常寒冷，即使是远在南部的加利福尼亚，海水也是冰凉的，这会让哺乳动物的身体迅速降温。因此，海獭需要非常有效的保温措施来防止身体热量的散失。为此，它们进化出了所有哺乳动物中最浓密的皮毛，它们身上每平方厘米有11.6万多根毛发，是大型海狗毛发密度的两倍。

海獭通过长达2分钟的潜水进入大海中寻找螃蟹、海胆和软体动物。它们不能潜得太深，所以只能待在相对较浅的海域。海獭不能在缺乏食物的情况下在水中坚持太长时间，也无法穿越大片的深水区域长途跋涉。

【注释】

1. 着床是胎生哺乳类动物的胚泡和母体子宫壁结合的过程，海獭受精卵形成后可以延迟8个月之久而不立即着床。

名称	海獭

拉丁学名
Enhydra lutris

英文名
Sea Otter

分类　食肉目　鼬科

体型
头部和躯干：75 ～ 90 厘米
尾长：28 ～ 32 厘米
肩高：20 ～ 25 厘米
体重：14 ～ 38 千克

主要特征　深褐色的身体，钝圆的头随着年龄增长变成淡奶油色；脚全蹼，后脚形成鳍状肢。

繁殖　每年初夏在妊娠期 4 个月结束后生下一只幼崽（延迟着床[1]可达 8 个月）。幼崽 5 个月大时断奶；雌性 3 岁性成熟；雄性 5 ～ 6 岁性成熟，但至少要 7 岁以后才能成功繁殖。野外条件下，雄性海獭的寿命为 10 ～ 15 岁，雌性海獭的寿命为 15 ～ 20 岁，而在圈养条件下通常能活到 20 岁以上。

栖息地　海藻床和岩岸。

海獭会潜入水中寻找软体动物、海胆和甲壳类动物，然后用石头砸开软体动物的壳。

美洲水鼬

美洲水鼬是北美洲一种分布广泛的水边捕食者，如今也在欧洲和亚洲的部分地区繁衍生息。水鼬在黄昏和夜间活动，在地面和水中捕猎，是游泳和潜水的高手。水鼬吃鱼、鸟和无脊椎动物。事实上，除了水果和植物，没有它们不吃的东西。

名称	美洲水鼬

拉丁学名
Mustela vison

英文名
American Mink

分类　食肉目　鼬科

体型　头部和躯干：30 ~ 47 厘米
尾长：13 ~ 23 厘米
体重：雄性 0.9 ~ 1.8 千克；雌性 0.5 ~ 0.8 千克

美洲水鼬通常是非社会性动物，雄性保卫着自己独立不重叠的领土。雄性和雌性交配后分开各自生活。

臭鼬

臭鼬是 10 种臭鼬科动物中最常见的一种，它们是生活在北美洲或南美洲的食肉动物。当臭鼬受到威胁时，它们首先会抬起尾巴并用前脚踩地以示警告，如果这个警告未被理睬，臭鼬就会弯曲身体，用肛门朝向目标，然后从尾巴底部两侧的囊袋中喷射出一种黄色的恶臭喷雾。

名称	臭鼬

拉丁学名
Mephitis mephitis

英文名
Striped Skunk

分类　食肉目　臭鼬科

体型　头部和躯干：32 ~ 45 厘米
尾长：17 ~ 25 厘米　体重：1.5 ~ 6 千克

臭鼬分布在北美洲许多地区，栖息在林地、树木茂密的峡谷和农田。

浣熊

浣熊和它的近亲们都是长身体、长尾巴的哺乳动物。浣熊科里共有 14 个物种。

浣熊在其外表和生态学方面表现出了显著的多样性。除了蜜熊的体色是统一的，其余物种都有独特的皮毛，面部有各式斑纹，尾巴有明显环带。浣熊的体型大小不等，身材修长的蓬尾浣熊体重只有 0.8 千克，健壮结实的浣熊体重则重达 15 千克。

虽然浣熊被归类为食肉目动物，但令人惊讶的是，大多数浣熊科成员很少吃肉。浣熊主要以水果为食，也经常以各种昆虫和小型动物为加餐。蜜熊以昆虫为食，北美浣熊除了吃浆果、坚果和水果外，还吃鱼、小龙虾、蜗牛和蠕虫。

浣熊科的成员在新大陆占领着各种各样的栖息地。蓬尾浣熊生活在岩石嶙峋的沙漠中，而长鼻浣熊和犬浣熊更喜欢林地或雨林。适应性极强的浣熊甚至能够在城市里繁衍昌盛。

北美浣熊

Procyon lotor

这种随机觅食的家伙在美国和加拿大的大部分地区都很常见。

蜜熊

Potos flavus

成熟的水果是这种树栖动物的主要食物来源，尽管它们也会劫掠蜂巢。

白鼻浣熊

Nasua narica

栖息在森林里的白鼻浣熊在落叶中四处觅食，寻找它们的昆虫猎物。

蓬尾浣熊

Bassariscus astutus

这一夜行性物种以啮齿类、蜥蜴、昆虫、鸟类和水果为食。

北美浣熊

北美浣熊面部像戴着强盗面具一样，眼睛上有典型的黑色斑纹，尾巴上也有浓密的条纹。它们体格健壮，通常重达 5 ~ 8 千克；北方个体比南方个体的体型更大。

浣熊的皮毛由两种毛发组成。内层短而细的绒毛呈现出均匀的灰色或棕色，起到保暖和一定防水的作用。从它们的短绒毛中还生长出了更长、更硬的针毛，顶端呈黑色或白色。

浣熊是优秀的攀爬者，它们有锋利的爪子，后脚有旋转 180° 的能力，能帮助它们在树干上灵活转身。北美浣熊分布范围广泛，几乎所有有水源的地方都能找到浣熊的身影。

成年浣熊一般是独居的。几只雌性（通常是近亲）可能生活在重叠的领地上，但它们仍然会避免遇见对方。一只或多只雄性可能居住在同一区域，并与区域内的雌性交配。

名称　北美浣熊

拉丁学名
Procyon lotor

英文名
Northern (Common) Raccoon

分类　食肉目　浣熊科

体型
头部和躯干：45 ~ 68 厘米
尾长：20 ~ 30 厘米
肩高：大约 25 ~ 30 厘米　体重：5 ~ 8 千克，极少情况能达到 15 千克；雄性比雌性大约重 25%。

主要特征　戴着黑色"强盗"面具，上下都有灰色条纹；黑眼睛；短圆的耳朵；毛茸茸的尾巴，上面交替出现棕色和黑色的环纹（通常各 5 个）；体毛长且呈灰色。

繁殖　在 2 ~ 4 月间产下 4 ~ 6 只幼崽，妊娠期 63 天。幼崽 7 周大时断奶；雌性在来年春天性成熟，雄性 2 岁时性成熟。野外平均寿命为 5 年，圈养条件下能活到 17 岁。

栖息地　几乎分布在北美洲任何地方，包括城市。

浣熊最显著的特征是眼睛上方的黑色面具和尾巴上多达 10 个的黑环。

海狮和海象

海狮科动物共有 15 个物种，每一种都有外耳。海象（海象科动物）是海狮的亲戚，体型巨大，长有獠牙。

海狮科动物能在陆地上使用鳍状肢爬行。它们用前肢在水中前进；后肢专门用来转向。耳海狮也具有两层皮毛；粗糙的针毛下生长着一层浓密的绒毛，能使温暖的空气萦绕在皮肤上。相比之下，海象的皮肤多少有些裸露。

海狮、海狗和海象都有细长的流线型身体，适合在水中生活。和真海豹类（海豹科动物）一样，它们都被称为鳍足类动物，意思是脚趾间有蹼的动物，它们的后脚趾间确实都有蹼，前脚的脚趾也连在一起，形成宽阔的鳍状肢。海狮科的所有物种都是游泳健将，通常可以轻松地潜水很长一段时间。

海狮科动物以包括金枪鱼在内的各种鱼类为

南海狮

Otaria flavescens

据记录，这一物种可潜水深达 175 米，时间超过 7 分钟。

海象

Odobenus rosmarus

海象闪闪发光的獠牙上方长着浓密的胡须，它们能够发出各种各样的咆哮和咕噜声，给人留下深刻的印象。

食，它们会在开阔的海面上疾速追逐这些鱼类。

海狮是群居动物，经常生活在非常大的群体中。包括海象在内的一些物种，会聚集在祖祖辈辈曾居住过的同一片海滩上进行繁殖。在这里，成年雄性会互相打斗以确定交配的优先权，并且划定出一片用来容纳"后宫"雌性的区域。每只雄性个体可以拥有多达 100 只雌性，雄性的个头也要比雌性大得多。

如果一只占统治地位的雄性海象遇到另一只獠牙长度相当的雄性，它们的对抗可能会从单纯的视觉较量升级为一场实打实地拼刺决斗。

南美毛皮海狮
Arctocephalus australis

雌性海狮在 10 月中旬到 12 月间产下 1 只幼崽，然后通常在幼崽出生 1 周后再次交配。

新西兰海狮
Phocarctos hookeri

完全成年的雄性皮毛呈棕黄色，体重可达 450 千克。

北海狗
Callorhinus ursinus

短小的口鼻部给了这种生活在冷水中的海狗与众不同的外形。

北海狮
Eumetopias jubatus

这种海狮生活在北太平洋，它们的皮毛呈浅棕色到红棕色不等。

加州海狮
Zalophus californianus

成年雄性皮毛为栗色，体重约为 300 千克。

加州海狮

加州海狮是北美西海岸的常见物种，它们常常出现在岩石、码头和浮船上。

这些动物在每年的5月初熙熙攘攘地聚集在传统繁殖地，在6月产下大多数幼崽。在群居的海豹和海狮中，幼崽同步出生的情况很常见，这可能是为了避免虎鲸对它们的孩子过度捕食，虎鲸只能吃掉其中的一小部分而让剩余幼崽幸存下来。

雌性加州海狮先于雄性来到用于繁殖的海滩。当后者到来时，它们将获得一批雌性的青睐并赶走竞争对手，守卫这片海滩。雌性每年产下1只幼崽。在孩子出生后的第1个星期里，母亲会紧紧陪伴在孩子身边，一周以后再回到海洋中觅食。海狮通常在沿海的浅水区觅食，通过快速冲向浅水鱼群捕捉猎物。鳀鱼和鲭鱼是它们在加利福尼亚海岸最爱的食物。

名称	加州海狮

拉丁学名
Zalophus californianus

英文名
California Sea Lion

分类　食肉目　海狮科

体型
长度：雄性2～2.6米；
雌性1.5～2米
体重：雄性200～400千克；雌性50～110千克

主要特征　颈长，后肢呈鳍状；雄性为深棕色，雌性和年轻个体颜色较浅，幼崽为黑色；成年雄性的头又高又圆。

繁殖　经过将近1年的妊娠期后，每年的5～7月在加州生下1只幼崽。幼崽1岁断奶；雌性6～8岁性成熟，雄性9岁性成熟。在野外能活到17岁，圈养条件下能活到31岁。

栖息地　岩岸边的冰凉海域。

加州海狮在长达1年的时间内不会完全断奶，这取决于它们母亲的食物供应。

海象

海象行动缓慢，生活在常常被冰覆盖的北极地区，大部分时间都待在水里或水边。雄性更多的时间待在海滩上，而雌性更多待在冰面上。海象们夏季向北迁徙，冬季向南迁徙。

海象在相对较浅的水中下潜 30 米觅食。潜水时间通常不长，但有时长达 10 分钟。海象的觅食通常是依靠触觉引导的，尤其是在浑浊的水中和冬天，因为北极的冬季一天中大部分的时间都是黑夜。海象的嘴周围大约有 450 根坚硬的髭须，可以用来在海底探寻软体动物的踪迹。

海象实行一夫多妻制，这意味着一只雄性通常与多只雌性交配。海象在 1 ~ 4 月之间繁殖，经过平均 15 个月的妊娠期，在 4 ~ 6 月之间分娩。每胎 1 只幼崽，虽然幼崽一生下来就会游泳，但在生命的最初几年里仍然非常依赖母亲。

名称　海象

拉丁学名
Odobenus rosmarus

英文名
Walrus

分类　食肉目　海象科

体型　长度：雄性 2.7 ~ 3.5 米；雌性 2.3 ~ 3.1 米
体重：雄性 800 ~ 1 700 千克；雌性 400 ~ 1 247 千克

主要特征　巨大、笨重，外表臃肿的鳍足动物；通常全身呈淡棕色；又宽又深的吻部长着 2 根长长的獠牙。

繁殖　经历超过 1 年的妊娠期（包括延迟 4 个月着床）后，在每隔 1 年的 4 ~ 6 月产下单胎幼崽。幼崽 2 岁断奶；雌性 5 ~ 7 岁性成熟，雄性 7 ~ 10 岁性成熟。在野外能活到 40 岁。

栖息地　北极地区浮冰周围的水域。

海象的獠牙是延长的犬齿，它们可以凿开 20 厘米厚的冰，帮助海象爬出水面。

真海豹

真海豹包括 19 个物种（属于海豹科），其中绝大多数生活在南极和北极的寒冷水域，但还有 2 种生活在温暖的水域。

海豹科的成员完全适应于水生生活。它们的后肢进化成鳍状肢，用于在水中推进，但不能在身体下方转向，所以不能用于行走。海豹前肢形成扁平桨状，以控制在水中的运动，但不能支撑其在陆地上的运动。在陆地上，真海豹不得不用腹部拖行。真海豹没有内层绒毛，更多地依靠它们厚厚的脂肪层来保暖。一些真海豹是在淡水中被发现的，包括一些内陆水域，如贝加尔湖和里海。

通常情况下，真海豹一胎只生 1 只幼崽，其下所有物种每年只繁殖 1 次。幼崽出生在海岸边，当母亲出去觅食时，大多数种类的真海豹的幼崽就留在海岸上。海豹妈妈回来的时候必须准确地找到自己的幼崽，有时甚至需要在成千上万的小海豹中识别出属于自己的那一个。母亲会大声呼叫，并通过气味来进行识别。海豹的育儿所通常在岛屿上、海洞里、遥远的海岸或海冰边缘等一

髯海豹

Erignathus barbatus

据记录，这一北极物种的未成年个体曾下潜到 500 米深的水下。

夏威夷僧海豹

Neomonachus schauinslandi

僧海豹通常是独居的，无论是在海洋中还是在陆地上。

竖琴海豹

Pagophilus groenlandicus

竖琴海豹生活在北大西洋和北冰洋。

带纹海豹

Histriophoca fasciata

这种海豹生活在北太平洋鄂霍次克海和阿拉斯加之间。

南象海豹

Mirounga leonina

超过一半的南象海豹幼崽出生在南乔治亚岛。

豹海豹

Hydrurga leptonyx

它们的食物包括企鹅。

食蟹海豹

Lobodon carcinophaga

这只海豹正在南极大洋[1]的浮冰附近捕食。

切远离陆生捕食者的地方，保证了海豹和幼崽的相对安全。

真海豹会潜入深海寻找猎物，它们的猎物包括鱼类、贝类和乌贼等头足类动物。在深水中，它们皮肤下厚厚的脂肪层能防止热量散失。根据记录，南象鼻海豹曾潜到水下 1 700 米处，并停留超过 2 个小时。

【注释】

1. 南极大洋包括大西洋、太平洋和印度洋的南部，尤其是南纬 60° 以南的部分。

雄性象海豹通过摆出架势、咆哮，甚至互相打斗来争夺统治权和与雌性象海豹的交配权。

环斑海豹
Pusa hispida

环斑海豹是一种典型的海冰物种，它们在冰面上繁殖、换毛和休息。

灰海豹
Halichoerus grypus

这只灰海豹浮出水面并四处张望，或者说是跃出水面进行观察。

冠海豹
Cystophora cristata

这种在北极繁殖的海豹的哺乳时间是哺乳动物中最短的，大多数幼崽只有 4 天的哺乳期。

北象海豹
Mirounga angustirostrus

雄性和雌性的体型差异巨大：一只成年的雄性可重达 2.7 吨，而雌性不会超过 0.9 吨。

北象海豹

东太平洋的北象海豹体型庞大，成年的雄性耷拉着膨胀的鼻子，非常容易识别。

雄性北象海豹比雌性大得多，有时其体重是雌性的3倍，极端情况下，有雄性个体重达3.7吨。象海豹是一夫多妻制的，一只地位高的雄性在一个繁殖季节可以与50只甚至更多的雌性交配。雌性北象海豹每胎只生下1只幼崽。

北象海豹是生活在最远洋的海豹之一，每年大约有10个月在海上度过，其中大部分时间都待在水下。雄性北象海豹沿着大陆架觅食，而雌性北象海豹则倾向于潜入更深的水域；曾有视频拍摄到一只雌性北象海豹下潜至894米的深度。它们以鱿鱼、甲壳类和鱼类动物为食，也包括在黑暗中能通过生物发光现象探测到的深海物种。

在一系列的保护措施下，北象海豹的种群数量从20世纪初濒临灭绝的状态逐渐回升。

名称	北象海豹

拉丁学名
Mirounga angustirostris

英文名
Northern Elephant Seal

分类　食肉目　海豹科

体型
长度：雄性4～5米；雌性2～3米
体重：雄性1.8～2.7吨；雌性600～900千克

主要特征　体型巨大（雄性）的海豹，有着弯曲、耷拉的鼻子，全身都是棕色。

繁殖　经历11个月的妊娠期后（包括2～3个月的延迟着床）在海豹繁殖地产下单胎幼崽。幼崽4周大时断奶；雌性5岁左右性成熟，雄性8～9岁性成熟。寿命可达18年，但雄性通常活不过12岁。

栖息地　寒冷的沿海水域。

雄性北象海豹的长鼻可以帮助它们发出非常响亮的叫声，尤其是在繁殖期。

豹海豹

豹海豹因其皮毛上的斑点和斑块而得名，是唯一一种经常捕食温血动物的海豹，能捕猎食蟹海豹和企鹅。它们的食物种类繁多，还包括磷虾、鱿鱼、章鱼和鱼类。尽管大多数被捕食的食蟹海豹都是未成年个体，但食蟹海豹成年个体皮毛上的新伤表明豹海豹会攻击所有年龄段的动物。

豹海豹经常在企鹅栖息地附近的水域徘徊。聪明而好奇的豹海豹采用"守株待兔"式的捕食策略，等着饥饿的企鹅们进入水里捕鱼的时刻。一旦被捕获，企鹅就会被豹海豹牢牢咬在嘴里。然后，豹海豹会来来回回地甩动它那强壮、柔韧的脖子，从而在进食前剥掉企鹅的皮毛。

豹海豹的繁殖行为并不为人熟知，但人们认为，在一个繁殖季节，一只雄性会与几只雌性进行交配。幼崽在 10 月下旬和 11 月出生，由它们的母亲哺育 4 周。新一轮的交配发生在 12 月和 1 月，就在幼崽断奶后不久。

名称　豹海豹

拉丁学名
Hydrurga leptonyx

英文名
Leopard Seal

分类　食肉目　海豹科

体型
长度：雄性 2.5 ～ 3.2 米，
雌性 2.4 ～ 3.4 米
体重：雄性 200 ～ 450 千克，雌性 225 ～ 590 千克

主要特征　海豹体格庞大、身材修长；拥有强有力的下颌和宽阔的嘴巴，长长的犬齿和尖利的臼齿，以及长而较宽的前鳍；长着深灰色的背部，浅白的侧面和银色的腹部；肩膀、喉咙、身体两侧和胃部有不同的斑点。

繁殖　经历 11 个月的妊娠期后（可能包括 2 个月的延迟着床）产下单胎幼崽。幼崽 4 周大时断奶；雌性 3 岁性成熟，雄性 4 岁性成熟。在野外寿命可达 30 年。

栖息地　南极水域，通常靠近浮冰。

食物　主要是磷虾，也包括其他海豹、企鹅、鱿鱼、甲壳类动物和鱼类。

豹海豹因其脖子、喉咙和腹部的斑纹而得名。

熊

熊科包含了世界上最大的陆生食肉动物。它们依靠自己巨大的力量来获取食物。

熊是体型庞大的哺乳动物，有着厚而蓬松的皮毛和极短的尾巴，还有着大大的脑袋、小而圆的耳朵、小小的眼睛、有力的颌骨和大大的牙齿。熊通常用 4 条腿行走，不过它们中的大多数也可以用两条腿走上一小段距离。尽管体型庞大，它们却惊人地灵活。大多数熊是爬树的一把好手，还都会游泳，其中的一种——北极熊，在水中和在陆地上一样来去自如。

熊科体型最大的物种是北极熊，成年雄性北极熊能长到将近 2.7 米，重达 800 千克。北极熊几乎是完全肉食性的，海豹是它们的主要食物来源。其他熊科物种是杂食性的。

熊的交配期通常很短，母亲独自承担养育后代的责任。幼崽出生时很小，需要长时间的照顾，一般会在妈妈身边待上好几年。

棕熊
Ursus arctos

太平洋鲑鱼逆流而上游到它们的产卵地，成为北美西海岸棕熊的重要食物来源。

眼镜熊
Tremarctos ornatus

南美洲唯一的熊科动物，经常爬树寻找果实。

图中是一只棕熊妈妈和她的幼崽。幼崽生长缓慢，在 2 年或更长的时间内，它都能从母乳中获得一些营养。

马来熊
Helarctos malayanus

世界上最小的熊，图中展示的这只个体正从它刚刚打开的一个土丘上舔食白蚁。

脂肪层和厚厚的
皮毛可以抵御北
极寒冷的冬天

蓬松的毛发

北极熊
Ursus maritimus

这是世界上最大的熊，重达 600 千克，
头部和躯干长达 2.5 米。

懒熊（上图）
Melursus ursinus

这一南亚物种用它们长而弯
曲的爪子和灵活的鼻子来搜
寻昆虫。

大熊猫
Ailuropoda melanoleuca

这种极具代表性的罕见物种以竹子为食，
仅仅生活在中国境内海拔 1 500 ~ 3 400
米的潮湿竹林里。

棕熊

在世界上最可怕和最令人敬畏的食肉动物之中，棕熊（在北美部分地区被称为灰熊）是体型最大的。它分布范围广泛，覆盖了北美洲和亚欧大陆的大部分地区。

来自不同地理区域的棕熊外观和行为差异很大。棕熊大多数是棕色的，但也发现有灰白色和接近纯黑色的个体。最大的棕熊出现在阿拉斯加太平洋海岸外的科迪亚克群岛，雄性体重接近800千克，可与最大的北极熊相媲美。

强大的嗅觉

无论是捕猎还是觅食，熊最重要的感觉就是嗅觉。与巨大的黑鼻子相比，棕熊的眼睛和耳朵都显得很小，因此它们的视觉和听觉相对较弱。棕熊通常以每小时50千米的速度短距离追逐大型猎物，然后用前爪猛烈一挥将对手一击致命。大型棕熊非常强壮，可以杀死与马和牛一样大的动物。

相比其他食物，大多数棕熊更多会取食植物。它们仔细挑选当季最多汁、最富营养的草、水果、坚果和真菌。当时机到来，棕熊也会杀死并吃掉其他动物，包括老鼠、野牛，甚至是其他的熊。

冬眠

所有的棕熊都会冬眠，而且大多数棕熊每年冬眠3～7个月，冬眠是它们应对恶劣天气和食物短缺的一种策略。然而，对于一些生活在南方的棕熊来说，环境从来没有糟糕到值得它们去冬眠。即使在北方地区，棕熊也不像美洲黑熊那样深度冬眠，它们会在温暖的天气或外界干扰下迅速苏醒。

怀孕的雌性棕熊通常在隆冬时节分娩。雌性很少在3～4年间繁殖超过1次。

年轻的雄性个体会出走到离它们的出生地100千米左右的地方。在接下来的几年里，它们会等待时机取代当地的雄性或争取与发情期雌性交配的机会。年轻的雌性个体待在离家更近的地方，在下一批幼崽出生后很长一段时间里，通常仍与姐妹和母亲保持联系。

名称　棕熊

拉丁学名　*Ursus arctos*

英文名　Brown Bear

分类　食肉目　熊科

体型　头部和躯干：1.7 ~ 2.8 米
尾长：6 ~ 20 厘米
肩高：90 ~ 150 厘米
体重：60 ~ 800 千克
雄性比雌性体型更大。

主要特征　中到大型的熊科动物，皮毛蓬松而粗糙，呈浅棕色到黑色不等；背部和肩膀通常是灰色的；鼻子狭窄；面部宽阔。

繁殖　经历 180 ~ 266 天的妊娠期后，幼崽出生在 1 ~ 3 月之间，每窝 1 ~ 4 只（通常为 2 只）。幼崽 5 个月大时断奶；4 ~ 6 岁性成熟。在野外寿命可达 25 年，圈养条件下寿命可达 47 年。

栖息地　多种多样：苔原、开阔的平原、高山草原、森林和树木丛生的地区。

分布　加拿大西部、阿拉斯加和美国西北部；北极以南的亚洲北部。

北极熊

北极熊是世界上最大的陆生食肉动物，完美适应了地球上环境最恶劣的地区生活。它们最引人注目的特点是外表的颜色，但这层皮毛的作用不仅是呈现肉眼可见的颜色这么简单。北极熊的毛发很长，能使一层温暖的空气萦绕其中；同时其还是中空的，每根毛发里都有空气流动的空间，这也提高了皮毛保温隔热的效果。

完全成年的雄性北极熊体长约 2.5 米，体重相当于 10 个高大的男人。它们需要有对付大型猎物的能力——在一年中的大部分时间里，海豹是它们周围唯一的猎物。

北极熊毛茸茸的大脚能有效分散体重的压力，因此一只重达 508 千克的北极熊可以小心地行走在无法支撑人类的薄冰上。此外，北极熊也能以每小时 50 千米的速度进行短时间奔跑。

名称	北极熊

拉丁学名
Ursus maritimus

英文名
Polar Bear

分类　食肉目　熊科

体型
头部和躯干：2 ~ 2.5 米
尾长：7 ~ 13 厘米
肩高：可达 1.6 米
体重：雄性 300 ~ 800 千克；雌性 50 ~ 300 千克

主要特征　巨型熊科动物，有厚实的米白色皮毛；头部相对较小；脚大，长着毛。

繁殖　经历 195 ~ 265 天的妊娠期后（包括一段长短不定的延迟着床时间），幼崽出生在隆冬时节，每窝 1 ~ 4 只。幼崽 6 个月大时断奶；5 ~ 6 岁性成熟。圈养条件下能活 45 岁，野外能活 30 岁。

食物　主要是海豹，有时也会吃其他动物，包括驯鹿、鱼和海鸟。

栖息地　海冰、冰盖和苔原。无论是在水中还是在陆地上它们都一样活动自如。

北极熊的前爪很大，呈桨状，适于游泳。

大熊猫

大熊猫几乎都是素食主义者。然而它们却是从肉食性的祖先进化而来的，并仍然拥有肉食者的消化系统。大熊猫的肠道很短，并不适合消化它们的植物主食。大熊猫食物中的大部分营养物质都不能被吸收，因为食物在短肠道里停留的时间太短，来不及充分消化。为了获得生存所需的足够营养，大熊猫必须在每天醒着的 15 个小时里，花费 10 ~ 12 个小时吃掉 10 ~ 18 千克的竹子。

大熊猫是独居动物，但它们的领地经常大面积重叠。它们会留下气味痕迹和其他迹象来表明自己的存在，并努力避免与彼此见面。大熊猫引人注目的黑白斑纹实际上可能有助于它们在远距离外发现对方，从而避免相距太近。保持足够的间距能够确保它们不因相同的食物资源而发生争斗。大熊猫的平均活动面积是每年 4 ~ 6 平方千米，但它们很少在一天内移动超过 600 米。

名称　大熊猫

拉丁学名
Ailuropoda melanoleuca

英文名
Giant Panda

分类　食肉目　熊科

体型
头部和躯干：120 ~ 150 厘米
尾长：13 厘米
肩高：70 ~ 80 厘米
体重：75 ~ 160 千克

主要特征　极具辨识性的大型毛茸茸的熊科动物，有着黑色的腿、肩带、眼圈和耳朵；身体的其他部分是灰白色。

繁殖　经历 97 ~ 163 天的妊娠期后（包括一段长短不定的延迟着床时间），幼崽在 8 ~ 9 月之间出生，每胎 1 ~ 2 只。幼崽 8 ~ 9 个月大时断奶；6 ~ 7 岁性成熟。圈养条件下能活到 34 岁，野外寿命短一些。

食物　主要是竹子和其他一些植物。

栖息地　海拔 1 000 ~ 3 900 米、生长着竹子的山地森林。

在漫长的进食过程中，大熊猫要睡 2 ~ 4 个小时，通常采取俯卧、侧卧或仰卧的姿势。

犬科动物

第一只长得像狗一样的动物可能于 4 200 万年前出现在如今的北美洲位置。

犬科成员包括狐狸、狼和豺，它们都是"奔跑型"动物，它们为跑步而生，四肢又长又细。与熊不同，犬科动物用脚趾而非整只脚掌走路。野生犬科动物的大小不等，从体重不超过 1.4 千克的廓狐，到体重高达 80 千克的灰狼都有。

犬科动物非常聪明，有着敏锐的听觉、良好的视力和高度发达的嗅觉。它们是食肉动物，但很少有种类完全以其他动物为食。大多数犬科动物都捕食各种各样的猎物，并以水果和其他植物作为补充。

一些犬科动物除繁殖季以外，都是独居生活的；而另一些犬科动物则生活在社会群体或族群当中。它们通过身体姿势和面部表情，以及各种吠叫、尖叫、咆哮、呜咽和嗥叫来交流。

北极狐
Vulpes lagopus

这只个体披着灰棕色和银色相间的夏季皮毛。到了冬天，它将变得全身雪白。

侧纹胡狼
Canis adustus

这是一种栖息在中非草原上的物种。

黑背胡狼
Canis mesomelas

对大多数犬科动物来说，社会性互动很重要。下图两只年轻的胡狼正在玩拖尾巴的游戏。

灰狼能通过面部表情与群体中的其他成员交流。图中这只灰狼的表情表现出它想与同伴嬉戏。

赤狐
Vulpes vulpes

1. 红色型，高纬度地区的典型形态。
2. 银色型，广泛分布但相对罕见的黑化形态。
3. 杂色型，身体部分黑化的形态，比银色形态更常见。

小耳犬

Atelocynus microtis

这种犬科动物已经适应了南美洲原始低地雨林的生活。

山狐

Pseudalopex culpaeus

一种生活在安第斯山脉高处的物种。

阿根廷狐（左图）

Pseudalopex griseus

生活在安第斯山脉的草原和矮树丛中的物种。

食蟹狐

Cerdocyon thous

这种来自南美洲的狐狸食物种类繁多，雨季时连螃蟹也不放过。

河狐

Pseudalopex gymnocercus

一种生活在南美草原上的物种。

2.

3.

欧亚狼（上图）

Canis lupus lupus

狼通过嚎叫向同类宣告自己的存在。

藏狼（下图）

Canis lupus chanco

它们可能是家犬的祖先，在海拔高达 3 048 米的喜马拉雅山脉上也能看到。

狼

狼是聪明且适应性强的生物，常常生活在紧密联系的家庭群体中。狼是世界上体型最大的犬科物种。它们曾经生活在除极端热带和沙漠环境以外的整个北半球。在哺乳动物中，只有人类拥有更大的自然分布范围。然而，人类对狼的迫害导致其种群数量在世界范围内急剧下降，如今它们只生活在荒野地区。

消灭计划

在北美，欧洲移民到来后不久就开始了长期的猛兽消灭计划，狼就是首当其冲的一大目标。被射杀和捕获的狼数量是如此巨大，以至于到了1940年，美国西部再也见不到它们的踪影，其他地方的种群数量也在严重下降。幸而，一些欧洲种群被从灭绝的边缘拯救了回来，北美的狼活动范围也在缓慢扩大。

地理差异

体型最大的狼生活在加拿大、阿拉斯加和俄罗斯的苔原地区。它们远在阿拉伯炎热干燥的灌木丛中的亲戚体型更小，更倾向于独居或以小群体生活。狼群的大小在很大程度上取决于其主要猎物的大小。独狼的大部分食物都来自捕捉小型猎物、捡食腐肉或掠夺人类的垃圾。

选择性捕猎

狼通常会捕捉年老、未成年、虚弱或残疾的猎物，如果猎物能够自卫，狼很快就会放弃攻击。一只成年狼平均每天需要食用2.5千克的肉，但通常情况下它们会有好几天找不到食物。所以每当猎杀成功，狼就会一次性"狼吞虎咽"9千克猎物，来补充营养。

狼极少攻击人类。例如在北美，并没有健康的狼无端攻击人类的完整记录。然而，狼确实攻击过牲畜。

亲属照料

狼群是由一对狼夫妻和它们一两年前繁殖的后代组成的。狼群里非繁殖成员通常都是未成年的小狼，它们被占主导地位的这对夫妻剥夺了繁殖的权利，但它们会帮助照顾年幼的兄弟姐妹。在栖息地资源丰富的地区，小狼可能在12个月大时就离开父母的族群。所有的狼都有很强的适应性。虽然一个狼群的社会结构可能多年来保持不变，但其中的个体能够异常轻松地转换自己的角色。

领域行为

狼群占据的面积从20平方千米到13 000平方千米不等，具体大小会随着狼的种群数量和栖息地的质量而改变。当相邻族群的狼相遇时，它们之间往往会发生激烈的斗争，一只或多只个体可能会遭受致命伤害。

名称　狼

拉丁学名　*Canis lupus*

英文名　Gray Wolf

分类　食肉目　犬科

体型
头部和躯干：89 ~ 142 厘米
尾长：30 ~ 51 厘米
肩高：58 ~ 77 厘米
体重：12 ~ 80 千克
雄性比雌性体型更大。

主要特征　大型犬科动物，长腿，有厚实的皮毛和浓密的尾巴；皮毛通常是灰色的，但颜色也随着分布的地理位置而变化。

繁殖　经历63天的妊娠期后，每窝产下1 ~ 11只幼崽（平均每窝 6 只）。幼崽 5 周大时断奶；2 岁性成熟。圈养条件下能活到 16 岁，野外条件下很少能活过 13 岁。

栖息地　几乎包括从苔原到灌木丛、草原、山脉和森林的任何地方。

分布　北半球。

北极狐

　　顽强的北极狐生活在北极圈以北遥远的北方苔原上，比其他任何犬科成员的分布都更靠北。据记录，北极狐出现的最高纬度是北纬 88º，距离北极点只有 240 千米，而它们地理分布的最南端几乎与赤狐分布的最北端重合。

　　北极狐能够适应寒冷的气候得益于它们华丽而厚实的皮毛。它们身上的毛长而浓密，到了冬天，能长到夏天的 3 倍厚。就像北极熊皮肤上的毛一样，北极狐的毛也是中空的。因此其每根毛发里都填充着空气，起到了很好的隔热作用。它们的毛发甚至覆盖在脚底，以保护它们免受冰雪的侵袭。在食物丰富的时候，它们的皮肤下会堆积更多的脂肪，为它们度过寒冬做好准备。

　　北极狐是一夫一妻制的，通常终身都能交配。每胎幼仔在 5 ~ 8 只之间，全部出生在一个窝里。最初它们完全依赖于母亲的乳汁哺育，长大一些后则由父母双方共同喂养。

名称	北极狐

拉丁学名

Vulpes lagopus

英文名

Arctic Fox

分类　食肉目　犬科

体型　头部和躯干：46 ~ 68 厘米
尾长：30 厘米　肩高：28 厘米
体重：1.4 ~ 9 千克

主要特征　外表壮实的狐狸，有着短腿，长而蓬松的尾巴，小而圆的耳朵，厚而毛茸茸的皮毛；大多数生活在北方的个体冬天会换上纯白的皮毛；皮毛一直延伸到脚底。

繁殖　经历 49 ~ 57 天的妊娠期后，幼崽在初夏出生，每窝一般 5 ~ 8 只（偶尔更多）。幼崽 2 ~ 4 周大时断奶；10 个月性成熟。圈养条件下能活到 16 岁，野外条件下寿命明显更短。

声音　吠叫、呜咽、尖叫和嘶嘶声。

栖息地　北极和北方的高山苔原、针叶林、冰盖，甚至海冰上。

北极狐会因季节的变化而换毛色。

郊狼是北美所有野生哺乳动物中声音最响亮的，它们用嚎叫宣告狼群的存在。

郊狼

郊狼是世界上最成功的食肉动物之一，它们的分布范围很广，本土种群似乎能够适应各种各样的栖息环境。郊狼的体型大小、饮食结构和社会结构都是灵活可变的，因此它们能够充分利用不同的环境条件。尽管受到人类的持续迫害，但郊狼种群依然茁壮成长。

郊狼是彻彻底底的食肉动物，90% 的食物由哺乳动物组成，而其食物的具体组成因栖息地和季节而异，从草原上的兔子、啮齿动物到森林中的鹿都有。一些郊狼已经掌握了基本的捕鱼技术，另一些则偶尔捕捉并食用鸟类。随着季节更替，它们也食用当季的水果和蔬菜。

郊狼的幼崽在 3 周大时开始吃反刍的肉，到 6 周大时就不再需要妈妈的母乳喂养了。它们体重增长很快，9 个月时就已完全长大。雄性后代会在此时离开族群，而雌性后代可能会再在妈妈身边待两三年。

名称　郊狼

拉丁学名
Canis latrans

英文名
Coyote

分类　食肉目　犬科

体型　头部和躯干：76 ~ 100 厘米
尾长：30 ~ 48 厘米
肩高：60 厘米　体重：7 ~ 20 千克
雄性比雌性体型略大。

主要特征　体型比灰狼更小、更苗条；耳朵大而尖；口鼻部狭窄；皮毛蓬松，通常呈米色或灰色；腹部颜色浅，但尾巴尖端发黑。

繁殖　经历 63 天的妊娠期后，幼崽在春季出生，每窝 2 ~ 12 只（平均 6 只）。幼崽 5 ~ 6 周大断奶；1 岁或 2 岁性成熟。野外条件下寿命能达到 10 年，圈养条件下能达到 18 年。

叫声　一连串快速的尖叫，紧跟着一声尖锐的嚎叫。

栖息地　草地和大草原，灌木丛和森林。

猫和鬣狗

猫科动物是终极食肉者。它们跑得很快，爬得敏捷，善于跳跃和游泳。虽然鬣狗看起来更像狗，但实际上它们与猫的亲缘关系更近。

大多数猫科动物都在夜间活跃，有些种类尤其如此。它们有着大而前视的眼睛，视力特别好。猫科动物的听觉也很好，但嗅觉比起犬科动物来说则不太灵敏。

令人惊讶的是，不同猫科动物的狩猎方式几乎没有差别，都是首先进行跟踪，找好机会便立马冲刺，有时也会伏击，然后通过跳跃或猛扑，将猎物击倒或制服。被捕猎的脊椎动物通常被它们咬住或勒住脖子而死。

鬣狗是和狗一般大小的动物，出没在非洲大部分地区。有些鬣狗主要以狮子和其他大型食肉动物的猎物残渣为食，是大型食肉动物留下的尸体的"清道夫"。鬣狗的智商很高，通常具有复杂的社会行为。

欧亚猞猁

Lynx lynx

这种动物比它们的近亲短尾猫（上图左）皮毛更加朴素。

虎猫

Leopardus pardalis

在领域争夺战中，这一夜行性新大陆物种打斗十分激烈，有时甚至会导致死亡。

条纹鬣狗属于食腐动物，以牛、马和其他动物的尸体为食。

狮

Panthera leo

尽管雌狮才是狩猎的主力军，但成年雄狮（上图右）却会在猎物到手后占据领导地位并率先美餐一顿；有时狮群也会合作狩猎。

猎豹
Acinonyx jubatus
它们是陆地上跑得最快的动物。

虎
Panthera tigris
它们是所有大型猫科动物中最可怕的物种，正咆哮着警告其他老虎以示自己的存在。

豹
Panthera pardus
为了不让食腐动物发现猎物，豹子们经常把猎物储存在树上。

美洲豹
Panthera onca
美洲豹经常将猎物埋在森林地面的落叶中。

棕鬣狗（左图）
Hyaena brunnea
一类腿上有横向条纹的毛茸茸的物种。

短尾猫
Lynx rufus
短尾猫的猎物体型各异，它们的捕猎对象小到昆虫、大到鹿，但其中兔子和野兔最受青睐。

斑鬣狗
Crocuta crocuta
一群斑鬣狗在非洲大草原上追捕斑马，这是它们的典型行为。

狮

狮是猫科动物中最具群居性的一种，它们以大家庭的形式繁殖和狩猎。雄狮有着华丽的鬃毛，体型也比雌狮大得多，但雌狮们都是优秀的猎手。

大多数狮子以群居的形式生活，世世代代守护着同一片领地。保卫领地通常是雄性的工作，但整个狮群也会通过咆哮、用尿液做气味标记和巡逻来辅助划清边界。

雄狮有能力自己捕食，但当雌狮们一起行动时，捕杀猎物的机会便大大增加。狮群是高度组织化的群体，不同的雌狮扮演着不同的角色。隐蔽和突袭是狮子狩猎的两个最重要的技巧。它们的最高时速可达每小时 60 千米，但仅限于短距离之内。为了捕捉一只脚步敏捷的黑斑羚或斑马，狮子需要在 46 米之内发动攻击。它们通常不会跳到猎物身上，而是用前脚猛击猎物的侧腹部或臀部使之失去平衡。

名称　狮

拉丁学名
Panthera leo

英文名
Lion

分类　食肉目　猫科

体型
头部和躯干：1.4 ~ 2.5 米
尾长：70 ~ 105 厘米　肩高：107 ~ 123 厘米
体重：120 ~ 250 千克
雄性比雌性大 20% ~ 50%。

主要特征　体型庞大，肌肉发达，尾巴细长，尖端有黑色簇毛；身体呈淡黄色至黄褐色；雄性长着浓密的深色鬃毛；头大，颌骨强有力、极具毁灭性；眼睛为黄棕色。

繁殖　经历 100 ~ 119 天的妊娠期后产下 1 ~ 6 只幼崽（平均 3 ~ 4 只）。幼崽 6 ~ 7 个月大时断奶；3 ~ 4 岁性成熟。圈养条件下能活到 30 岁，野外很难活过 13 岁。

栖息地　稀树草原、开阔林地、沙漠边缘以及灌丛。

一头雌狮向一头水牛猛扑过去。如果猎物摔倒在地，雌狮便会紧紧咬住它的喉咙或口鼻，使其窒息而死。

虎

从许多方面看来，老虎都比它的近亲——狮子，更配得上"百兽之王"的称号。老虎是所有猫科动物中体型最大的，分布范围曾经从欧洲边缘向东延伸到俄罗斯的鄂霍次克海，向南延伸到印度尼西亚的爪哇岛和巴厘岛。如今它们的分布范围要小得多，但是来自不同地区的老虎差别很大，因此这一物种已经被划分为好几个亚种。

老虎的前腿非常有力，长有可伸缩的长爪。老虎在狩猎时利用这样的腿和爪子能给猎物带去致命的打击。它们通常从后面冲向猎物，要么凭借冲锋的力量将猎物击倒在地，要么使用爪子钩住猎物的臀部或侧腹部将其拖倒。老虎的犬齿又长又尖，轻微扁平，可以轻易咬碎猎物的脊柱骨，小型猎物会被其直接咬断脖子。体型较大的动物对老虎来说更具挑战性，但只要猎物跌倒在地，老虎就会咬住它们的喉咙，令其窒息而亡。

名称	虎

拉丁学名
Panthera tigris

英文名
Tiger

分类　食肉目　猫科

体型
头部和躯干：1.4 ~ 2.7 米
尾长：60 ~ 110 厘米　肩高：80 ~ 110 厘米
体重：雄性 90 ~ 300 千克；雌性 65 ~ 165 千克

主要特征　体型庞大，肌肉发达，头大尾长；明显的橙色皮毛上有深色条纹；下腹部主要呈白色。

繁殖　经历 95 ~ 110 天的妊娠期后产下 1 ~ 6 只幼崽（通常是 2 ~ 3 只）。幼崽 3 ~ 6 个月大时断奶；雌性 3 ~ 4 岁性成熟，雄性 4 ~ 5 岁性成熟。圈养条件下能活到 26 岁，野外很难活过 10 岁。

栖息地　热带森林和沼泽；植被覆盖良好且附近有水源的草地。

老虎是游泳健将，当它们在自己广阔的领地上移动时，经常需要过河。

猎豹

猎豹是四足行走的动物中跑得最快的物种。在平坦的地面上，它们的速度可以达到每小时105千米。猎豹的脊柱非常灵活，因此它们轻轻一跃就能前进8米。

然而与其他大型猫科动物相比，猎豹的耐力很差。尽管肺和心脏都比较大，它们却不能将追捕活动维持1分钟以上，因此平均每4次狩猎中就有3次失败。

一对猎豹完成交配后便分道扬镳。雌性在隐蔽的地方分娩，通常是在茂密的植被中。幼崽刚出生时还没睁眼，弱小可怜又无助，猎豹妈妈会竭尽全力把它们隐藏起来。

在最初的3个月，小猎豹的后脑勺、肩膀和背部都有一层长长的灰色毛发。有助于它们在高高的草丛中隐匿身影。尽管猎豹妈妈已经拼尽全力，但绝大多数猎豹幼崽还是无法存活下来。婴儿期和青少年期的猎豹死亡率估计在70% ~ 95%之间。

名称	猎豹

拉丁学名
Acinonyx jubatus

英文名
Cheetah

分类　食肉目　猫科

体型
头部和躯干：112 ~ 150 厘米
尾长：60 ~ 80 厘米
肩高：67 ~ 94 厘米　　体重：21 ~ 72 千克

主要特征　体型修长，四肢长，头小，耳朵圆，长长的尾巴低垂在近地面；皮毛呈淡金色到茶色不等，腹部有黑色斑点；尾巴尖端有深色条纹。

繁殖　在一年中的任何时间都能产崽，经历90 ~ 95天的妊娠期后一胎产下1 ~ 8只幼崽（通常是3 ~ 5只）。幼崽3 ~ 6个月大时断奶；18个月大时性成熟，但一般不会在2岁前参与繁殖。圈养条件下能活到19岁，野外寿命能达到14岁，但通常情况下野外寿命要短得多。

栖息地　稀树草原、灌丛和半沙漠地区。

猎豹的爪子不能完全缩回，而这不可伸缩的爪子使它们在高速运动中转向时具备更大的牵引力。

豹

在猫科动物中，豹的地理分布范围是除家猫以外最广的。在所有大型猫科动物中，豹最擅长攀爬。它们的肩部肌肉特别发达，提供了将自身和猎物（通常是自身重量的两倍）拉到树上所需的大部分力量。它们把食物带离地面，这样大多数食腐动物就够不着了，豹也就有了机会在闲暇时进食。豹在树枝上睡觉和吃东西，还可以头朝下，用灵活的踝关节和有力的爪子抓住树干。

豹的优秀适应性很大程度上要归功于它们多样化的饮食。豹几乎吃能抓到手的任何中小型动物，从一只小甲虫到一头900千克的大羚羊。长期研究表明，豹经常捕捉的猎物至少包括90个物种，而相比起来狮子正常情况下只捕捉12种。食物的多样性意味着豹可以生活在各种各样的栖息地，避免与更加特化的捕食者直接竞争。

名称　豹

拉丁学名
Panthera pardus

英文名
Leopard

分类　食肉目　猫科

体型
头部和躯干：90 ~ 190 厘米
尾长：58 ~ 110 厘米
肩高：45 ~ 78 厘米
体重：雄性 73 ~ 90 千克；雌性 28 ~ 60 千克

主要特征　大型、纤瘦、长尾的猫科动物；淡金色到黄褐色的皮毛上布满黑色斑点，在背部和侧腹部排列成玫瑰花环模样。

繁殖　幼崽出生在适宜的季节（具体时间随分布范围而不同），经历 90 ~ 105 天的妊娠期后，雌性一窝产下 1 ~ 6 只幼崽（通常是 2 ~ 3 只）。幼崽 3 个月大时断奶；3 岁时性成熟。圈养条件下能活到 20 岁，野外条件下活得更长。

栖息地　多种多样，包括低地森林、草地、灌丛和半沙漠地区。

爬树的能力让豹得以避开其他大型食肉动物。对它们而言，一棵枝叶茂密的大树同时也是一个凉爽的休息场所。

美洲狮

美洲金猫、美洲狮和山狮其实是同一种动物广为流传的不同名称，它们是一种适应性强、行动敏捷的捕食者，以鹿等中型猎物为食。尽管美洲狮体型较大，但它们与猞猁、短尾猫的亲缘关系比狮子、美洲豹更密切。

美洲狮非常敏捷，能轻松完成攀爬动作，主要狩猎陆生动物，常常埋伏在树上等待猎物路过，然后从树上一跃而下袭击它们。同样，美洲狮也可以先追逐猎物一小段距离，然后跳到它们背上。在这两种情况下，动物都会因脖子上的致命一口被击杀。一只独立的成年美洲狮可能每两周就需要猎杀1次，它会把猎物尸体拖到一个安全的地方，藏在一堆泥土或碎石片下面，然后在饿的时候返回这个"粮仓"慢慢进食。

对于带崽的雌性美洲狮来说，它们可能每3～4天就要猎杀一只鹿来维持家庭需求。美洲狮通常是独居的，而小美洲狮可能会和它们的妈妈待在一起1年多。在妈妈离开它们以后，兄弟姐妹们会继续待在一起几个月。

名称	美洲狮

拉丁学名
Puma concolor

英文名
Puma

分类　食肉目　猫科

体型
头部和躯干：105 ～ 196 厘米
尾长：67 ～ 78 厘米
肩高：60 ～ 76 厘米
体重：36 ～ 227 千克

主要特征　身体细长，尾巴长，头小又圆，耳朵直立；皮毛呈简单的黄褐色（没有斑点或条纹）、银灰色、灰棕色或微红色；青少年个体身上有斑点，尾巴上有环带。

繁殖　在一年的任何时候都能产崽，经历90 ～ 96天的妊娠期后一窝产下3 ～ 4只幼崽。雌性通常2 ～ 3年产崽1次。幼崽3个月大时断奶；雌性18 ～ 36个月性成熟。野外寿命能达到13岁，圈养条件下能活到20岁。

栖息地　阔叶林和针叶林、沙漠、灌木丛以及半沙漠地区。

美洲狮占据了美洲新大陆的大部分栖息地，包括山区，因此它们有了另一个名字——山狮。

斑鬣狗

鬣狗的外表很像狗，后腿很弱，比前腿短，因此它们的肩膀高于臀部。较低的头部使它们呈现出驼背似的独特外观。鬣狗的腿很长，但尾巴相对较短。通常情况下，鬣狗的皮毛是沙棕色的，带有深色条纹或斑点。它们的颌骨非常有力，长有巨大的臼齿，碾碎和剪切的能力很强，可以用来咬碎骨头和撕开坚硬的皮肤。鬣狗胃中的酸性消化液使它们比其他哺乳动物更能消化骨头碎片。

与棕鬣狗和条纹鬣狗不同，斑鬣狗既会食腐也擅长捕猎。在找不到更好的食物来源的情况下，它们会通过合作杀死更大的猎物。有时，斑鬣狗 90% 的食物是靠它们独立猎杀动物获得的。斑鬣狗追赶猎物的距离可以超过 3 千米，时速可以超过每小时 60 千米，能杀死斑马那么大的动物。

名称	斑鬣狗

拉丁学名
Crocuta crocuta

英文名
Spotted Hyena

分类　食肉目　鬣狗科

体型
头部和躯干：100 ～ 180 厘米
尾长：25 ～ 36 厘米
肩高：70 ～ 90 厘米
体重：40 ～ 91 千克

主要特征　长得像狗，体格强壮，尾巴短，背部倾斜；浅沙褐色的皮毛上有不规则的黑色斑点。

繁殖　通常在 4 个月的妊娠期后产下 2 只幼崽，最多能产下 4 只。8 ～ 18 个月大时断奶；2 岁性成熟。野外寿命能达到 20 岁，圈养条件下能活到 40 岁。

栖息地　稀树草原、半沙漠地区、沙漠和城市边缘。

斑鬣狗的幼崽在大约 8 个月的时间里完全依赖母亲的乳汁获取营养。

獴和灵猫

獴（獴科动物）是一种敏捷的陆生食肉动物，分布遍及南亚和非洲。灵猫（麝香猫）和獛（灵猫科动物）是树栖的伏击型捕食者。

獴身材纤细，耳朵又小又圆，毛发浓密的尾巴从根部到尖端逐渐变细。它们的腿很短，爪子长而不能伸缩，适于挖掘食物。不同种类的獴可能在白天或晚上活动，其中一些种类是社会性的，生活在大家庭中。

獴的嗅觉非凡，并且惯用气味来标记领地。同时，它们也比大多数哺乳动物拥有更好的色觉。獴是机会主义者，遇到什么吃什么，捕食对象小到昆虫，大到一整条眼镜蛇，同时也不放过蛋和水果。

灵猫和獛的腿相对较短，头和脸又尖又长。一些灵猫和獛有臭腺，遇到危险时会向攻击者喷射一股恶臭的黄色液体。

白尾獴

Ichneumia albicauda

这类物种生活在撒哈拉以南的非洲，是所有獴中体型最大的物种。

环尾獴

Galidia elegans

这只环尾獴正在快步前行。

毛尾臭獴

Bdeogale crassicauda

这只毛尾臭獴正处于"高位"姿态，嗅闻空气中其他动物的气味。

塞氏獴（左图）

Paracynictis selousi

它们是来自非洲南部的独居物种。

沼泽獴

Atilax paludinosus

这种动物在岩石上做气味标记，向其他獴宣告自己的存在。

灰獴和獴科的其他成员一样，主要在地面上捕猎。它们生活在印度，无论白天或是黑夜都很活跃。

非洲林狸
Poiana richardsonii

非洲林狸属仅存的两种之一，
它们的食物包括雏鸟。

缟林狸
Hemigalus derbyanus

东南亚一种极具特征的夜行性物种。

马来灵猫（左图）
Viverra tangalunga

这种灵猫的背部有独
特的冠毛。

埃及獴
Herpestes ichneumon

蛋是这一非洲物种
的重要食物。

椰子狸
Paradoxurus hermaphroditus

一种独居的夜行性动物。

熊狸
Arctictis binturong

这种动物在觅食水果时，能用卷曲
的尾巴缠住树枝。

斑马、马和貘

斑马、马和貘是奇蹄目动物（属于有蹄哺乳动物）。斑马和马是食草动物，而生活在森林里的貘的食物种类更加多样。

马科动物是中大型动物，其中体型最小的是矮壮的非洲驴，站立时肩部高度 100 厘米，体重超过 272 千克；而体型最大的细纹斑马高 1.6 米，重 450 千克。

马和斑马的每只脚上只有一个承重的脚趾，脚趾末端的趾骨、趾甲一起形成蹄。膝关节的构造使之不需要消耗能量就能保持腿部直立。因此，马科动物可以站立很长一段时间而不感到疲惫。

马是非常警觉的动物，有着卓越的听觉、视觉和嗅觉。它们的耳朵长而直立，可以旋转360°来追踪声音来源。其眼睛位于头部的两侧，无论在白天还是夜晚都能为它们提供良好的全方位视力。同时，敏锐的嗅觉在沟通交流和远距离

耳朵下压

斑马的肢体语言

1. **山斑马**（*Equus zebra*），一只年轻雄性正在对一只成年雄性表达臣服。

2. **平原斑马**（*Equus burchellii*），一只雄性正以"低头"的姿势驱赶雌性。

3. **细纹斑马**（*Equus grevyi*），一只雌性的后腿微微张开，呈现出顺从的姿态。

中美貘（左图）

Tapirus bairdii

这一濒危物种的幼崽身上有明显的白色斑点和条纹。

侦察危险时也发挥着重要的作用。

貘

貘是一种像猪一般大的生物，头呈锥形，鼻子卷曲，身形庞大，能够敏捷地穿梭在它们喜欢的栖息地——南美和中美洲潮湿的森林里的浓密灌木丛中。虽然貘的腿看起来比较细长，但它们灵活而又稳健。貘能以惊人的速度在崎岖陡峭的山地上移动，也能游泳。貘的每条后腿有 3 个脚趾，每条前腿有 4 个脚趾。

在撒哈拉以南非洲的季节性干旱草原上，平原斑马依靠降雨获取食物和饮水。它们会跟随降雨长途迁徙。

非洲野驴

Equus asinus

这只野驴正在压下它的耳朵，做出踢腿的攻击性姿势。

普氏野马

Equus przewalski

它们被看作是真正的野马以及所有家养马的祖先。

山貘

Tapirus pinchaque

这种动物的主要栖息地位于安第斯山脉上云雾缭绕的森林和高山上的稀疏草地。

马来貘

Tapirus indicus

东南亚茂密的原始雨林被破坏威胁着这一物种的生存。

南美貘

Tapirus terrestris

这种貘生活在南美洲亚马孙河、奥里诺科河盆地的低地雨林和较低的山地森林里。

蒙古野驴

蒙古野驴比它们的非洲亲戚体型更大，身材比例上明显更像马。尤其是它们的蹄子，圆圆的，比较大，不像驴的蹄子那么窄。蒙古野驴比其他马科动物更适合在干旱条件下生活，许多个体都生活在近乎沙漠的环境中。在那里，蒙古野驴食用自己能找到的最多汁的植物，并通过每日跋涉和季节性迁徙来寻找饮用水。

蒙古野驴大部分时间生活在小群体中，随着个体的加入或离开，小群体的成员组成每天都在变化。年轻的野驴会和它们的母亲待上两三年，但除此之外，成年个体之间再没有更长久的联系了。雄性个体有领地意识，彼此之间互相敌对，然而在迁徙过程中，或者牧草资源丰富到吸引大批个体前来的时候，蒙古野驴也会聚成大型群体和谐相处。

蒙古野驴具有强大的爆发力，能在短时间内以每小时 70 千米的速度奔跑，比大多数家养马都快。蒙古野驴还能以每小时 50 千米的稳定速度完成长距离奔跑。

名称	蒙古野驴

拉丁学名
Equus hemionus

英文名
Asian Wild Ass

分类　奇蹄目　马科

体型
头部和躯干：2 ～ 2.5 米
尾长：30 ～ 49 厘米
肩高：1.0 ～ 1.4 米
体重：200 ～ 258 千克

主要特征　大体型的驴，皮毛呈灰褐色到红棕色不等，腿和腹部为浅白色，背部有深色条纹；鬃毛短；蹄子比其他驴更宽。

繁殖　每隔 1 年，在 11 个月的妊娠期后产下 1 只幼崽。12 ～ 18 个月大时断奶；雌性 2 岁性成熟，雄性 3 岁性成熟。野外条件下能活到 14 岁，圈养条件下能活到 26 岁。

栖息地　沙漠和干旱的草原地区。

印度野驴现在只在古吉拉特邦的印度野驴保护区内还有分布。

雄性斑马通常能和平相处，但如果其中一只试图抢走另一只的配偶，就可能引起打斗。

平原斑马

平原斑马生活在撒哈拉以南的非洲大草原上，以草为食。水源是其自然分布区域的主要限制条件。斑马每天都要喝水，所以很少能在距离水源 32 千米以外的地方找到它们，水源对带崽的雌性来说是尤为重要的需求。

平原斑马是"一夫多妻"的，一只雄性会试图留下最多 6 只的雌性，并宣告享有与它们的专属交配权。多余的雄性则形成多达 15 只个体的单身部落。雌性每年可以产下一匹马驹，但仅仅在环境条件极好的年份才会进行生育，而且每次生育之间通常有 2 年的间隔。小斑马在出生 1 周左右就会吃草，但直到 1 岁左右才会完全断奶。

成群的平原斑马在特殊的休眠区过夜，它们通常选择稍微凸起的地方，这样就可以很好地俯瞰周围的草原。平原斑马没有领地意识，几个种群的活动范围也经常是重叠的。

名称	平原斑马

拉丁学名

Equus burchelli

英文名

Plains Zebra

分类 奇蹄目 马科

体型

头部和躯干：2.2 ~ 2.5 米

尾长：47 ~ 56 厘米

肩高：1.1 ~ 1.5 米

体重：175 ~ 322 千克

主要特征 躯体壮实且腿短的斑马；主体躯干坚挺宽厚；黑色条纹比其他物种更宽，尤其是在尾部；条纹上有时点缀着浅棕色的线条。

繁殖 在 360 ~ 396 天的妊娠期后产下单胎幼崽。7 ~ 11 个月大时断奶；雌性 16 ~ 22 个月大时性成熟，雄性 4 岁开始性成熟。野外条件下能活 20 ~ 25 岁。

栖息地 稀树草原，植被稀疏或灌木丛生的草地。

犀科动物

犀牛（犀科动物）共有 5 个物种，但野外存活数量可能总共不超过 33 000 只。

直到最近，犀牛才成为非洲和亚洲最受关注的大型食草动物群体之一。犀牛角由于所谓的药用价值被卖出了天价，一些人大肆捕杀犀牛，导致犀牛种群数量锐减。

犀牛是一类强大有力的动物，长着像柱子一样粗壮的四肢和厚厚的脚掌。对于大型动物来说，如果它们的运动量太大，可能导致体温过高，所以犀牛通常行走缓慢，但其实它们能够达到更快的速度。除人类偷猎者外，犀牛几乎没有天敌，它们还有着卓越的嗅觉和听觉。

犀牛是素食者。白犀吃草，其他物种吃树叶。亚洲犀牛生活在森林里，但非洲犀牛，尤其是非洲白犀，更多地出现在开阔的稀树草原。

印度犀
Rhinoceros unicornis

这是一种长着独角的陆生哺乳动物。

爪哇犀
Rhinoceros sondaicus

这种珍稀的大型哺乳动物野外只有 1 个种群存活。

白犀
Ceratotherium simum

它们是世界上最大的犀牛，在现有记录中，最大的雄性个体体重超过 4.5 吨。

苏门答腊犀
Dicerorhinus sumatrensis

苏门答腊岛和婆罗洲栖息地的丧失对这一物种的生存构成了威胁。

黑犀
Diceros bicornis

雄性在 10 ~ 12 岁后才会抢占领地并开始交配。漫长的繁殖周期限制了它们在非洲的种群复壮。

白犀

白犀（*Ceratotherium simum*）是世界第三大陆生哺乳动物。与其他犀牛不同，白犀只以草为食，通常性情温和。它们的前角更长更尖，但在雄性争夺领地之外，很少被用作武器。白犀的头比其他犀牛要大，头非常重，因此背部和颈部骨骼已经特化成适合承重的构造。

方形嘴唇

白犀独特的方形上唇适于其特殊的饮食结构。它们没有门齿，所以不能像其他食草动物那样切断吃进嘴里的草，而是用嘴唇夹断草尖。白犀的嘴唇垂直向下，可以轻而易举地切割短草，所以其仅仅依靠吃草就能维持庞大的身躯活动。如果遇到恶劣的条件，犀牛可以在没有水的情况下存活 5 天。

相对于如此巨大的体型，白犀的领地面积显得相当小——通常不超过 10 平方千米。

名称　白犀

拉丁学名

Ceratotherium simum

英文名

White Rhinoceros

分类　奇蹄目　犀科

体型

头部和躯干：3.3 ~ 4.2 米
尾长：50 ~ 70 厘米
肩高：1.5 ~ 1.8 米
雄性比雌性体积大 20% ~ 90%。
体重：1.7 ~ 2.3 吨

主要特征　巨大的灰褐色犀牛，头很大，有两个角，上唇呈非常明显的方形。

习性　日间和夜间都很活跃；占主导地位的雄性个体营独居生活，有领地意识；在泥或水中打滚；通常胆小而温顺。

繁殖　在 16 个月的妊娠期后产下单胎幼崽。12 ~ 14 个月大时断奶；5 岁性成熟；雄性在 10 ~ 12 岁时参与繁殖。

近年来，得益于相关保护措施，白犀的种群得到了恢复。图中这头白犀仅以草作为唯一食物。

河马和猪

根据传统分类方式，河马、猪及野猪一起被归为偶蹄目动物。

河马很好地证明了两个密切相关的物种能适应于完全不同的栖息地——普通河马生活在草原上，而倭河马生活在森林里。普通河马白天待在河流和湖泊中，黄昏时在草原上吃草。倭河马也主要在夜间活动，等到夜幕降临时，它们就会在林中漫步。

猪是又矮又胖的圆筒状哺乳动物，它们大小不等，例如姬猪只有58厘米长，而大林猪长达2.1米、重达270千克。猪通常成群觅食，其嗅觉和听觉发育良好，经常发出声音，群体内不断地用"吱吱""唧唧"和"咕哝"声交流。猪强壮稳健，奔跑迅速，甚至也擅长游泳。

野猪

Sus scrofa

年幼的野猪有独特的条纹花色，有助于其在栖息的森林里形成伪装，条纹随着年纪增长会逐渐褪去。

河马

Hippopotamus amphibius

这两只雄性河马正在为争夺群体中的统治地位而战斗。

成年野猪的上犬齿通常有5～10厘米长，普遍比下犬齿更长（上图）。

野猪的战斗形式

不同的野猪有不同的战斗形式：

1. 大林猪用坚硬的头顶相抵。

2. 假面野猪的口鼻部交叉，像击剑一样，脸上的疣子起保护作用。

3. 野猪们猛击对方肩部时，肩部厚厚的皮肤和凌乱的毛发能起保护作用。

2.

1.

3.

疣猪

疣猪有着弯曲的獠牙和巨大面部疣，头大而平，是野猪中最具代表性的物种。疣猪栖息在非洲大部分地区的开阔稀树草原及半沙漠环境，生活在家庭群体中，这种群体由雌性和它们的后代组成。

尽管外表凶猛，疣猪实际上是温顺无害的动物，只有当受到威胁时才会展示自己熟练的自卫能力。保护幼崽的疣猪妈妈尤其勇猛无畏，曾向猎豹或大象发起攻击。

在旱季，疣猪以从坚硬的土地上挖出来的草、莎草、根茎和鳞茎为食，也吃水果和浆果。疣猪的短脖子使它们无法舒适地贴近地面取食自己喜欢的草。为了解决这个问题，它们会跪着吃草，拖着后腿四处走动。它们前腿关节处的皮肤更厚，能提供很好的保护作用。

名称	疣猪

拉丁学名
Phacochoerus africanus

英文名
Warthog

分类　偶蹄目　猪科

体型
头部和躯干: 1.1 ~ 1.3 米
尾长: 40 厘米
体重: 50 ~ 100 千克

主要特征　腿较长，脖子短，有明显的弯曲獠牙和面部疣。

习性　白天活跃，晚上睡在洞穴里；亲缘关系相近的雌性会形成群体；成年雄性独居或形成单身群体。

繁殖　通常每窝 2 ~ 3 只幼崽（最多 7 只）。21 周断奶；18 ~ 20 个月大时性成熟；平均寿命 7 ~ 11 岁。

食物　主要是草、草根、浆果和树皮。

栖息地　干燥、开阔的稀树草原，半沙漠地区。

当收到报警信号时，疣猪会竖着尾巴奔跑，以警告其他疣猪。

河马

河马白天的大部分时间都浸泡在水里，因为一旦暴露在空气中，它们的皮肤会迅速失水，河马的失水量是其他大型哺乳动物的好几倍。成年河马在浮出水面前通常会在水下停留5分钟。它们可以轻易地沿着河床在水下行走，还可以将肺部吸满空气以获得浮力在水中游泳。

河马的小眼睛、耳朵、鼻孔都长在头顶上，所以即使身体的大部分都泡在水里，它们依然拥有视力、听力并能够进行呼吸。

潜水时，河马的鼻孔闭合，耳朵凹陷。在做出示威姿态或打斗时，河马会露出锋利的下犬齿，此时就能清楚地看到它们张开的大嘴，它们的牙齿能造成严重的伤害。

河马的皮肤非常厚，可达3.5厘米，但最外面的保护层却非常薄，这是其水分流失迅速的原因。河马的皮肤还包含许多神经末梢，因此非常敏感。河马的皮肤深层是血管网，但没有调节温度的腺体，为了在炎热的天气里保持凉爽和恒定的体温，河马必须将自己浸泡在水中。

名称　河马

拉丁学名　*Hippopotamus amphibius*

英文名　Common Hippopotamus

分类　偶蹄目　河马科

体型
头部和躯干：
3.3 ~ 3.5 米
尾长：35 ~ 50 厘米
肩高：1.4 米
体重：雄性1.3 ~ 2.5 吨；雌性1吨

主要特征　身躯庞大，嘴巴宽大；皮肤裸露，呈灰褐色到蓝黑色；脚上有4趾；增大的下犬齿像獠牙一样。

繁殖　约240天妊娠期后，在水中产下1只幼崽。幼崽1岁时断奶；3.5岁性成熟；预期寿命55岁。

食物　稀树草原上的草。

栖息地　短草型草地；河流、湖泊和泥泞的泥塘。

河马整天都待在河流、湖泊或泥泞的泥塘里，在黄昏时外出觅食，进食几个小时后又回到同一水域。虽然体型庞大，河马每天吃的东西却少得惊人，只占体重的1%～1.5%，食量约是同等体型白犀的一半。河马之所以能靠这么少的摄入量维持生存，是因为它们大部分时间都浸泡在水中，消耗的能量很少。尽管河马整天都待在水里，但并不以水生植物为食。

河马营群居生活。湖泊的大小不同，聚集的河马数量也不同，最多可达150头。随着旱季水体缩小，集群的河马数量会增加。人们认为这种集群能保护小河马免受鳄鱼伤害。河马通常在旱季交配，在雨季生下1只幼崽。小河马出生1年后就断奶了。

骆驼和羊驼

骆驼和美洲驼（骆驼科动物）非常相似，都长着细长的脖子、小小的脑袋和长长的腿。脸又长又窄，眼睛很大，上唇开裂。

骆驼科的成员分布于非洲、南美洲、亚欧大陆和澳大利亚的野外地区。南美洲的物种，如骆马和羊驼，有着长长的耳朵，可以转来转去地接听危险信号。相比之下，旧大陆的骆驼那毛茸茸的耳朵就显得小得多了，毕竟作为大型动物，很少有需要它们警觉的捕食者，而大耳朵在沙漠风暴期间容易进沙子。此外，骆驼还可以通过闭住鼻孔来抵御风沙。

骆驼的脚掌比羊驼和骆马宽厚得多，因为它们适于行走在松软的沙子上，而非坚硬崎岖的岩石上。

所有的骆驼和羊驼基本上都是素食者，能够靠稀疏的沙漠和山地植物生存。骆马是专一的食草动物，只能在草地上生存。

羊驼

Vicugna pacos

现已知羊驼是骆马的后代，人们为了获取羊驼毛而饲养这种动物。

骆马

Vicugna vicugna

栖息在山地的骆马是骆驼科体型最小的成员，也是世界上最健壮的动物之一。

单峰骆驼

Camelus dromedarius

生活在北非和西南亚，但已被完全驯化了。

美洲驼

Lama glama

大多数美洲驼在它们的家乡南美洲被当作驮畜工作或当作牲畜饲养。

双峰驼和单峰驼

和近亲单峰驼一样，双峰驼非常适应沙漠干旱的生活条件。但和单峰驼不同的是，双峰驼通常生活在岩石嶙峋的寒冷沙漠地带，而不是黄沙漫漫的普通沙漠。

双峰驼可以靠喝盐水生存，能在短短10分钟内喝下多达114升，它们几乎什么食物都吃，主要以沙漠植物为食。然而在必要的时候，双峰驼可以食用一切有机物，包括其他动物的尸体和由皮革或植物纤维制成的物件，比如鞋子和绳子。

骆驼双峰的体态与自身的营养状况有直接关系。吃饱喝足的双峰驼，驼峰又硬又圆，含有重达36千克的脂肪。松软的驼峰是其营养不良的表现，此时骆驼必须动用脂肪储备来弥补食物的不足。

名称　双峰驼

拉丁学名
Camelus bactrianus

英文名
Bactrian Camel

分类　偶蹄目　骆驼科

体型
头部和躯干：2.3 ~ 3.5 米
尾长：35 ~ 55 厘米
第一驼峰前（指从头部到第一驼峰之前）长度：1.9 ~ 2.3 米
体重：450 ~ 650 千克

主要特征　长腿长脖子的动物，背部有两个高高隆起的驼峰；脑袋小，耳朵小而圆，眼睛大，上唇开裂；脚宽，脚上有 2 根脚趾和柔软的肉垫。

繁殖　每隔一年的春天，经过 12 ~ 14 个月的妊娠期后产下1 只幼崽。幼崽 12 ~ 18 个月大时断奶；3 岁性成熟；圈养条件下能活到 50 岁，野外条件下也差不多。

生活在中国和蒙古真正的野生双峰驼不到 1 000 头，家养驯化的个体则要多得多。

鹿

91 种鹿共同组成了鹿科大家庭，它们以草和树叶为食，有着相似的长腿，雄性长着角或獠牙。

鹿是偶蹄目动物，有反刍行为，它们多室的胃能消化大量的植物纤维。鹿广泛分布在南北美洲和亚欧大陆的大部分地区，主要栖息在森林和林地里。

驼鹿（在欧洲被称为加拿大马鹿）是体型最大的鹿，站立时有的能超过 3 米高；最小的鹿是南美的普度鹿，体型比一只兔子大不了多少。

鹿是精食者[1]，以树木和灌丛的嫩芽和叶子为食。部分物种营独居生活或以小家庭群体为单位，其他物种则通常聚集在大群体中。鹿通常在夜间或黎明和黄昏时活动。对鹿而言，一年中最重要的时间是交配季，此后有些种类雄鹿的角就会脱落。

【注释】

1. 精食者和粗食者对应，前者指以树叶、果实、嫩芽等木本植物的部位为食的植食性动物，后者指以地面草本植物为食的植食性动物。

在每年的交配季，雄性马鹿会在力量的较量中相互锁死鹿角，它们之间的打斗会造成严重的伤害甚至致死。

小麂
Muntiacus reevesi

小麂原产于中国，被引进到英国以后繁衍昌盛。

驯鹿
Rangifer tarandus

这一高纬度物种生活在林地、森林边缘和夏季苔原上。雌雄都有鹿角，雄性的角更大。

马麝
Moschus chrysogaster

这是一种原产于中国的濒危物种。

驼鹿

Alces alces

这种体型最大的鹿重达 800 千克。雄鹿角大，分叉，呈掌状。

花鹿

Axis axis

一种生活在南亚林地和森林边缘的物种，有竖琴状的鹿角。

西方狍

Capreolus capreolus

夏天，狍子鲜艳的狐红色皮毛替换了原本朴素的灰黄色皮毛。

赤短角鹿 *Mazama americana*（上图右）

白尾鹿 *Odocoileus virginianus*（上图左）

獐（上图）

Hydropotes inermis

生活在中国和韩国的沼泽、芦苇床和湿润的草原上。

南普度鹿

Pudu pudu

这类物种是最小的鹿，肩高只有 35 厘米，体重 8 千克。

草原鹿

Ozotoceros bezoarticus

草原鹿生活在南美洲南部开阔的草原上。

驯鹿

驯鹿是群居性动物，生活在加拿大、阿拉斯加和亚欧大陆最北部的北极苔原和森林。驯鹿适应了极北地区恶劣的生活环境，蹄子又大又凹，为行走在冬天的雪地或夏天柔软的苔原地表提供了良好的支撑。锥形的中空毛发有助于将热量保留在身体附近，为其在极端寒冷的环境中提供了隔热层。

成熟的雄性驯鹿通常有可观的鹿角，但相比于其他鹿科动物的角，没有那么巨大和复杂。雌性和年轻个体的鹿角通常更小、更简单。成年雄性个体的角通常在秋季发情期结束不久后脱落，而雌性个体的角则会保留到春季。发情期通常在 10 月和 11 月。每当这时，雄性个体就会为了争夺交配权而打斗，赢得交配权的个体有机会拥有多达 15 只雌性。这种激烈的战斗会让一些雄性精疲力竭或负伤。

驯鹿几乎一直处于移动当中，许多个体会进行漫长的季节性迁徙以寻找食物。一些个体甚至能长途跋涉 5 000 千米，比其他任何陆生哺乳动物都要走得更远。

名称	驯鹿

拉丁学名
Rangifer tarandus

英文名
Caribou

分类　偶蹄目　鹿科

体型
头部和躯干：1.9 ~ 2.2 米
尾长：10 ~ 15 厘米
肩高：107 ~ 127 厘米　体重：91 ~ 272 千克

主要特征　大型深棕色鹿，冬季皮毛变为灰色；臀部、尾巴和蹄上方有白色斑块；雌雄都有鹿角，雄性鹿角较大。

繁殖　经过 210 ~ 240 天的妊娠期，在 5 月或 6 月产下单只幼崽，极少数情况会产下双胞胎。幼崽 1 个月大时断奶；18 ~ 36 个月大时性成熟；野外条件下能活到 15 岁，圈养条件下能活 20 年。

叫声　一系列"咕哝"的音节。

食物　苔藓、莎草、草、真菌、低矮灌木的叶子。

栖息地　主要是北极苔原和森林边缘。

即使地面上有厚厚的积雪，驯鹿也可以用前蹄在雪地上挖坑来获取雪下的草。

118

在发情期，雄性加拿大马鹿会用"吼叫"来宣告自己的领地并吸引雌性。

加拿大马鹿

加拿大马鹿身体粗壮，四肢修长，尾巴短，耳朵大，从脖子到胸部都长着浓密的鬃毛。成年雄性加拿大马鹿有着宽阔而分枝的鹿角，雌性加拿大马鹿却没有这个特征。加拿大马鹿喜欢开阔的林地，不喜欢茂密的原始森林。每当山区的夏季来临，加拿大马鹿会经常游走在海拔较高的地段。

加拿大马鹿的生活模式是由季节决定的。在夏季，多达 400 只个体组成鹿群，由一只雌性加拿大马鹿带领。随着秋天的到来，雄性加拿大马鹿会变得具有领地意识和攻击性，会在发情期为交配权而战并建立自己的家庭，一只雄性加拿大马鹿通常会拥有 6 只雌性。春天时，雌雄各自分离。雌性个体要进行分娩，然后把幼崽藏在一个隐蔽的地方保护起来。雄性个体离开后会组建自己的"男生"群体，因为除交配季节外，雄性加拿大马鹿对其他个体并没有攻击性。

加拿大马鹿主要在黎明和黄昏时觅食，在白天和午夜休息。它们是反刍哺乳动物，因此会反刍食物以帮助消化，这种行为也被称为倒嚼。

名称　加拿大马鹿

拉丁学名
Cervus canadensis

英文名
Elk

分类　偶蹄目　鹿科

体型
头部和躯干：2 ～ 2.5 米
尾长：130 ～ 150 厘米
体重：171 ～ 497 千克

主要特征　皮毛在夏季呈棕红色，冬季颜色较浅；臀部有浅色斑块，鬃毛为深棕色；只有雄性拥有长度可达 1.5 米的鹿角。

繁殖　经过 249 ～ 262 天的妊娠期，在 5 月或 6 月产下单只幼崽。幼崽 10 周大时断奶；28 个月大时性成熟；圈养条件下能活 20 多年。

叫声　吠叫和尖叫；雄性在发情期吼叫。

食物　草、灌木和树木的叶子。

栖息地　草原、森林边缘和山区，附近通常有水源。

长颈鹿和㺢㹢狓

长颈鹿和㺢㹢狓是两种看似非常不同但亲缘关系相近的非洲本土动物，是长颈鹿科中的成员。

㺢㹢狓生活在刚果盆地部分地区茂密的中海拔赤道雨林中，对人类的干扰十分敏感，因此种群数量正在减少。长颈鹿曾经广泛分布在非洲和亚欧大陆南部，而现在只生活在撒哈拉以南非洲的草原上。

这两种生物都有长腿和长脖子，尤其是长颈鹿，它们的脖子极长，而且非常灵活，还有着长长的、毛茸茸的尾巴，脚宽大又厚重，生有两趾。

㺢㹢狓表面上看起来像马，有着长而灵活的耳朵。它们通常独来独往，或者以"母亲一幼崽"的组合出现。虽然㺢㹢狓不是严格的群居动物，但短时间内它们会容忍彼此并聚集成小群体觅食。㺢㹢狓用又长又黑的舌头从树上采摘叶子、嫩芽和树枝，又或是用来梳理毛发。

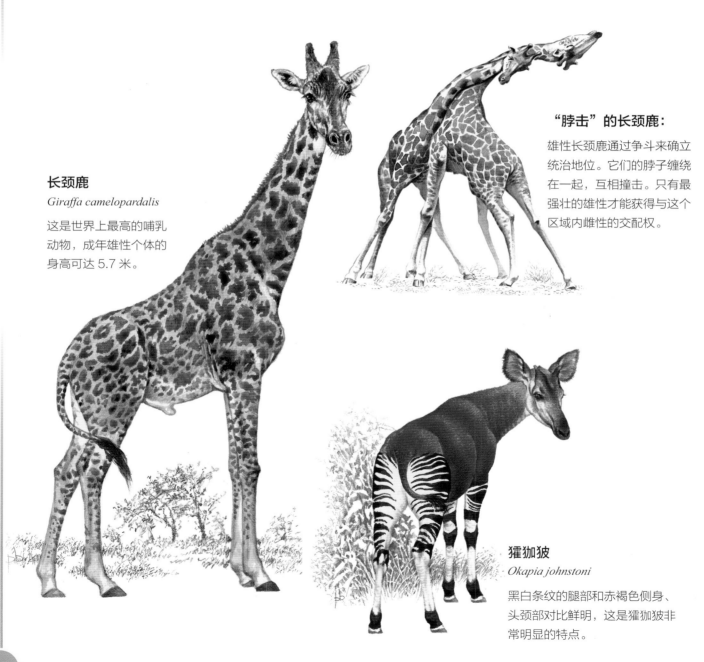

长颈鹿

Giraffa camelopardalis

这是世界上最高的哺乳动物，成年雄性个体的身高可达 5.7 米。

"脖击"的长颈鹿：

雄性长颈鹿通过争斗来确立统治地位。它们的脖子缠绕在一起，互相撞击。只有最强壮的雄性才能获得与这个区域内雌性的交配权。

㺢㹢狓

Okapia johnstoni

黑白条纹的腿部和赤褐色侧身、头颈部对比鲜明，这是㺢㹢狓非常明显的特点。

长颈鹿

长颈鹿是陆地上最高的动物，以极长的脖子闻名，但事实上它们的腿也很长。这种动物巨大的体重集中在高跷一样的四肢上，很容易陷进松软的地面。当长颈鹿陷入泥沼，就成了狮子唾手可得的猎物，因此长颈鹿行走时通常会避开松软的地面。

凭借着长脖子，长颈鹿可以吃到其他精食者够不到的食物。卓越的身高让它们能够很好地观察周围环境，敏锐的视力意味着它们能发现远距离处潜藏的危险。因此，像狮子这样的伏击型捕食者很难偷偷接近它们。然而，当处于前腿张开的喝水姿势时，长颈鹿会反复抬起头四处张望，因为这是它们最容易受到攻击的时候。

长颈鹿生活在松散的社群里，它们的社群不是恒定不变的。一个群体中的雄性长颈鹿有公认的社会等级，这个等级通过"脖击"来决定：雄性们紧挨着站在一起，轮流甩动脖子撞击对手身体。

名称	长颈鹿

拉丁学名
Giraffa camelopardalis

英文名
Giraffe

分类　偶蹄目　长颈鹿科

体型　头部和躯干：3.5 ～ 4.8 米
尾长：76 ～ 110 厘米
肩高：2.5 ～ 3.7 米
体重：雄性 800 ～ 1 930 千克；雌性 550 ～ 1 180 千克

主要特征　个头非常高，脖子长而灵活，长有鬃毛，腿又细又长；身体从肩膀向臀部倾斜向下；角短；毛发短，底色奶白，上面点缀着栗色斑点。

繁殖　经过 453 ～ 464 天的妊娠期后产下单只幼崽。幼崽 12 个月大时断奶；雌性大约 3.5 岁性成熟，雄性 4.5 岁性成熟；圈养条件下寿命长达 36 年，野外条件下 25 年。

叫声　"咕哝"声和鼻音，年轻个体会发出"咩"叫。

食物　从树木和灌木上采下来的叶子。

栖息地　开阔的林地和树木繁茂的草地。

长颈鹿长着小角，为皮肤和茸毛覆盖的骨质突起。有些雄性长颈鹿长有两对角。

牛科动物

牛、绵羊、山羊和羚羊都属于哺乳动物中驯化非常成功的一个科——牛科。它们中驯化的物种已经跟随人类遍布了全球的大部分地区。

牛科动物的体型大小各不相同，例如，小型侏儒岛羚比兔子大不了多少，而非洲水牛和美洲野牛身高可达 2 米。

牛科的大多数物种生活在干燥、开阔的栖息地，但也有一些生活在森林和沼泽中。牛科动物都是植食性动物，却有着多种多样的食物偏好，从吃地上的草到吃树上的叶不等。牛科动物都是反刍动物：其胃的结构复杂，可以将植物的主要成分纤维素转化为可消化的碳水化合物。

如今，大多数饲养的牛都起源于一种被驯化的大角牛祖先，它们被称作原牛，自 1627 年就在野外灭绝了。

原牛

Bos primigenius

原牛是家养牛的祖先，最后一头个体在 17 世纪死亡，这一物种随之灭绝了。

蓝牛羚

Boselaphus tragocamelus

这个印第安物种是蓝牛羚族（四角羚羊）的成员，与牛族（野牛）有很近的亲缘关系。

柬埔寨野牛

Bos sauveli

这一物种最早于 1937 年被动物学家发现，最后一次出现在柬埔寨、越南和老挝，现在可能已经灭绝了。

曾经在美国中西部地区很常见的美国野牛因人类的猎杀而几乎灭绝，其种群数量如今在大提顿等国家公园已经逐渐恢复。

野水牛
Bubalus arnee

灵活的球关节（可移动的骨头末端成圆球状，刚好塞入固定骨头的凹槽中）使水牛在松软的泥土上行动自如。

中南大羚
Pseudoryx nghetinhensis

1993 年，科学家们在越南茂密的森林中首次发现了这种小型牛科动物，其种群数量据说只剩下几百只。

———— 螺旋状的角

大羚羊
Taurotragus oryx

这种在非洲大草原上游荡的螺旋角羚羊现在只在野生动物保护区出没。

美洲野牛
Bison bison

它们在 19 世纪被捕杀殆尽，只有少量个体在北美洲的避难所（生态学概念，指生物不易被发现的藏身处）里幸存下来。

美洲野牛

历史上，美洲野牛是漫步在北美大陆上体型最大的动物。大群的野牛曾游走在北美中部开阔的平原和树木稀疏的地区，总数可能有5千万头，但人类一直无情地捕杀它们。如今，在北美西部大草原上的68个保护种群中，有超过3万头野牛在享受自由漫步，而更多的野牛则在私人农场里被商业化养殖。

野牛是食草动物，成群生活在草本植物低矮的草原和树木稀疏的地区。野牛通常会花费很多时间缓慢移动，一边走一边吃草。过去它们会长途迁徙到新的取食区，现在几乎不再可能，因为几乎所有群体都生活在封闭的保护区域。

尽管在过去同一区域可能出现数千只个体，但现在的野牛群中通常只有几十只个体，成年雄性野牛一年中的大部分时间都在独自漫游或结成小群体游荡，只在夏天的繁殖季节与雌性在一起。

名称　美洲野牛

拉丁学名
Bison bison

英文名
American Bison

分类　偶蹄目　牛科

体型
头部和躯干：雄性3 ~ 3.8米；雌性2.1 ~ 3.2米
尾长：43 ~ 90厘米　肩高：可达1.9米
体重：雄性454 ~ 907千克；雌性358 ~ 544千克

主要特征　大型动物，外表像牛；头部低，肩部高高隆起；前腿、脖子和肩膀都长着深棕色毛发；雌雄都有角。

繁殖　经过9 ~ 10个月的妊娠期后，在5 ~ 8月间产下单只幼崽。幼崽6个月大时断奶；2 ~ 3岁性成熟；野外条件下能活到25岁。

食物　主要是草叶和草根，当草稀少时会取食灌木蒿丛；每天摄入的食物重量是体重的1.6%。

栖息地　草原、灌木蒿丛和开阔林区。

野牛的前半身很庞大，雌雄两性都长有短而弯曲的角。

非洲水牛

　　非洲水牛生活在撒哈拉沙漠以南非洲大部分地区茂密的草原上。水牛几乎一生都待在同一个群落，并且生活在相同的地区。水牛群的活动范围可能只有 10 平方千米，在干燥的栖息环境中这个范围会更广。雌雄两性水牛都有巨大的角，左右角在基部相连。

名称　非洲水牛

拉丁学名
Syncerus caffer

英文名
African Buffalo

分类　偶蹄目　牛科

体型　头部和躯干：2.4 ～ 3.4 米
尾长：75 ～ 110 厘米　　肩高：1.4 ～ 1.7 米
体重：250 ～ 848 千克，雄性更重

非洲水牛的角汇合在一起形成了一个"头盾"，角在 6 岁时完全成形。

扭角林羚

　　扭角林羚是所有羚羊中体型最大、姿态最优雅的一种，站立时比一般人要高。扭角林羚以各种各样的植物为食，主要是精食者，但也会在雨季食用丰茂的草。扭角林羚可以啃食其他许多精食者够不到的食物。在干旱期，它们依靠瘤胃（辅助的胃）中储存的水分维持生存。

名称　扭角林羚

拉丁学名
Tragelaphus strepsiceros

英文名
Greater Kudu

分类　偶蹄目　牛科

体型　头部和躯干：1.8 ～ 2.5 米
肩高：1.0 ～ 1.5 米
体重：雄性 190 ～ 314 千克；雌性 120 ～ 214 千克

扭角林羚的角转了两圈半，如果拉直将达到 120 厘米长。

马羚

马羚和野牛都属于大型牛科动物。和牛一样，马羚也是偶蹄类动物，大多都是身材苗条、四肢细长的食草动物。

黑马羚、马羚、角马、旋角羚、黑斑羚、短角羚、非洲水羚、南非大羚羊和狷羚都是马羚类动物的典型代表。它们在非洲能够成功存活，很大程度上要归功于其应对干旱环境的能力强。马羚类动物的肾脏能最大限度地减少尿液中水分的流失，而且它们只有在特别热的时候才会出汗，可以适应高达 6 ℃的体温升高。

所有的雄性羚羊，以及某些种类的雌性羚羊都有角。角的核心是骨质，是头骨凸起的一部分。骨头上通常覆盖着一层由角蛋白（形成指甲和爪子的物质）组成的硬鞘。角不分叉，而且是永久性的，不像鹿角那样每年脱落。羚羊的角呈弯曲状、螺旋状或直尖状，通常只有 1 对，但四角羚羊的眼睛上方有 1 对额外的小角。

斑纹角马

Connochaetes taurinus

它们的角横向生长，向下弯曲，然后向上、向内弯曲。

乌干达赤羚

Kobus kob thomasi

在繁殖季，一只雄性羚羊正高昂着头接近雌性羚羊。

转角牛羚

Damaliscus lunatus

这种优雅的羚羊皮毛呈红木一样的红褐色，带着醒目的黑色斑点。

雄性南非剑羚用它们又长又直的角来保卫自己的领地，雌性则用长角来击退捕食者。

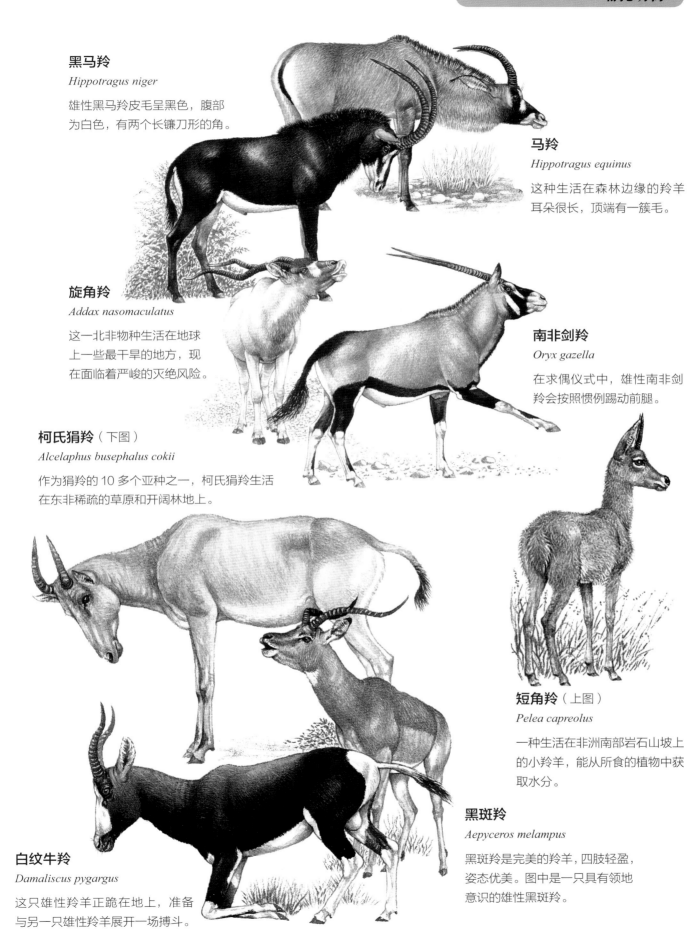

黑马羚

Hippotragus niger

雄性黑马羚皮毛呈黑色，腹部
为白色，有两个长镰刀形的角。

旋角羚

Addax nasomaculatus

这一北非物种生活在地球
上一些最干旱的地方，现
在面临着严峻的灭绝风险。

柯氏狷羚（下图）

Alcelaphus busephalus cokii

作为狷羚的 10 多个亚种之一，柯氏狷羚生活
在东非稀疏的草原和开阔林地上。

白纹牛羚

Damaliscus pygargus

这只雄性羚羊正跪在地上，准备
与另一只雄性羚羊展开一场搏斗。

马羚

Hippotragus equinus

这种生活在森林边缘的羚羊
耳朵很长，顶端有一簇毛。

南非剑羚

Oryx gazella

在求偶仪式中，雄性南非剑
羚会按照惯例踢动前腿。

短角羚（上图）

Pelea capreolus

一种生活在非洲南部岩石山坡上
的小羚羊，能从所食的植物中获
取水分。

黑斑羚

Aepyceros melampus

黑斑羚是完美的羚羊，四肢轻盈，
姿态优美。图中是一只具有领地
意识的雄性黑斑羚。

斑纹角马

斑纹角马又称牛羚，有着奇怪的、像牛一样的外形，它们的头、腿和身体似乎来自不同的生物。与遍布非洲的许多优雅的羚羊相比，斑纹角马显得笨拙而缺乏魅力。然而事实上，角马却是它们所属的生态系统中非常重要的一部分。它们占据了草原总生物量（活的生物的重量）的很大一部分，食草和踩踏的习性也在塑造草原景观方面发挥了重要作用。

尽管外表笨拙，成年角马实际上是非常敏捷的动物，既有速度又有耐力。角马通过聚集成大群来躲避捕食者。

斑纹角马是群居动物，但它们的社会结构在很大程度上取决于不同种群的游牧行为。其行动由可获得的牧草和水源来决定，随着季节的变化而不断改变。一些种群不得不进行大规模的迁徙以寻找新鲜牧草，而其他种群则享受着相对稳定的全年牧草供应。

名称	斑纹角马

拉丁学名
Connochaetes taurinus

英文名
Blue Wildebeest

分类　偶蹄目　牛科

体型
头部和躯干：1.7 ~ 2.4 米
雌性比雄性短小。
尾长：60 ~ 100 厘米　　肩高：120 ~ 150 厘米
体重：雄性 165 ~ 290 千克；雌性 140 ~ 260 千克

主要特征　像牛一样的羚羊；肩部隆起，颈部下沉；颈部下有带条纹的深色鬃毛，颜色随亚种而不同。

繁殖　每年在经过 8 ~ 9 个月的妊娠期后产下单只幼崽。幼崽 9 ~ 12 个月大时断奶；雌性 16 个月大时性成熟，雄性因为需要和更大的对手竞争而较晚参与繁殖；野外条件下能活到 20 岁。

栖息地　稀树草原的林地和牧草丰饶的平原。

交配季节，成年雄性角马建立并保卫领地不被其他雄性角马侵占，并试图引诱雌性角马进入自己的领地。

冲刺状态的黑斑羚拥有哺乳动物中最快的奔跑速度，在逃离捕食者时能达到每小时 80 千米。

黑斑羚

虽然一些种类的羚羊喜欢生活在开阔的草原上，另一些喜欢生活在森林深处，黑斑羚却常常出现在林草交界的开阔地带。黑斑羚更喜欢开阔草原和林地之间的过渡地带，因为在这里它们可以随季节变化获得不同的食物资源。黑斑羚适应于高密度的群居生活，这使其经常成为包括狮子、猎豹、豹、野狗和鬣狗在内的许多大型捕食者的目标。然而，行动敏捷的羚羊很难被捉住。如果一只黑斑羚意识到危险，就会吠叫以向群体的其他成员发出警报。当捕食者靠近时，警报声会更加频繁地响起。一旦捕食者试图发动攻击，黑斑羚会爆发性地逃开。

黑斑羚会形成井然有序的单身群、繁殖群和育幼群。单身群的成员包括有机会在未来成为领地所有者的成年雄性和其他年轻雄性。繁殖群包括成年雌性、未成年的雌性和雄性；在发情期以外，繁殖群有时还包括一些成年雄性。

名称　黑斑羚

拉丁学名

Aepyceros melampus

英文名

Impala

分类　偶蹄目　牛科

体型　头部和躯干：1.2 ～ 1.6 米
尾长：30 ～ 45 厘米
肩高：75 ～ 95 厘米
体重：雄性 45 ～ 80 千克；雌性 40 ～ 60 千克

主要特征　体型中等、体表光滑、体态轻盈的羚羊；腿长而纤细；后腿下缘和后缘各有一簇黑色毛发；前半身为亮红褐色，侧面为浅黄褐色，后半身为白色；耳朵尖端为黑色；雄性的角细长，呈脊状。

繁殖　通常在 6.5 个月的妊娠期后产下单只幼崽。幼崽 5 ～ 7 个月大时断奶；雌性 18 个月大时性成熟，雄性 12 ～ 13 个月性成熟；野外条件下大约存活 15 年。

栖息地　开阔的林地和草原。

瞪羚和山羊

虽然有些种类的瞪羚是数量庞大的常见动物，但还有其他一些物种却鲜为人知。我们熟悉的家养山羊和绵羊就起源于野山羊和野绵羊。

瞪羚身材苗条，四肢修长，眼睛相对较大。当受到威胁时，它们会表现出"径直起跳"的独特行为——四腿绷直，头向下，背部凸起，腾空跳起。这是对其他瞪羚发出的警告，也可能让捕食者望而却步。瞪羚分布在从非洲南部到中国东部的广阔地理范围内，它们能够很好地适应干旱的环境。

大约在公元前 7 500 年或更早，驯养的绵羊和山羊出现在了中东。如今的家养山羊几乎可以确定就是野山羊的后代，而家养绵羊有很大可能是摩弗伦羊的后代。

世界上大部分被狩猎的动物都来自牛科，数以百万计的动物因为自己的肉、皮而被捕杀。狩猎导致一些物种已经灭绝，还有更多的物种如今几乎绝迹或濒危灭绝。

汤氏瞪羚

Eudorcas thomsonii

这种生活在东非草原上的瞪羚会随大部队迁徙以寻找到更好的牧草。

印度黑羚

Antilope cervicapra

只有雄性黑羚才有这些美丽而扭曲的角。

苍羚

Nanger dama

一种罕见的瞪羚，在所有瞪羚种类中它们的腿和脖子显得格外长。

在兴奋或焦躁时，跳羚会"径直起跳"。

盘羊

Ovis ammon

一种山羚羊，生活在
荒凉的青藏高原和蒙
古国。

每只角都可以长
到 91 厘米长

羚牛

Budorcas taxicolor

它们生活在中国西南地区和缅甸
陡峭的山地草地和竹林中。

麝牛

Ovibos moschatus

这种毛茸茸的动物有着浓密的长
毛，其毛发最长能长到 62 厘米。

山羚羊

1. 雪羊（*Oreamnos americanus*），生活在
北美洲的山地。

2. 臆羚（*Rupicapra rupicapra*），生活在
南欧和土耳其的高山森林和草甸。

3. 羱羊（*Capra ibex*），生活在中欧、中
东和非洲东北部的山地和沙漠。

4. 日本鬣羚（*Capricornis crispus*），生活
在日本和中国台湾不同类型的栖息地。

5. 野山羊（*Capra aegagrus*），生活在欧
洲东南部、中东和南亚不同类型的栖息地。

6. 赤羊（*Ovis orientalis*），生活在南亚的
丘陵和沙漠。

7. 髯羊（*Ammotragus lervia*），生活在北
非的山地和沙漠。

麝牛

麝牛毛发浓密蓬松，肩部高高隆起，给人体型庞大的错觉，实际上它们比一般成年人要矮小。雄性麝牛和雌性麝牛都有角，但雄性麝牛的角基部（头盾）覆盖了整个前额；雌性麝牛的头盾较小。这种动物因雄性在发情时浑身散发出一种类似麝香的气味而得名。

尽管北极苔原条件恶劣，麝牛却不需要冬眠。相反，它们缓慢从容地穿越荒凉地区以保存体能。每天寻找食物的旅程被控制在最小范围内，通常不超过 10 千米。这种动物结实的体型和蓬松的毛发能使热量的损失最小化，麝牛的毛发在冬天长得几乎拖地。

麝牛通常是群居的。一些成年雄性麝牛会在夏天独居，但它们中的大多数还是会生活在 2 ~ 5 只雄性组成的小群体中。雌性麝牛和幼崽则生活在大约由 10 只个体组成的混合群体中。到了冬天，雄性麝牛小群体相互汇合，一起加入雌性麝牛和幼崽的群体，形成多达 50 只个体的大群。

名称	麝牛

拉丁学名
Ovibos moschatus

英文名
Muskox

分类　偶蹄目　牛科

体型
头部和躯干：雄性 2.1 ~ 2.7 米；雌性 1.9 ~ 2.4 米
尾长：7 ~ 12 厘米　肩高：120 ~ 150 厘米
体重：雄性 186 ~ 408 千克；雌性 160 ~ 190 千克

主要特征　体型敦实的牛，腿短、脖子短；肩膀轻微隆起；蹄子又大又圆；皮毛黑色，脊上和前半身颜色较浅；毛发长而浓密；雌雄都有锋利而弯曲的角。

繁殖　每两年的 4 月末到 6 月中，在 8 ~ 9 个月的妊娠期后，产下单只幼崽（双胞胎极少见）。幼崽 9 ~ 12 个月大断奶；雌性 2 岁性成熟，雄性 5 岁性成熟；野外条件下平均寿命达 14 岁。

栖息地　靠近冰川的北极苔原。

在冬季，麝牛觅食时需用前脚刨去厚厚的雪或坚硬的冰，使下面的植物暴露出来。

汤氏瞪羚

汤氏瞪羚是为数不多生活在非洲开阔草原上的哺乳动物之一，它们很少在灌木丛中寻求隐蔽之所。开阔平原上的草仅有 2.5 厘米高，提供不了任何遮蔽。因此，对狮子、猎豹、豹和野狗等捕食者而言，汤氏瞪羚格外显眼。

名称	汤氏瞪羚

拉丁学名
Eudorcas thomsonii

英文名
Thomson's Gazelle

分类 偶蹄目 牛科

体型 头部和躯干：80 ~ 120 厘米
尾长：15 ~ 27 厘米 肩高：55 ~ 82 厘米

雄性的角呈脊状，略微弯曲，比雌性的角更长、更粗。

雪羊

雪羊全身呈白色或淡黄色，在白雪覆盖的环境下几乎很难被发现。雪羊的腿粗短强壮，黑色的角弯弯曲曲，厚实的毛发使它们壮硕的体型显得更加庞大。雪羊以树木和灌木为食，也啃食草和低矮草本植物的嫩尖。它们很少受到郊狼和猞猁的威胁，因为这些捕食者身手不佳，难以追上高高的岩壁。

名称	雪羊

拉丁学名
Oreamnos americanus

英文名
Mountain Goat

分类 偶蹄目 牛科

体型 头部和躯干：雄性 1.3 ~ 1.6 米；
雌性 1.2 ~ 1.4 米 尾长：8 ~ 20 厘米

雪羊在陡峭的岩壁和狭窄的山路上行动自如。

海豚和虎鲸

海豚（海豚科动物）和虎鲸（也叫杀人鲸）是有齿的鲸类动物，外形呈流线型，前肢特化成鳍状。

海豚非常聪明，受过训练的海豚能对至少20种不同的命令做出反应。海豚个体之间的社会关系看起来十分牢固。研究表明，某些海豚更喜欢"朋友"的陪伴，即使分离了很长时间也能认出彼此。

依托于其栖息环境，大多数海豚都不需要潜到很深的地方去捕食。海豚定期潜入水下3~46米深处，能够屏住呼吸8~10分钟。

大部分海豚生活在海洋中，但也有一些种类终其一生都待在淡水中，栖息于热带河流里。例如，亚马孙河豚分布在包括奥里诺科河、马德拉河和亚马孙河在内的南美洲大型淡水体系中。

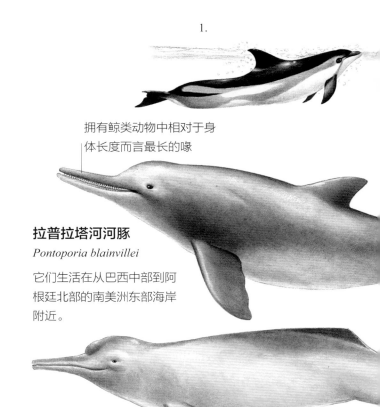

1.

拥有鲸类动物中相对于身体长度而言最长的喙

拉普拉塔河河豚

Pontoporia blainvillei

它们生活在从巴西中部到阿根廷北部的南美洲东部海岸附近。

亚马孙河豚

Inia geoffrensis

它们是亚马孙河和奥里诺科河流域的本土物种，雄性会衔着一簇簇的树枝进行求偶、炫耀。

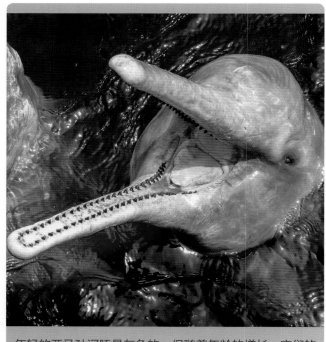

年轻的亚马孙河豚是灰色的，但随着年龄的增长，它们的皮肤会由于表面的频繁磨损而变得粉红。

虎鲸

Orcinus orca

虎鲸是位于海洋食物链顶端的捕食者，捕食的猎物有成年的海豹那么大。虎鲸经常合作捕食。

1. **大西洋斑纹海豚**（*Lagenorhynchus acutus*）。
2. **花斑原海豚**（*Stenella frontalis*）。
3. **真海豚**（*Delphinus delphis*）。
4. **北露脊海豚**（*Lissodelphis borealis*）。
5. **暗黑斑纹海豚**（*Lagenorhynchus obscurus*）。
6. **大西洋白海豚**（*Sousa teuszii*）。
7. **瓜头鲸**（*Peponocephala electra*）。
8. **康氏矮海豚**（*Cephalorhynchus commersonii*）。

恒河豚

Platanista gangetica

它们是恒河和印度河流域的本土物种，种群数量正在大量减少。

白鱀豚

Lipotes vexillifer

这一中国特有物种是极危物种。

伪虎鲸

Pseudorca crassidens

这一物种生活在热带和暖温带地区的印度洋、太平洋和大西洋。

宽吻海豚

宽吻海豚是小型鲸类动物中最常见的一种，也是被研究得最透彻的一种，一部分原因是它们喜欢生活在沿海水域，易于人们观察，同时也因为它们比其他海豚更适应圈养环境。

宽吻海豚生活在温带和热带各种各样的海域里。沿着大西洋西海岸，从新泽西到加勒比海和巴拿马都可以看到它们的身影。在北美洲的另一端，宽吻海豚出现在从巴拿马到南加州的海岸边。

宽吻海豚的饮食非常多样。除了各种各样的鱼类，它们还吃鱿鱼、章鱼和大虾。在实验条件下，宽吻海豚即使被蒙住眼睛，依然能够通过自身的水下回声定位系统（声呐）捕到鱼，甚至是小鱼。

宽吻海豚几乎总是成群出现。沿海水域的群体中通常包含小于 20 只个体，但在离岸的海域有时会看到数百只个体聚集。宽吻海豚的社会结构松散，原本待在一起的个体，分开后又会与其他海豚聚集。

名称	宽吻海豚

拉丁学名
Tursiops truncatus

英文名
Bottlenose Dolphin

分类　偶蹄目鲸下目　海豚科

体型
体长：2.3 ~ 3.8 米
体重：150 ~ 650 千克

主要特征　体型矫健的海豚，头和身体宽阔，前额圆圆的；身体大部分为灰色，腹部颜色较浅或呈白色；颜色可变。

繁殖　每 4 ~ 5 年产下单只幼崽，妊娠期 1 年。幼崽 4 ~ 5 岁断奶；雌性 5 ~ 12 岁性成熟，雄性 10 ~ 12 岁性成熟；野外条件下能活 25 ~ 35 岁，圈养条件下能活到 53 岁。

食物　鱼、鱿鱼和其他无脊椎动物。

栖息地　十分广泛，包括开放的水域、港口、海湾、潟湖、河口和岩礁海域等。

宽吻海豚一起乘风破浪，跃出海面。小海豚在断奶后仍会和母亲保持几年的联系。

生活在华盛顿州圣胡安群岛附近的虎鲸。

虎鲸

作为海豚家族中体型最大的成员，虎鲸是顶级海洋捕食者。当成群捕食时，虎鲸能够攻击体型更大的鲸鱼，甚至在极少数情况下攻击过巨大的蓝鲸。虎鲸是庞大壮硕的海豚，有着典型的黑白斑纹，肌肉发达，是海洋中游泳速度最快的哺乳动物，冲刺速度可达每小时 56 千米，几乎和赛马一样快。

从远处看，虎鲸最明显的特征是其高大的三角形背鳍。成年雄性虎鲸的背鳍最高可达 1.8 米。它们的鳍状肢也很大，尤其是雄性虎鲸。虎鲸的上下腭都有 20 ~ 26 颗锋利的牙齿，每颗牙齿长达 5 厘米。当两腭合上时，牙齿严丝合缝地咬合在一起，就像虎钳一般，能紧紧夹住猎物。

虎鲸群居生活在称为"小群"的群体里。这个"小群"由多达 50 只个体组成，通常包括一只成熟雄性虎鲸，几只成熟雌性虎鲸，以及它们的幼崽。"小群"是稳定、紧密的群体，成员们一辈子都生活在同一个"小群"里。

名称	虎鲸

拉丁学名
Orcinus orca

英文名
Killer Whale

分类　偶蹄目鲸下目　海豚科

体型
体长：
雄性 5.2 ~ 9 米；雌性 4.5 ~ 7.7 米
体重：2.5 ~ 9 吨

主要特征　长有引人注目的黑白斑纹；身体以黑色为主，眼后、面颊和腹部有白色斑纹，脊背上有灰色斑纹；头部较圆，没有明显的吻部；有着高大的三角形背鳍，雄性背鳍可达 1.8 米高；鳍状肢又圆又宽；尾巴背面黑色，腹面白色。

繁殖　经过 12 ~ 18 个月的妊娠期后产下单胎幼崽。幼崽 12 ~ 24 个月断奶；6 ~ 13 岁性成熟；雌性在野外条件下能活到 90 岁，雄性能活 35 ~ 60 岁。

栖息地　开阔的海域和沿海水域；常常活动在极地水域的浮冰周围。

鼠海豚和白鲸

　　6 种鼠海豚（鼠海豚科动物）构成了齿鲸中体型最小的种类。白鲸是 2 种"白色鲸鱼"（一角鲸科动物）之一，也是社会性行为最强的鲸类动物之一。

　　与海豚不同的是，鼠海豚没有喙，它们是齿鲸中体型最小的成员，体长都不超过 2.5 米。几乎所有的鼠海豚都会捕食成群结队的小鱼。鼠海豚特别喜欢富含油脂的鱼类，如鲱鱼和鳀鱼，它们会下潜到 200 米深的水中捕捉猎物。与海豚不同的是，鼠海豚不以群体合作的方式捕猎；与其他鲸类动物相同的是，鼠海豚也能利用回声定位来搜寻猎物。

　　鼠海豚营独居生活或群居生活。由于习惯在沿海地区觅食，它们很容易被渔网意外捕获。世界上最小的鼠海豚——加湾鼠海豚的艰难处境，由于大量误捕，它们已经濒临灭绝。在一些地区，人类蓄意捕杀鼠海豚也是个棘手的问题。

虽然白鲸的游泳速度很慢，但它们可以潜入水下 900 米寻找鱼和鱿鱼。

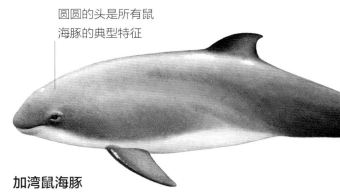

圆圆的头是所有鼠海豚的典型特征

加湾鼠海豚

Phocoena sinus

这一极度濒危的物种是体型最小的鼠海豚，只出现在加利福尼亚上湾。

露脊鼠海豚

Neophocaena phocaenoides

这一浅灰色的物种生活在从波斯湾到印度尼西亚的印度太平洋水域，分布范围北至日本。

大西洋鼠海豚

Phocoena spinipinnis

它们浮出水面呼吸的动作轻微，几乎不会扰动海水，所以很难被观察到。

白鲸幼崽

白鲸
Delphinapterus leucas

每年的6～9月，成百上千的白鲸聚集在北冰洋附近的宽阔河口，生下它们的幼崽。

白腰鼠海豚
Phocoenoides dalli

一种生活在北太平洋的物种，身上的斑纹让人联想到一种非常小的虎鲸。

黑眶鼠海豚
Phocoena dioptrica

雄性黑眶鼠海豚的背鳍比雌性的大。

港湾鼠海豚
Phocoena phocoena

这些鼠海豚以水中和海床上的鱼和鱿鱼为食。

白鲸

与其他鲸鱼不同的是，白鲸可以做出好几种面部表情。白鲸可以改变前额和嘴唇的形状，常常表现出微笑、皱眉或"吹口哨"的样子。在一年的大部分时间里，成年白鲸都是纯白色的，只有在夏天会变为淡黄色。7月时，白鲸会蜕去表层浅黄的旧皮肤，露出下面闪闪发光的新皮肤——白鲸经常在浅水中摩擦粗糙的沙砾来加速这一过程。它们是唯一每年会进行蜕皮的鲸鱼。

白鲸是一种又小又圆的鲸鱼，鳍状肢又短又宽，顶端向上卷起，它们没有背鳍。然而，在通常生长着背鳍的地方，白鲸长有短而隆起的脊。白鲸有一层非常厚的鲸脂，使其在北冰洋寒冷的海水中能有效维持体温。白鲸的身体是如此庞大，以至于头部看起来过小。与大多数其他鲸鱼不同，白鲸的脖子非常灵活，因此它们能够上下点头，左右转头。白鲸是好奇心很强的群居动物，是所有鲸鱼中最会发声的种类。

名称	白鲸

拉丁学名
Delphinapterus leucas

英文名
Beluga

分类　偶蹄目鲸下目　一角鲸科

体型
体长：3 ~ 5 米，
雄性比雌性更大。
体重：500 ~ 1 500 千克

主要特征　体型敦实的白色鲸鱼；没有背鳍；头小而圆；鳍状肢宽而短，像桨一样，高度灵活；尾鳍通常不对称。

繁殖　每 3 年产下单胎幼崽，妊娠期 14 ~ 14.5 个月。幼崽 20 ~ 24 个月大时断奶；雌性 5 岁性成熟，雄性 8 岁性成熟；野外条件下能活 35 ~ 50 年。

食物　鱼、螃蟹、虾和鱿鱼。

栖息地　北冰洋寒冷水域的海岸和近海，太平洋和大西洋的极北端，通常在靠近冰的水域；浅水、河流和河口。

白鲸幼崽需要依靠母乳喂养 2 年左右。年轻的白鲸大多呈灰色。

港湾鼠海豚

港湾鼠海豚是一种小型齿鲸，与海豚的亲缘关系很近。港湾鼠海豚是最常见的鼠海豚，常常出没于大陆架水域。它们会来到海湾和河口，有时会逆着河流而上，游动很长一段距离。大多数港湾鼠海豚都出没于离陆地 10 千米以内的地方，而许多其他小型鲸类动物只出现在离海洋很远的地方。在美国的海岸上，人们可以看到港湾鼠海豚沿着大西洋海岸分布，南至北卡罗来纳；而在太平洋沿岸，从洛杉矶到阿拉斯加都有它们的身影。

港湾鼠海豚的体型很小，脸圆圆的，背鳍小而钝，下巴和嘴唇都呈黑色，嘴巴微微向上弯曲，看起来像是在微笑。它们通常以 2 ~ 5 只个体为一组游动，从不像其他海豚那样组成大型群体。港湾鼠海豚主要以成群的小鱼为食，如鲱鱼、毛鳞鱼和黍鲱，但也会捕食鱿鱼。当遇到一大群鱼或其他猎物时，会有多达 100 只的港湾鼠海豚聚在一起进食，这说明它们可以跨越远距离交流。

名称	港湾鼠海豚

拉丁学名
Phocoena phocoena

英文名
Harbor Porpoise

分类　偶蹄目鲸下目　鼠海豚科

体型
体长：1.5 ~ 1.9 米
体重：49 ~ 90 千克

主要特征　鼻子小而钝；背部黑色，腹部浅白色；背鳍低、鳍状肢小。

繁殖　每年夏天产下单胎幼崽，妊娠期 11 个月。幼崽 8 个月大时断奶；雄性 3 ~ 5 岁性成熟，雌性更早一点，具体由分布区域决定；野外条件下平均寿命为 13 年。

食物　鱼、鱿鱼和虾。

栖息地　凉爽的浅海沿岸，水深通常小于 100 米，水温低于 15℃；海湾、河口及沙洲附近的水域。

港湾鼠海豚在呼吸时，有时会发出像打喷嚏一样的喘息声，它们以前也被称作"胖猪海豚"。

齿鲸

世界上至少有 22 种齿鲸，包括独特的独角鲸和巨大的抹香鲸，这些鲸鱼都是齿鲸家族中形态各异的成员。

鲸类动物通过位于头顶的呼吸孔进行呼吸，它们的呼吸孔相当于其他哺乳动物的鼻孔。齿鲸只有一个呼吸孔，不像须鲸有两个并排的呼吸孔。由于呼吸孔位于鲸鱼头顶上，它们可以一边吸入满腔的空气，一边保持身体其他部分不露出水面。冷水会迅速带走身体的热量，温血水生哺乳动物需要尽力将体温维持在 36 ~ 37℃。为了防止在冷水中的热量散失，大多数鲸类动物的皮下都有一层厚厚的脂肪，或称为鲸脂，能起到隔热层的作用。声音在水中的传播比在空气中更好，所有的鲸类动物都掌握了用声音捕食、导航和交流的技能。

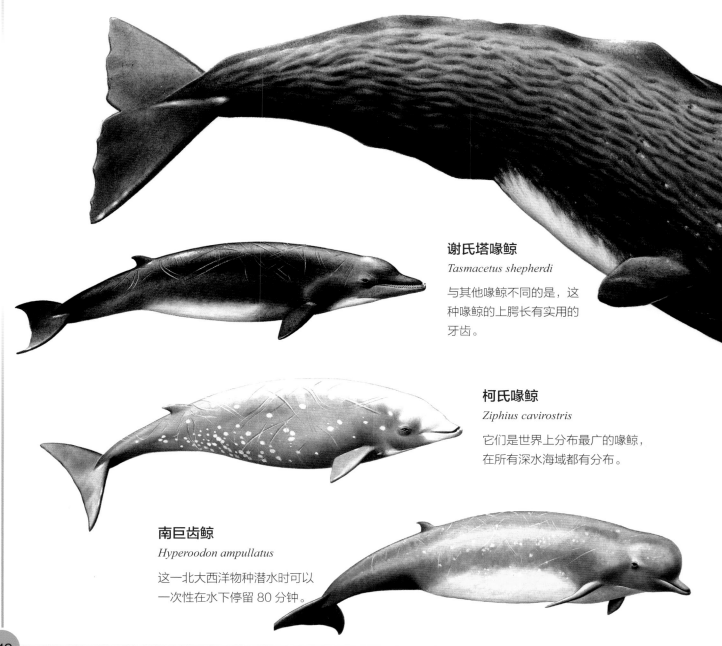

谢氏塔喙鲸

Tasmacetus shepherdi

与其他喙鲸不同的是，这种喙鲸的上腭长有实用的牙齿。

柯氏喙鲸

Ziphius cavirostris

它们是世界上分布最广的喙鲸，在所有深水海域都有分布。

南巨齿鲸

Hyperoodon ampullatus

这一北大西洋物种潜水时可以一次性在水下停留 80 分钟。

大多数齿鲸使用高频的"口哨"声、"尖叫"声和"咔嗒"声进行回声定位。和蝙蝠一样，齿鲸能发出强烈的声音，并根据反射回来的声音准确了解周围环境，包括猎物的运动情况和水中的障碍物情况。

鲸类动物对环境的适应非常成功，以至于如今我们在从赤道到两极的每一片海洋都能找到它们的身影，一些鲸类动物甚至生活在淡水中。大多数齿鲸以鱼或鱿鱼为食，但也有一些吃章鱼和其他软体动物，如贝类、螃蟹，或是海龟和海豹。一些鲸类甚至会捕食其他鲸类动物。

就体型而言，抹香鲸的尾鳍是所有鲸类动物中最大的。当抹香鲸下潜时，其尾鳍最后沉入水中。

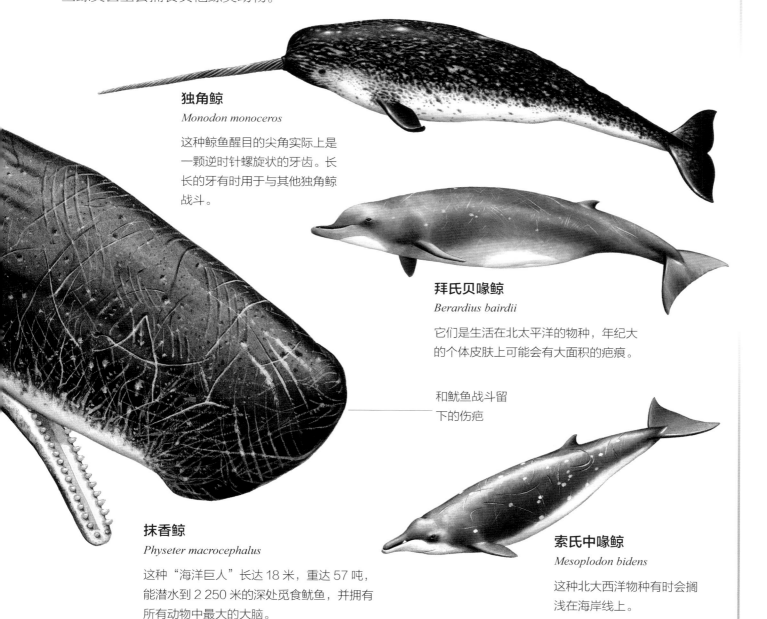

独角鲸

Monodon monoceros

这种鲸鱼醒目的尖角实际上是一颗逆时针螺旋状的牙齿。长长的牙有时用于与其他独角鲸战斗。

拜氏贝喙鲸

Berardius bairdii

它们是生活在北太平洋的物种，年纪大的个体皮肤上可能会有大面积的疤痕。

和鱿鱼战斗留下的伤疤

抹香鲸

Physeter macrocephalus

这种"海洋巨人"长达 18 米，重达 57 吨，能潜水到 2 250 米的深处觅食鱿鱼，并拥有所有动物中最大的大脑。

索氏中喙鲸

Mesoplodon bidens

这种北大西洋物种有时会搁浅在海岸线上。

独角鲸

独角鲸的体型与白鲸相似，可能是为了适应寒冷的北极海洋生活，这两个物种都没有背鳍。背鳍会增加鲸鱼的表面积，从而加快热量散失。鳍的缺失也使得独角鲸可以游到冰盖下。其身体周围厚厚的脂肪提供了隔热层，减少了热量损失。

独角鲸因拥有长达 2.7 米的螺旋状长牙而闻名。实际上，这是一颗非常长的门齿，从上唇的左边突出来。大多数雄性独角鲸和少数雌性独角鲸都有长牙，但长牙的作用长期以来困扰着科学家。独角鲸的长牙曾经被看作是雄性竞争对手之间用于格斗的武器，但现在看来似乎还有其他的功能。有人拍到过独角鲸用长牙打晕鱼类，使猎物更容易被捕获的视频证据。同时，长牙也可能是一个感觉器官，为独角鲸提供水的盐度信息。

独角鲸是社会性很强的生物，当栖息地变得不再适合生存时，独角鲸会成群结队地迁徙，例如，当秋天到来、海洋结冰的时候，总能看到迁徙的独角鲸群。

名称	独角鲸

拉丁学名
Monodon monoceros

英文名
Narwhal

分类　偶蹄目鲸下目　一角鲸科

体型
体长：4 ~ 5 米，雄性比雌性更大。
体重：800 ~ 1 600 千克

主要特征　体型粗壮的齿鲸，没有背鳍，鳍状肢较短；皮肤上有灰绿色、奶油色和黑色的斑点；雄性和一些雌性长着长长的螺旋状尖牙，雄性的更长一些。

繁殖　每 3 年产下单胎幼崽，妊娠期 14 ~ 15 个月。幼崽 20 个月大时断奶，6 ~ 8 岁性成熟；能活到 50 岁。

食物　鱼、鱿鱼和甲壳类动物。

栖息地　寒冷的北冰洋，通常活跃在靠近海冰的区域；夏季时偶尔出现在河口、深海峡湾和海湾；当栖息地不适宜生存时会成群迁徙。

这 3 头独角鲸中，中间的个体有长长的尖牙，说明它是一只成年雄性。有些雌性个体也长有较短的长牙。

抹香鲸在潜水时心跳会变慢，储存在肌肉中的氧气为其重要器官供能。

抹香鲸

　　抹香鲸拥有独特的扁平头部，里面的盒状空腔大到足以装下一辆汽车。空腔里含有大量的鲸蜡，这是一种油性物质。有些人认为，在潜水觅食时，鲸鱼可以通过鲸蜡调控浮力；另一些人认为，鲸蜡可能有助于它们进行回声定位。

　　抹香鲸可以潜到非常深的地方，有时可达2 000米，并在水下停留长达1个小时。它们之所以能够进行如此深度的潜水，是因为肌肉中存在着大量叫作肌红蛋白的色素。肌红蛋白能够储存氧气，让动物在水下无法呼吸时依然保持肌肉的运作。抹香鲸强大的尾巴使它能以每小时37千米的速度前进。

　　抹香鲸利用回声定位来捕食，每天摄入的食物占体重的3%。雄鲸和雌鲸都以鱿鱼为食，许多个体在与巨型鱿鱼的战斗中留下了伤疤。

名称	抹香鲸

拉丁学名
Physeter macrocephalus

英文名
Sperm Whale

分类　偶蹄目鲸下目　抹香鲸科

体型
体长：雄性15～19米；雌性8～12米
体重：雄性45～57吨；雌性15～24吨

主要特征
齿鲸中体型最大的种类；皮肤呈深灰色到深褐色不等，腹部有白色斑块；皮肤有褶皱；经常伤痕累累；头部大而方；背鳍退化成小的三角形凸起；鳍状肢短，像桨一样。

繁殖　每4～6年产下单胎幼崽，妊娠期14～16个月。幼崽1～3岁断奶，有时时间更长；雌性7～13岁性成熟，雄性18～21岁性成熟；平均寿命预计77年。

栖息地　深水海域；雌鲸和幼鲸待在温暖的水域，雄鲸则迁徙到较冷的觅食区。

须鲸

须鲸分布于全世界所有的海洋中，成员包括有史以来最大的动物——蓝鲸。

14 种须鲸都是温柔的"巨人"。尽管体型巨大，须鲸却以南极磷虾（像虾一样的小动物）、浮游生物、成群的小鱼等微小生物为食。须鲸没有牙齿用来咬住和咀嚼食物，取而代之的是挂在它们上腭、被称作"毛牙"的角质鲸须，随着水流通过一排排帘子似的鲸须，食物就会被筛选出来。这些角质须长达 3 米，排成一排，从上腭垂悬下来，数量多达 300 条，每条的边缘都有一撮刚毛。

鳁鲸的英文名字来自古挪威语，意思是有沟槽的鲸。这些沟槽指的是其皮肤上的褶皱，沟槽的存在使鳁鲸的喉咙能够大幅度张开以吞下大量的水。之后，褶皱收缩，鳁鲸恢复为流线型躯体。蓝鲸能够吞掉 70 立方米的水。蓝鲸巨大的舌头

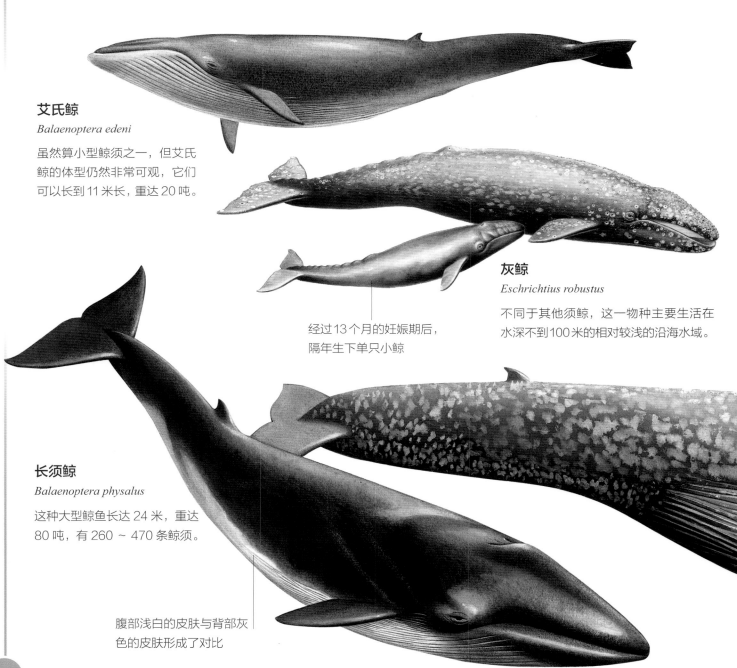

艾氏鲸
Balaenoptera edeni

虽然算小型鲸须之一，但艾氏鲸的体型仍然非常可观，它们可以长到 11 米长，重达 20 吨。

经过 13 个月的妊娠期后，隔年生下单只小鲸

灰鲸
Eschrichtius robustus

不同于其他须鲸，这一物种主要生活在水深不到 100 米的相对较浅的沿海水域。

长须鲸
Balaenoptera physalus

这种大型鲸鱼长达 24 米，重达 80 吨，有 260 ～ 470 条鲸须。

腹部浅白的皮肤与背部灰色的皮肤形成了对比

把满嘴的水和食物一起推向鲸须之间，然后鲸须过滤出食物以供吞咽。露脊鲸没有像鲸鱼那样巨大的吞咽能力。它们张着嘴缓慢游动，方便让水流过鲸须以过滤食物。由于露脊鲸易于被捕杀，鲸油和鲸须能带来巨大的利润，所以这一物种遭到了人类的大肆迫害。

须鲸发出的低频声音能在水中传播很长一段距离。尽管海洋中满是船只发出的噪音，但蓝鲸发出的低吟声能让至少 160 千米外的另一头蓝鲸听到。蓝鲸的哨声是生物体能发出的最大的声音之一。

布氏鲸发现大量鱼类、头足类动物或甲壳类动物时，会用大嘴兜住任何能捕获的东西。

北大西洋露脊鲸
Eubalaena glacialis

这一物种的皮肤上常常有厚厚的粗糙斑块，而这些斑块实际上是严重感染了被称为"鲸虱"的甲壳类寄生虫。

小须鲸
Balaenoptera acutorostrata

这一物种有 230 ~ 350 条鲸须和 50 ~ 70 条喉部沟槽。

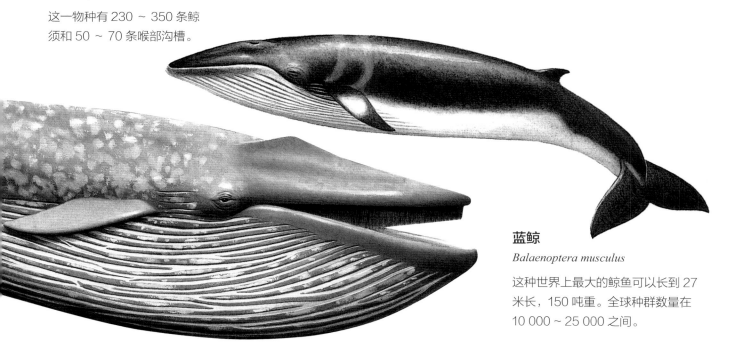

蓝鲸
Balaenoptera musculus

这种世界上最大的鲸鱼可以长到 27 米长，150 吨重。全球种群数量在 10 000 ~ 25 000 之间。

蓝鲸

蓝鲸是地球上已知最大的动物。之所以有如此巨大的体型，是因为蓝鲸的身体由水支撑，不像同等体型的陆生动物那样需要又大又重的骨头。由于水能很好地支撑重量，鲸鱼的骨头不需要像陆生动物的骨头那样坚硬强壮，而是又轻又软。蓝鲸没有后肢，前肢特化成鳍状，用来控制方向和游泳。

蓝鲸算是独居鲸类。除了母鲸和幼鲸有很强的联系之外，蓝鲸要么是单独生活，要么是两三只个体组成小群体生活。良好的觅食区有时会形成更大的蓝鲸群体。大多数蓝鲸是迁徙物种，喜欢在夏天游向两极较冷的水域（那里的食物更加丰富），在冬天返回赤道附近繁殖。

19世纪和20世纪，蓝鲸因人类的捕杀数量急剧减少。此后其种群数量缓慢回升，但目前蓝鲸数量可能还是只有1911年的10%。

名称	蓝鲸

拉丁学名
Balaenoptera musculus

英文名
Blue Whale

分类　偶蹄目鲸下目　须鲸科

体型
体长：24 ~ 30米，雌性通常比雄性更大。
体重：100 ~ 120吨，偶尔能达到190吨。

主要特征　地球上最大的动物；体表蓝灰色，长有浅白斑纹；有2个肉质的呼吸孔；圆锥形的鳍状肢为体长的1/7；背鳍小；尾鳍宽且呈三角形。

繁殖　10 ~ 11个月的妊娠期后产下单胎幼崽。幼崽7 ~ 8岁断奶；雌性5岁性成熟，雄性在5岁前性成熟；能活80 ~ 100年。

栖息地　主要生活在开阔的海域，但也会靠近海岸觅食或繁殖；在极地的觅食区与温暖的亚热带和热带繁殖地之间迁徙。

通过发出低频的"咔嗒声"和"哨声"，蓝鲸可以跨越长距离进行交流。

座头鲸

成年座头鲸的鳍状肢可长达 5 米，几乎相当于整个身体长度的 1/3。

座头鲸夏天在寒冷的极地觅食区度过，冬天再去往沿海的热带或亚热带繁殖区，期间它们常常需要迁徙数千千米。

座头鲸最壮观的行为之一是破水而出。它们用尾鳍提供足够的向上力量，把身体的 2/3 跃出水面，然后再仰面朝天地摔下来，溅起巨大的水花。座头鲸最迷人的特征之一是它们的"歌声"，由"咕哝"声、"哞哞"声、"刮擦"声、"吱吱"声和呻吟声有序排列而成。座头鲸演唱的"歌曲"由重复的序列组成，有时一曲长达好几个小时，在 48 千米之外就能听到。

名称	座头鲸

拉丁学名
Megaptera novaeangliae

英文名
Humpback Whale

分类　偶蹄目鲸下目　须鲸科

体型
体长：11.5 ~ 15 米，雄性通常比雌性略小。
体重：通常是 30 吨，最重能达到 48 吨。

主要特征　壮实的大型须鲸；背部呈黑色或蓝黑色，腹部呈白色；鳍长；头部和鳍状肢前端有隆起的肿块，称为节瘤；每个个体的尾鳍不同；单独行动，或以 2 ~ 3 只的小群体行动。

繁殖　每 2 年产下 1 只幼崽，妊娠期 11 ~ 12 个月。幼崽 11 个月大时断奶；4 ~ 6 岁性成熟；能活 40 ~ 50 年，特殊情况下能活 70 年。

栖息地　海洋；冬天进入热带浅水区域繁殖。

喉部的沟槽在座头鲸进食时扩张，因此能够吞咽大量水和食物。

什么是鸟

鸟类（鸟纲动物）是长有羽毛、以产卵的方式进行有性繁殖的温血动物。它们的前肢已经进化成翅膀。世界上约有 11 000 种鸟类，展现出各式各样的形态结构和颜色外观，但形态的变异程度比起哺乳动物来说，它们还是略逊一筹，主要是由于受到飞行要求的限制。

身体结构图

鸟类的形态、结构、机能等许多方面都十分独特，已进化成适应飞行的样子。例如，鸟类中空的骨骼比哺乳动物骨骼轻得多。而且，鸟类的每次呼吸都几乎替换掉肺里的所有的空气。

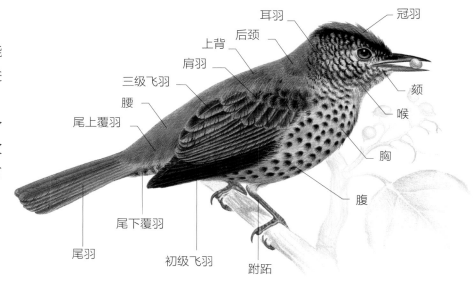

耳羽　冠羽
上背　后颈
肩羽　颊
三级飞羽　喉
腰
尾上覆羽　胸
尾下覆羽　腹
尾羽　初级飞羽　跗跖

消化系统

食物被吞咽后会进入嗉囊，这个鸟类独有的器官能储存食物，然后把食物送到胃部消化，或者保留下来以备反刍。在胃部，食物先到达腺胃进行处理，再进入肌胃进一步消化。

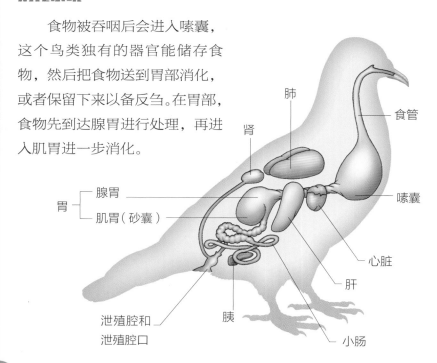

肺
肾　食管
胃　腺胃
　　肌胃（砂囊）　嗉囊
心脏
肝
泄殖腔和
泄殖腔口　胰　小肠

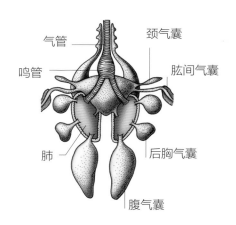

气管　颈气囊
鸣管　肱间气囊
肺　后胸气囊
腹气囊

呼吸系统

鸟类的肺相对较小，但在多个气囊的辅助下，能最大限度地将氧气扩散到血液中。

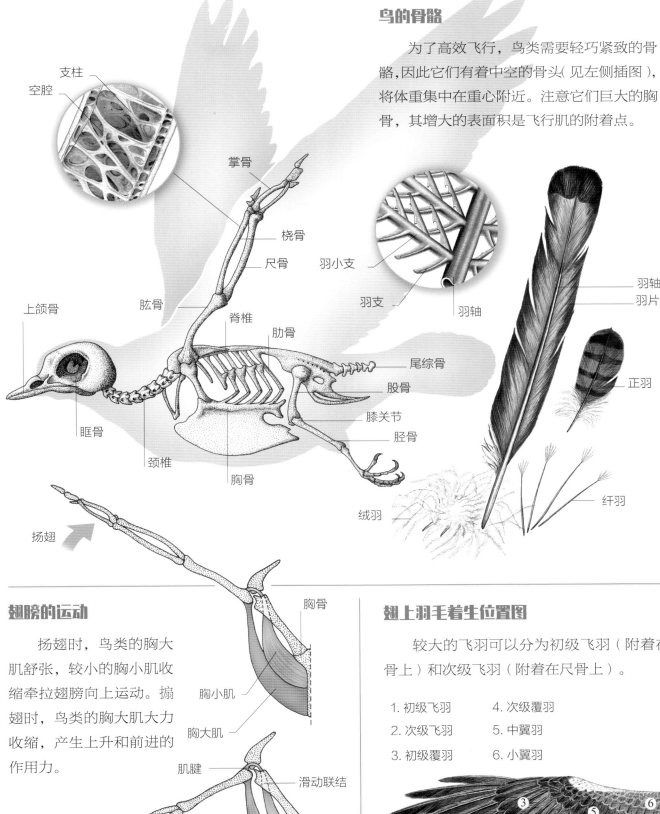

支柱
空腔

掌骨

桡骨

尺骨

肱骨

脊椎

肋骨

上颌骨

尾综骨

股骨

膝关节

眶骨

胫骨

颈椎

胸骨

扬翅

羽小支

羽支

羽轴

羽轴
羽片

正羽

绒羽

纤羽

鸟的骨骼

为了高效飞行，鸟类需要轻巧紧致的骨骼，因此它们有着中空的骨头（见左侧插图），将体重集中在重心附近。注意它们巨大的胸骨，其增大的表面积是飞行肌的附着点。

翅膀的运动

扬翅时，鸟类的胸大肌舒张，较小的胸小肌收缩牵拉翅膀向上运动。搧翅时，鸟类的胸大肌大力收缩，产生上升和前进的作用力。

胸骨

胸小肌

胸大肌

肌腱

滑动联结

搧翅

翅上羽毛着生位置图

较大的飞羽可以分为初级飞羽（附着在掌骨上）和次级飞羽（附着在尺骨上）。

1. 初级飞羽　　4. 次级覆羽
2. 次级飞羽　　5. 中翼羽
3. 初级覆羽　　6. 小翼羽

平胸总目和鹈形目鸟类

平胸总目的鸟类不会飞行，它们外观独特，大多数体型都很大。鹈形目鸟类被单独归类为一个目，有独属自己的特征。从南美洲（美洲鸵鸟）到非洲（非洲鸵鸟），再到澳大利亚和新西兰（鸸鹋、鹤鸵和几维鸟），平胸总目的鸟类遍布南半球各地。在并不遥远的过去，曾存在着更大型的不会飞的鸟类，其中包括新西兰的恐鸟和马达加斯加的巨型隆鸟，只是如今这些种族都已灭绝。

平胸鸟类的翼骨发育良好，但羽毛薄弱，发育不全。此外，它们的龙骨（胸骨的一部分，飞翔鸟类的飞行肌附着在此）也退化了。然而，仅仅是翅膀存在的迹象就足以表明，这些生物曾经或许能够飞行。

平胸总目中的几种鸟类，如鸵鸟，成群结队地生活在开阔的平原上。它们的群体由家庭群组成，或者以大群的方式聚集。

小穴鹑
Crypturellus soui

它们生活在南美洲中部和北部的大部分森林中，幼鸟早熟，几乎刚孵化出来就能开始奔跑。

红翅鹑
Rhyncotus rufescens

这种鸟类明亮的红褐色初级飞羽只有在飞行时才能看到。

大鹑
Tinamus major

养育后代的任务由雄性单独完成，它们承担着孵蛋和哺育的义务，直到雏鸟 3 周大时为止。

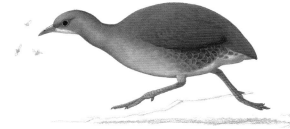

小嘴穴鹑
Crypturellus parvirostris

这是一种生活在巴西热带草原甚至耕地中的鸟类。

鹤鸵的脖子和头部没有羽毛，呈现鲜艳的蓝色和红色。鸟冠上有一个巨大的骨质盔。

美洲小鸵（上图）

Pterocnemia pennata

两种美洲鸵鸟（这一种和大美洲鸵鸟）都原产于南美洲，是最像鸵鸟的平胸鸟类。

鸸鹋

Dromaius novaehollandiae

它们生活在澳大利亚的开阔森林和半干旱平原上，白天寻觅种子、果实、花、植物根茎和大型昆虫为食。

鸸鹋蛋和刚长毛的小鸸鹋

非洲鸵鸟

Struthio camelus

这一物种是世界上体型最大的鸟，高达 2.5 米，重达 115 千克，能以每小时 50 千米的速度行走。

肉垂

单垂鹤鸵

Casuarius unappendiculatus

单垂鹤鸵的家乡在新几内亚，它们在当地的生态环境中扮演着至关重要的角色，传播了许多树木的种子。它们是不会飞的大型森林物种，头部和肉垂的颜色因个体而异。

非洲鸵鸟

非洲鸵鸟是世界上现存最大的鸟类。雌性鸵鸟的身高和一般人类的相近，雄性鸵鸟还要更高。非洲鸵鸟适应于干燥或季节性干燥的气候，能够栖息在萨赫勒的半干旱草原、撒哈拉沙漠以南、东非广阔的平原和南非的大部分地区。鸵鸟可以快速奔跑，当受到捕食者威胁时，它们会用强有力的腿踢对方。

鸵鸟几乎以任何能吃的东西为食，但食物中占比更大的还是植物。如果有必要，它们会吃干巴巴的食物，但更偏爱甜蜜多汁的食物，如无花果、多汁的豆荚或金合欢属植物的种子，这些食物在不太干旱的地区通常十分充足。

非洲鸵鸟是社会性鸟类，通常以 5 ~ 50 只个体组成的群体生活，常常与羚羊和斑马等食草动物为伴。在大约 5 个月的繁殖季节里，鸵鸟会占据自己的领地。雌性鸵鸟会产下大约 7 枚蛋，在两周的时间内每隔 1 天产 1 枚。在一些地区，几只雌性鸵鸟在能够容纳多达 60 枚蛋的共有巢穴中产卵，产下的蛋在大约 40 天后孵化。

名称　非洲鸵鸟

拉丁学名
Struthio camelus

英文名
Ostrich

分类　鸵鸟目　鸵鸟科

体型
高度：175 ~ 275 厘米
体重：90 ~ 150 千克

主要特征　头部、脖子和腿部光裸；喙短而平；眼睛又大又黑；雄性外观呈黑色，有短短的白色翅膀和尾巴；雌性外观呈淡淡的灰褐色。

生活习性　生活在小群或大群中，白天觅食。

筑巢　通常每个巢穴（在地面挖出的洞）里有 7 枚蛋；雄性和占统治地位的雌性负责孵蛋，连带着许多由其他雌性所产的蛋一起；雏鸟成群聚集在一起形成好几个家庭群，由一对成年鸵鸟照看。雏鸟 18 个月时完全长大；3 ~ 4 岁时性成熟；每年繁殖 1 窝。

声音　具有领域行为的雄性个体会发出各种短促有力的叫声、喷嚏声，以及响亮而高远的咆哮和轰鸣声。

鸵鸟强壮有力的腿能以每小时 70 千米的速度奔跑，一大步能跨出 5 米。

雄性鸸鹋要经过 8 个星期才能将蛋孵化。在这段时间里，它们的体重可能会减少 1/3。

鸸鹋

鸸鹋体型庞大，身体厚重，羽毛浓密。雄性鸸鹋和雌性鸸鹋全身羽毛呈棕褐色，像长长的纤维一样沿着背脊"中分"，向两侧垂下。

鸸鹋是杂食性动物，主要觅食目标是最容易获得和最有营养的食物，经常吃种子、果实，以及树木和灌木的新芽。它们通常会向后用力仰头，将这些食物从植物中扯出来吞下。

鸸鹋一般是单独生活或成对生活。即使结成一对，彼此之间除了饮水时也经常保持 46 ～ 90 米的距离。然而，当迁移到新的觅食区域或集中在有充足食物的地方时，鸸鹋就会聚成大群。

当一只雌性鸸鹋进入雄性鸸鹋的领地，并用"咚咚"声吸引对方时，交配就拉开了序幕。雄性鸸鹋会开始筑巢，不久后雌性鸸鹋也会加入。完成交配以后，雌性鸸鹋会产下几枚深绿色的蛋。

名称　鸸鹋

拉丁学名
Dromaius novaehollandiae

英文名
Emu

分类　鹤鸵目　鸸鹋科

体型
高度：150 ～ 190 厘米
体重：30 ～ 55 千克

主要特征　庞大的躯体长有浓密的棕色羽毛；翅膀和尾巴退化；雄性有裸露的蓝灰色上颈部，雌性有黑色的上颈部和蓝色的面部；喙较厚较尖；长长的腿呈棕色。

生活习性　白天单独或成群觅食；在白天最热的时候常常找荫凉处休息。

筑巢　巢穴是地面上的空洞，里面可产 5 ～ 15 个蛋；雄性经过 56 天将蛋孵化；雏鸟由雄性照顾，2 ～ 3 岁时性成熟；每年繁殖 1 窝。

声音　通常情况下不发声，但在繁殖季会发出一些低沉的叫声。

企鹅

企鹅极其适应在南大洋冰冷的海水中潜泳的生活方式。

它们的翼像桨一样扁平，肘关节和手腕关节融合在一起，所以不能像其他鸟类那样折叠翅膀。与飞行鸟类轻盈的骨骼相比，企鹅的骨骼坚固而沉重，有助于潜水。

与其他大多数鸟类不同，企鹅有一层致密、细小而坚硬的羽毛。它们将从尾巴基部的油腺中分泌的油脂涂抹到羽毛上，从而起到防水作用。在这层令人惊叹的温暖羽毛之下，企鹅还有一层厚厚的脂肪，可以保存热量。

企鹅以无与伦比的优雅与速度在水中游泳。它们中的许多种类在南极洲繁殖，也有一些生活在更北边的地方。但除了加拉帕戈斯企鹅外，所有的企鹅都只生活在南半球。企鹅必须上岸繁殖，要么在陆地上，要么在冰上。

阿德利企鹅

Pygoscelis adeliae

在 10 月至次年 1 月的繁殖季，这些企鹅大量聚集在南极海岸附近。

一只成年王企鹅和它的大型、棕色后代。小企鹅长得很快，但直到 1 岁以后才会到海里捕食。

凤头黄眉企鹅

Eudyptes chrysocome

企鹅父母在孵蛋期间分工合作，雄性企鹅负责对两只小企鹅展开长达 25 天的孵化工作，而雌性企鹅负责外出觅食。

小企鹅在大约 10 周时羽翼丰满

黄眼企鹅

Megadyptes antipodes

黄眼企鹅是社会性最弱的企鹅，同时也是最稀有的企鹅之一，它们在新西兰南岛和沿海小岛上的森林、灌木丛中繁殖。

小企鹅褐色的羽绒可以保留几个月

南非企鹅（上图）

Spheniscus demersus

又名公驴企鹅，这种企鹅生活在非洲南部的水域，因为像驴一样的叫声而得名。

颈部两侧有明显的橙色斑块

一只蛋重约310克

王企鹅

Aptenodytes patagonicus

雌性王企鹅每次只生 1 枚蛋。在大约 55 天的孵化期中，父母轮流将蛋放在脚上孵化。通常每 3 年繁殖 2 次。

帝企鹅

帝企鹅是所有企鹅中体型最大的物种，也是所有海鸟中体重最重的物种。它们中最重的雄性企鹅几乎和一个小个子成年人一样重。尽管帝企鹅只比它们的近亲王企鹅高一点，但它们的体重却几乎是王企鹅的两倍。

巨大的体型有助于帝企鹅在地球上最寒冷的气候中生存。相较于小体型，大体型的相对表面积更小，所以热量散失也相应地减少。[1]

帝企鹅异常浓密的羽毛和厚厚的脂肪积累也有助于它们抵御南极的恶劣天气。与其他企鹅相比，帝企鹅的羽毛在喙和腿上延伸得更长，减少了这些暴露区域的热量损失。

与在次南极岛屿上繁殖的王企鹅不同，帝企鹅冬天在南极大陆附近的海冰上繁殖。它们的繁殖周期很长，繁殖地一占就是 9 个月。通常情况下，雄性帝企鹅在持续 4 个月或更长的孵化期内会损失超过 40% 的体重。

【注释】

1. 根据贝格曼法则，恒温脊椎动物的一些物种的体型在寒冷气候环境中比在温暖环境中大，因为体积越大，相对表面积（表面积与体积之比）越小，热量散失也更少。

名称　帝企鹅

拉丁学名
Aptenodytes forsteri

英文名
Emperor Penguin

分类　企鹅目　企鹅科
体型
体长：109 ~ 130 厘米
鳍状肢：30.5 ~ 41 厘米
体重：19 ~ 46 千克

主要特征　体型非常大；头、喉和颏呈黑色；大面积的黄色耳斑不像王企鹅那样完全被黑色羽毛包围。

生活习性　主要生活在海上，通过深潜觅食；在海冰上休息；在冰上或雪地上成群繁殖。

筑巢　每次在冰上产下 1 枚蛋，随后转移到雄性脚上，需经过 60 多天孵化，雌性则去往海中觅食；雏鸟大约 150 天后羽翼丰满；每年繁殖 1 窝。

声音　响亮、像喇叭一样的交流声；复杂、有韵律的求偶炫耀声；尖锐的警报声。

食物　主要是鱼类、小鱿鱼和南极磷虾。

集群的成年企鹅和小企鹅四处游走变换位置，因此每只企鹅都会轮流待在群体外围抵御严寒。

帽带企鹅

虽然种群数量可能达到了 1 000 万对，但帽带企鹅的分布范围依然相对有限。除了大约 1 万对在南极半岛或附近的沿海岛屿筑巢，其余的都在南奥克尼群岛、南设得兰群岛和南桑威奇群岛，形成了数十万甚至数百万规模的巨大集群。

名称	帽带企鹅

拉丁学名
Pygoscelis antarctica

英文名
Chinstrap Penguin

分类 　企鹅目　企鹅科

体型 　体长：71 ~ 76 厘米
鳍状肢：17 ~ 20 厘米　体重：3.4 ~ 5 千克

帽带企鹅每天能游 80 千米以寻找磷虾、虾、鱼和鱿鱼。

凤头黄眉企鹅

凤头黄眉企鹅也叫南跳岩企鹅，它的名字来源于它的一种行为习惯——双脚并拢，鳍状肢向后，头向前，在岩石上快速跳跃。它们是分布最广的冠企鹅，在南大西洋、印度洋和太平洋的岛屿上繁殖。凤头黄眉企鹅是所有企鹅中最具攻击性的，有时甚至会攻击那些离集群太近的人类"入侵者"。

名称	凤头黄眉企鹅

拉丁学名
Eudyptes chrysocome

英文名
Rockhopper Penguin

分类 　企鹅目　企鹅科

体型 　体长：46 ~ 58 厘米
鳍状肢：15 ~ 19 厘米　体重：2 ~ 3.2 千克

凤头黄眉企鹅的眉毛末尾有着淡黄色翎毛，一直延伸到红色的眼睛后方。

鸊鷉和潜鸟

鸊鷉和潜鸟都是优秀的水下潜泳者，大多数在淡水栖息地的岸边繁殖。鸊鷉吃昆虫、甲壳类、软体动物和鱼类；潜鸟主要捕食鱼类和一些两栖动物。

所有的鸊鷉（鸊鷉科）都是水鸟，有着防水性能良好的流线型身体，厚厚的羽毛多达2万根，脚上脚趾浅裂，能像桨一样非常有效地划水。它们身体的每一部分都适应了水中生活。鸊鷉在水面上游动，然后潜入水中捕捉猎物。一些种类的鸊鷉会在水面的浮水植物[1]上筑巢；另一些则会在湖边或河边的挺水植物[2]上筑巢。

【注释】

1. 浮水植物指整体飘浮在水面上的植物。

2. 挺水植物指根茎生长在水的底泥之中，茎、叶挺出水面的植物。

潜鸟

潜鸟（潜鸟科）几乎不能行走，它们的短腿

凤头鸊鷉

Podiceps cristatus

上图中展示的这种"仪式"是这一物种复杂又壮观的求偶炫耀行为的一部分。

雏鸟

斑嘴巨鸊鷉

Podilymbus podiceps

成年的斑嘴巨鸊鷉会把自己的雏鸟背在背上，这是鸊鷉科的典型行为。

北美鸊鷉

Aechmophorus occidentalis

这一北美物种的求偶炫耀行为包括双方一起在水面上拍打。

角鸊鷉

Podiceps auritus

在北美，繁殖季亮橙色的耳羽是它们英文名字的来源。在英国，它被称为斯拉夫尼亚鸊鷉。

长在身体太过靠后的位置，连短短几秒的站立都难以维持。潜鸟虽然是空中优秀的飞行家，但首先需要长时间的"助跑"才能起飞。化石证据表明，潜鸟已经在地球上生活了至少3700万年。

潜鸟通过垂下头和脚蹬水的方式在水面下静静滑行。一旦钻进水下，它们可以潜到61米的深度，并在水下停留几分钟。

大多数潜鸟在北美北部、欧洲和亚洲的静谧淡水湖周围繁殖。它们总是尽可能地靠近水边筑巢，以便于在危险的时候可以迅速逃到它们觉得最安全的地方——水中。

一对凤头䴙䴘正展开一场精致的求偶仪式。它们面对面，快速地摆动着脖子和脑袋。

红喉潜鸟

Gavia stellata

图中这个由一些植被和稀疏羽毛填充的巢穴，就建在离小湖边缘46厘米内的地方。雌性每次产2枚蛋。这是5种潜鸟中最常见的一种。

普通潜鸟

Gavia immer

这种潜鸟可以潜入水下61米并在水下停留3分钟。

小䴙䴘

Tachybaptus ruficollis

在繁殖季，这种分布广泛的东半球䴙䴘会发出独特的嘶鸣声。

黑喉潜鸟

Gavia arctica

它们身上令人印象深刻的黑白色喉部图案在冬天会消失。

信天翁、鹱和鲣鸟

　　信天翁、鹱和鲣鸟都是远洋鸟类，大部分时间都在空中飞行，或是在遥远海域游泳。它们来到陆地唯一的目的就是繁殖。

　　信天翁（信天翁科）是大型海鸟，通过动力滑翔的方法飞行，这样的飞行方式能使它们用又长又窄的翅膀消耗很少的能量来完成长距离飞行。漂泊信天翁的翼展可达 3.7 米甚至更长。

　　鹱科的成员通常是较小的海鸟。鹱和信天翁一样，翅膀又长又窄，它们飞行时会左右倾斜，翅膀的尖端就像要划破水面一样。

　　鲣鸟（鲣鸟科）是一种中到大型的海鸟，通常从高空俯冲下来捕食鱼类。

亚成体黑眉信天翁喙尖是黑色的

黑眉信天翁

Thalassarche melanophris

这一物种需要至少 7 年的时间才能长出婚羽。左图中是一只亚成体。

漂泊信天翁父母共同肩负起哺育自己后代的任务——为雏鸟反刍食物。雏鸟在 300 天大的时候能飞翔。

加岛信天翁

Phoebastria irrorata

这种加拉帕戈斯岛上的物种有着令人惊叹的求偶炫耀行为，包括鞠躬、以喙互啄和"咯咯"叫。

南非鲣鸟
Morus capensis

南非鲣鸟能几乎垂直地从30米的高空潜入水中，毫无缓冲地入水寻鱼。

漂泊信天翁
Diomedea exulans

它们拥有所有鸟类中最长的翼展（可达3.5米）和非凡的飞行本领。据记载，有一只漂泊信天翁在12天内飞行了5950千米。

百慕大圆尾鹱
Pterodroma cahow

这种在地面筑巢的夜行性海燕曾被认为已经灭绝，直到1951年在百慕大群岛重新被发现。

白腰

秘鲁鲣鸟
Sula variegata

在求偶开始时，一只展翅的雄性正试图吸引一只在空中飞翔的雌性的注意。

大鹱
Puffinus gravis

大鹱繁殖时集中在南大西洋的特里斯坦达库尼亚群岛。在繁殖季节之外，这些大鹱会绕着北大西洋先向北，再向南迁徙。

巨鹱
Macronectes giganteus

与其他鹱类不同，巨鹱会吃腐肉，甚至会攻击较小的海鸟。

阔嘴锯鹱
Pachyptila vittata

这种南半球鹱类有时会张着它们又宽又平的喙在水面上一边飞行一边过滤食物。

漂泊信天翁

漂泊信天翁的翼展是所有鸟类中最大的。它们长途跋涉以寻找好的觅食区，却被赤道无风带限制在了南半球——赤道附近风力微弱、风向难测的地带阻止了信天翁的滑翔。然而在南极洲附近，它们翱翔在被风卷起的巨浪上空，构成了一幅壮丽的风景画。漂泊信天翁又长又窄的翅膀非常适合这种飞行方式，在典型的大风条件下，信天翁可以几乎不动翅膀连续滑翔数天。

漂泊信天翁主要以鱿鱼和乌贼为食。它们的眼睛上方有盐腺，可以排出多余盐分。

每隔 1 年，漂泊信天翁就会回到阴冷潮湿、狂风肆虐的亚南极岛屿上繁殖。在接下来的 1 年里，它们会待在岛屿附近，以便喂养幼鸟。在不同岛屿上繁殖的各个种群都有自己的活动范围和迁徙模式。最大的漂泊信天翁种群出现在非洲东南部的爱德华王子群岛上。

名称	漂泊信天翁

拉丁学名
Diomedea exulans

英文名
Wandering Albatross

分类　鹱形目　信天翁科

体型
体长：109 ~ 135 厘米
翼展：269 ~ 345 厘米
体重：6.4 ~ 11.3 千克

主要特征　庞大、笨重的海鸟；翅膀又长又窄；尾巴短；蹼足大。

生活习性　除了繁殖时节在岛屿群居外，其他时候都是独居的。

筑巢　每 2 年繁殖 1 次；通常情况下终生都可以繁殖；每次产下 1 枚卵；孵化期 75 ~ 83 天；雏鸟经 260 ~ 303 天羽翼丰满；每 2 年繁殖 1 窝。

声音　在海上一般不发声，求偶炫耀时发出像驴一样响亮的叫声。

食物　主要是鱿鱼和乌贼；还有鱼、腐肉、动物内脏和水母。

栖息地　在遥远的岛屿上繁殖，在海洋上空滑翔。

漂泊信天翁有所有鸟类中最长的翅膀，翼展超过 3.45 米。

灰鹱

灰鹱是卓越的飞行家，有着流线型的身体和狭长的翅膀，能够飞得又远又快。一些成年个体在冬季繁殖后就会留在南方的海洋，但大多数则会进行长途迁徙，到北太平洋和大西洋享受北方的夏季。灰鹱以小型浅水鱼、甲壳类动物和小型鱿鱼为食。

名称	灰鹱

拉丁学名
Ardenna griseus

英文名
Sooty Shearwater

分类　鹱形目　鹱科

体型　体长：41 ~ 51 厘米
翼展：94 ~ 109 厘米　体重：0.6 ~ 0.9 千克

每年都有许多灰鹱长途跋涉，有的能在 200 天内飞行 6.4 万千米。

北鲣鸟

北鲣鸟非常适合飞行和俯冲捕鱼，它们雪茄状的身体、匕首状的喙和末端尖利的长尾巴构成了流线型的体型，最大限度地减小了空气和水的阻力。北鲣鸟远离陆地的觅食习性以及俯冲式的捕食方式使它们能将目标集中在上层海水中的鱼群上，比如鲭鱼、黍鲱和鲱鱼等集群的鱼类。

名称	北鲣鸟

拉丁学名
Morus bassanus

英文名
Northern Gannet

分类　鲣鸟目　鲣鸟科

体型　体长：86 ~ 99 厘米
翼展：165 ~ 180 厘米　体重：2.3 ~ 3.6 千克

北鲣鸟与伴侣在冬季分离后，再次相遇时，会用喙互击。

鹭、鹳和鹤

鹭类（鹭科）包括了鹭、白鹭和鳽。鹳和鹤看上去和鹭类很相似，但亲缘关系并不密切。

鹭适应了在水生环境中生活，凭借长喙、长脖子和长腿练就的一系列捕食技巧，使得它们能够悄悄涉水接近毫无防备的猎物。牛背鹭是为数不多的主要在旱地觅食的鹭类物种之一。鹭经常长时间站立不动，等待猎物的靠近。许多种类的鹭聚集在一起繁殖，有时群体数量能达到上千只。

鹳（鹳科）是大型鸟类，共同的特征包括又长又重的喙和一双大长腿。它们中的大部分是热带和亚热带地区的湿地物种，但也有一些种类分布在其他栖息地。

鹤（鹤科）是一类优雅的长腿陆生鸟类，生活在草原和沼泽地。它们善于用声音交流，在繁殖期之外经常成群结队地栖息和觅食。

大蓝鹭在湿地及湖泊河流的岸边觅食。它们在北美洲筑巢，在更远的南方过冬。

大蓝鹭

Ardea herodias

这一新大陆物种的主要食物是在淡水或咸水中捕获的小鱼。

蓑羽鹤

Anthropoides virgo

它们是长途迁徙者，在北亚、非洲和南亚之间往返。

黑冕鹤

Balearica pavonina

这种引人注目的鸟类生活在撒哈拉以南的非洲，是仅有的在树上筑巢的两种鹤类之一。

裸喉虎鹭

Tigrisoma mexicanum

在中美洲，裸喉虎鹭一动不动地站在河流和池塘的岸边，等待着青蛙、鱼和螃蟹的到来。

黑头鹮鹳

Mycteria americana

黑头鹮鹳存活至今是北美洲动物保护的一个成功案例，它们在 15～25 厘米深的水中四处摸索觅食。

喙长达 33 厘米

粉色的脚

非洲秃鹳

Leptoptilos crumeniferus

这一巨大的非洲物种可能重达 9 千克。

非洲钳嘴鹳

Anastomus lamelligerus

这种鹳以水生蜗牛为食。

牛背鹭

Bubulcus ibis

这种鹭的活动范围因为和家畜的互利共生关系而显著扩大。

白鹳

Ciconia ciconia

这一物种在欧洲、北非和中亚繁殖，在撒哈拉以南的非洲和南亚过冬。

一只正在捕食的苍鹭会一动不动地站立很长一段时间，在合适的猎物出现时一口咬住。

苍鹭

苍鹭有一个像匕首一样的显眼的黄喙，繁殖季节会变成橙色，眼睛后面的一排黑色羽毛在头部后方形成一个小羽冠。它们还有非常长的脖子。

在整个旧大陆，苍鹭都生活在浅水附近，无论这片水域是静水或是流水，盐水还是淡水。它们也生活在水库、沟渠、沼泽、观赏性池塘或潮湿的田野里。在几乎任何能捕获水生食物的地方，苍鹭都能过得安逸自如。

苍鹭是筑巢较早的鸟，每年深冬它们都会回到同一个地方。有些个体结对筑巢，但大多数都选择群居，群内数量多达 25 对。尽管苍鹭是群居的动物，但个别雄性仍会保护它们的巢穴，通过猛扑入侵者防止受到其他雄性的侵犯。

完成交配后，这些鸟类通常会回到去年的巢穴并且修缮一番，它们会将小树枝和小木棍添加到巢穴顶部，而有些巢穴可能已经有30 ~ 40 年的历史，直径已达 1.5 米。

名称	苍鹭

拉丁学名
Ardea cinerea

英文名
Gray Heron

分类　　鹳形目　　鹭科

体型
体长：90 ~ 98 厘米
翼展：175 ~ 195 厘米　体重：1 ~ 2 千克

主要特征　　喙长、颈长、腿也长；身躯很大；背部羽毛为中灰色，腹部羽毛为灰白色；雌雄同型；幼鸟有灰色的羽毛和暗淡的裸露部分。

生活习性　　经常在水边长时间不动地站立着等待猎物；群居动物，会用树枝搭建巢穴；通常每次产下 3 ~ 5 枚蛋，极端情况下 1 ~ 10 枚；孵化期 25 ~ 26 天；雏鸟经 50 天羽翼丰满；每年可能繁殖 2 窝。

声音　　在飞行时大声地"呱呱"叫；在巢穴里粗哑地"咯咯"叫或尖叫。

食物　　主要是鱼类，也有两栖动物、甲壳动物、水生昆虫、软体动物、水鸟、蛇和小型哺乳动物。

黑头鹮鹳

黑头鹮鹳是北美洲唯一的鹳类，它们的食物几乎只有鱼，它们依靠触觉捕鱼。黑头鹮鹳慢慢地在浅水中踱步，用那微微向下弯曲的敏感的长喙去摸鱼。它们的喙微微打开，从一边扫到另一边，一旦碰到鱼就会闭合，锋利的边缘会牢牢抓住猎物。从触碰到捕获，黑头鹮鹳用时不到25毫秒，是已知反应最快的脊椎动物之一。这种特殊的捕食方法使它们在能见度较低的浅水、泥泞和杂草丛生的水域成功觅食。

黑头鹮鹳是一种群居鸟类，在鹳群的栖息地筑巢并成群觅食。巢穴位于高大树木（如美国东南部的柏树）的顶端，每棵树上同时存在多个巢穴。鹳群的栖息地通常在岛屿上，这样就可以更安全地避开捕食者。黑头鹮鹳是一夫一妻制的鸟类，一对伴侣通常会陪伴终身，每个繁殖季它们都会回到同一个巢穴中养育后代。黑头鹮鹳父母双方都参与到筑巢、孵化和哺育雏鸟的任务中。

名称	黑头鹮鹳

拉丁学名
Mycteria americana

英文名
Wood Stork

分类　鹳形目　鹳科

体型
体长：83 ~ 102 厘米
翼展：150 厘米　体重：2 ~ 3 千克

主要特征　除了翅膀的后缘和尾端呈黑色外，身体大部分呈白色；喙呈黑色；颈部和头部大部分裸露。

生活习性　集群筑巢，成群觅食。

筑巢　在高大的树顶筑巢，巢穴由一大堆带着叶子的树枝搭建；每次产下 3 枚蛋；孵化期 28 ~ 32 天；雏鸟经 65 天羽翼丰满；每年繁殖 1 窝。

声音　通常沉默不语，但繁殖期会在巢穴发出"嘶嘶"声。

食物　主要是小鱼；也吃无脊椎动物和蛇。

栖息地　沼泽、红树林、河口等浅水区；偏爱淡水环境。

黑头鹮鹳的喙高度敏感，即使在能见度很低的地方也能捕捉到鱼。

红鹳和鹮

红鹳高跷般的腿、长长的脖子和粉红色的羽毛让人们能够一眼就认出它们。鹮和琵鹭也是有着长喙的湿地鸟类，但它们属于不同的科。

在所有鸟类中，红鹳（红鹳科动物）有着相对于身体最长的脖子和腿。大红鹳站立时可高达155厘米。红鹳是非常具有社会性的动物，它们会在湖泊内外集成大群，共同觅食和筑巢。红鹳的集群由数万只甚至数十万只个体组成。

红鹳的喙具有特殊结构，能够过滤水中微小的动植物。大红鹳会从水中获取无脊椎动物，而小红鹳主要以蓝藻为食。后者是数量最多的红鹳，种群大小超过200万只。数量最少的红鹳是安第斯红鹳，仅有38 000只。

鹮和琵鹭

鹮和琵鹭（鹮科）是长喙长腿的中大型鸟类。鹮的喙向下弯曲，而琵鹭的喙尖端像一个扁平的

凤头鹮
Bostrychia hagedash
它们生活在撒哈拉以南非洲的开阔草原、稀树草原和湿地。

秘鲁红鹳
Phoenicoparrus jamesi
一种生活在高海拔湖泊（高达4 870米）及其周围的红鹳。

小红鹳
Phoeniconaias minor
这一物种是数量最庞大的红鹳，已经适应了在非洲大裂谷的极咸湖泊中繁衍生息。

只有成年个体才有鲜艳的红色羽毛

美洲红鹮
Eudocimus ruber
它们生活在南美洲的低海拔地区，大量集中在委内瑞拉北部大草原等湿地环境中。

勺子。这两类动物通常都是依靠触觉的捕食者，用喙的触觉代替视觉来定位猎物。

28 种鹮和 6 种琵鹭分布在除南极洲以外的大部分大陆上，但在热带地区最为常见和多样。所有的琵鹭都是湿地鸟类，但鹮在湿地和陆地上都有出现。大多数鹮和琵鹭都是集群筑巢的鸟类，有时会在树上形成庞大的群体。

美洲红鹮大量食用含有虾青素的虾和其他红色贝类，其中的类胡萝卜素是它们体表红色色素沉积的关键。

匙状的喙

白琵鹭
Platalea leucorodia

它们的喙是一种高度特化的器官，可以在浅水和泥浆中过滤食物。

白脸彩鹮
Plegadis chihi

这种鸟类在北美洲和南美洲的淡水和咸水沼泽中觅食和繁殖。

粉红琵鹭
Platalea ajaja

和红鹳一样，它们的羽毛呈粉红色，这是由于其食用的甲壳类动物和藻类中含有类胡萝卜素。

彩鹮
Plegadis falcinellus

这种世界上分布范围最广的鹮科鸟类在浅水区觅食。

天鹅和大雁

世界上的 147 种天鹅、雁和鸭统称为野生水禽，并归属于鸭科。

除大型沙漠、南极洲和格陵兰岛的内陆区域以外，所有陆地上都能找到雁鸭类的身影。鸭科成员并不局限于淡水环境，有些物种能在海洋中生活很长时间。

天鹅和雁的雌雄两性通常长得很像，但鸭却不是这样。大多数雁是食草动物，喙有锋利的边缘，可以切碎植物。黑雁的小喙适合啃咬矮小的植物，而灰雁强壮的喙可以咬碎又大又硬的根茎。

许多物种的繁殖地和越冬地之间跨越数千千米。迁徙是一项非常耗能的任务，为了节省体力，有些天鹅和雁会飞到极高的高空进行迁徙。雁类经常排成"V"字队形飞行，这样可以通过创造上升气流来帮助其减少空气阻力，从而节省能量。

大天鹅

Cygnus cygnus

它们在亚欧大陆的针叶林繁殖，冬天飞到更远的南方或西方。大天鹅和疣鼻天鹅是鸭科中体型最大的物种。

黑颈天鹅

Cygnus melanocorypha

这种天鹅生活在南美洲南方的淡水沼泽、潟湖和湖泊的周围。

黑天鹅大约照料小天鹅 9 个月，直到它们羽翼丰满。在此期间，小天鹅可能会骑在父母的背上。

帝雁

Chen canagicus

这一物种在堪察加半岛、俄罗斯和阿拉斯加大陆繁殖后，几乎全部种群都去往阿留申群岛过冬。

灰雁

Anser anser

灰雁是雁属中体型最大的物种，近年来扩大了自身的繁殖范围。

斑头雁

Anser indicus

在往返于中亚的繁殖地的旅途中，它们飞在 7 290 米的高空中跨越喜马拉雅山脉。

鹊雁

Anseranas semipalmata

一种留在澳大利亚北部和新几内亚南部的栖息地进行繁殖的物种。

红胸黑雁

Branta ruficollis

这种黑雁有着美丽的标记，但濒临灭绝，只在俄罗斯 3 个半岛的苔原上筑巢，大多数个体在黑海以西过冬。

加拿大雁

Branta canadensis

这种聒噪的大雁原产于北美，现已被引入欧洲部分地区，例如英国。

一只有攻击性的雄性低下了头

夏威夷黑雁

Branta sandvicensis

它们是夏威夷群岛特有物种，在 20 世纪中期数量减少到 30 只左右。在成功的保护措施下，截至 2011 年，其种群数量已经上升到 2 000 只。

鸭

鸭类也是一类水禽，体型通常比天鹅和雁小。一般来说，雄鸭为了吸引配偶而长出颜色鲜艳的羽毛，雌鸭的体色则较为黯淡。

大多数种类的鸭会在同一时间换掉所有的飞羽，在之后几周内无法飞行，很容易受到捕食者的威胁。为了降低风险，雄鸭长出了暗淡、隐蔽的蚀羽，让它们不再那么显眼。当水禽生活在一些极端的环境中时，它们必须保持自己的羽毛处于良好的状态。

鸭类已经适应了各种各样的水生栖息地，并进化出一系列有趣的进食方式。浮水型物种在水边觅食，同时也可以在浅水下或水面觅食。鸟喙内的锯齿状骨板（梳状过滤结构）提供了一种过滤机制。这一过滤机制在琵嘴鸭身上高度发达，它们的喙又大又平，并且食用滤出的特别小的食物。一些物种还会把自己倒转过来，以触及更深

埃及雁

Alopochen aegyptiacus

它们与麻鸭的亲缘关系更近。

白脸树鸭

Dendrocygna viduata

由于腿相对较长，白脸树鸭是优秀的步行者，广泛分布在热带南美洲和撒哈拉以南的非洲。

雄性眼后有乳白色条纹

鸳鸯

Aix galericulata

雄性鸳鸯在所有鸭类中最引人注目，它们的背上有两只由羽毛形成的橙色"风帆"。

针尾鸭

Anas acuta

这种鸭子的名字源自它们细长的中央尾羽。

的水域去寻找食物。

　　潜水型物种可以比浮水型物种出现在更深的水域。它们头部的空腔更少，因而潜水变得更容易。潜水记录的保持者是长尾鸭，它们曾在 149 米的深度潜水。潜水型物种有的吃草，有的专门吃鱼。秋沙鸭属的物种喙上有锯齿状边缘，能很好地抓住湿滑的鱼。

雄鸳鸯是所有水禽中最靓丽的一种，原产于中国，现已被引进到英国。

云石斑鸭

Marmaronetta angustirostris

这种群居性鸭子已知最大的聚集地在伊拉克南部。

一些涉水型鸭类

1. **绿眉鸭**（*Anas americana*）。

2. **赤麻鸭**（*Tadorna ferruginea*）。

3. **绿头鸭**（*Anas platyrhynchos*）。

林鸳鸯

Aix sponsa

这一北美物种在靠近水边的树洞中筑巢，并且适应于树栖生活。

翘鼻麻鸭

Tadorna tadorna

每年夏末，超过 20 万只正在换羽的翘鼻麻鸭会聚集在荷兰海岸旁的瓦登海。

鹫和蛇鹫

鹫类的生活就是清理、吞食各种各样的尸体。事实上，它们在生态系统中起着非常重要的作用，能在肉质腐烂之前将其清除。

鹫类的翅膀又长又宽，翅尖有翼指，完美适应于乘风而上。它们可以在热气流中盘旋上升，滑翔到另一股气流中，然后再次盘旋而上，整个过程中几乎不需要拍动翅膀。通过这种飞行方式，在寻找食物的长途跋涉中，鹫类只需消耗很少的能量。

尽管属于不同的科，但美洲的鹫类看起来与旧大陆的鹫类很像，都有宽大的翅膀和巨大的身体，以及相似的食腐生活方式。

蛇鹫

作为猛禽，蛇鹫有着不同寻常的生活方式。虽然飞行能力很好，但它们在非洲老家却常常匀速行走在开阔的地面上，一边走一边寻找小型哺乳动物、无脊椎动物和蛇等陆生动物。当发现猎物时，蛇鹫会通过脚踩、嘴咬的方式来捕食。

安第斯神鹫
Vultur gryphus

这是生活在安第斯山脉的一种稀有鸟类，它们在海拔 4 877 米的岩壁上筑巢。

翅展长达 3.2 米

秃鹫
Aegypius monachus

这种旧大陆秃鹫每年只生育 1 只幼鸟。右图中，一只秃鹫正在用喙将水传给雏鸟喝。

雄性蛇鹫和雌性蛇鹫都有头部冠羽，但雄性的羽毛更长。钩状喙是所有猛禽的典型特征。

黑头美洲鹫
Coragyps atratus

这种常见的美洲鹫凭借自己的视力，或是跟随能闻到腐肉气味的美洲鹫[1]找到腐肉。

【注释】

1. 美洲鹫是美洲鹫属成员；黑美洲鹫是黑美洲鹫属的物种。

棕榈鹫

Gypohierax angolensis

不同于其他秃鹫，这种非洲秃鹫主要以水果为食，尤其是油棕榈和拉斐棕的果实。

两腿伸长

蛇鹫

Sagittarius serpentarius

蛇鹫看起来像猛禽和鹳的混合体（上图），这种生活在非洲稀树草原上的鸟类伸长脖子和腿飞行。它们独特的捕食策略是跟踪伏击地面上的爬行动物、啮齿动物和大型无脊椎动物（下图）。

长腿

白背兀鹫

Gyps bengalensis

尽管这一物种曾经被称为世界上数量最多的大型猛禽，这种旧大陆鹫类现在已经极度濒危。其种群数量的下降要归咎于双氯芬酸的使用——人们用这种药物来治疗家畜，而这些家畜的尸体又被兀鹫吃掉，药物就随着食物链进入了兀鹫体内。

王鹫

Sarcoramphus papa

这种新大陆鹫类生活在茂密的热带森林里，它们能吃任何找得到的食物，包括牛的尸体、死蜥蜴、搁浅的鱼等。

加州神鹫

加州神鹫并不难认，它们长达 2.7 米的翼展让其他猛禽相形见绌。长而宽的翅膀可以帮助它们搭乘最轻微的热气流上升，而每一根充分伸展的翼指就像一只小翅膀，减少了翼尖的湍流，使它们能缓慢飞行而不会失速。加州神鹫以最少的能量消耗从一股热气流滑翔到另一股热气流，以观察地面上是否有腐肉的踪迹。加州神鹫的羽毛大部分呈黑色，具有秃鹫典型的裸露头部，不过成年个体的头部呈橙色，而幼年个体呈灰色，脖子上还有环绕的颈毛。和其他秃鹫一样，它们拥有巨大的脚，这是支撑巨大体重的理想工具，却无法用来杀死猎物。加州神鹫还有强壮的钩状喙，用于破开皮肤、撕碎肉。据说它们一餐能吃掉 2 千克的肉。加州神鹫在 1987 年被宣布灭绝，好在随后的圈养繁殖计划使其野外成年个体数量增加到 100 多只。

名称　加州神鹫

拉丁学名
Gymnogyps californianus

英文名
California Condor

分类　鹰形目　美洲鹫科

体型
体长：117 ~ 132 厘米
翼展：277 厘米　体重：10.4 千克

主要特征　非常长而宽的翅膀，尖端有明显的翼指；羽毛大部分呈黑色，翅膀下面有白色三角形；头部和颈部呈粉红色，有黑色的环状颈毛；幼年个体的头和脖子都是深灰色的。

生活习性　用水平（或稍微抬起）的翅膀滑翔以寻找猎物；在空中飞行十分稳定。

筑巢　没有巢穴；直接在洞穴或大树洞中产卵；每次产下 1 枚；孵化期 55 ~ 60 天；180 天后雏鸟羽翼丰满；每年繁殖 1 窝。

声音　在巢穴中发出"嘶嘶"声和"咕咕"声；其他时候沉默无声。

食物　主要来自大型动物尸体的腐肉。

尽管加大了保护力度，加州神鹫仍然处于濒危状态。

皱脸秃鹫

世界上仅剩的几千只皱脸秃鹫栖息在非洲干旱的平原和山坡上。它们因食用中毒动物的尸体而遭受到无意的毒害，同时也面临来自人类的迫害。其他秃鹫经常率先找到食物，但它们需要皱脸秃鹫使用其巨大的喙来撕开尸体。

名称　皱脸秃鹫

拉丁学名
Torgos tracheliotus

英文名
Lappet-faced Vulture

分类　鹰形目　鹰科

体型
体长：94 ～ 104 厘米
翼展：254 ～ 290 厘米
体重：5.4 ～ 9 千克

皱脸秃鹫巨大的喙是撕开大型动物尸体的理想工具，使得其他秃鹫也能有进食的机会。

蛇鹫

蛇鹫这种生活在非洲平原上的鸟类有着极长的腿，至少1.2米的长腿占据了它们身高的一半。蛇鹫的脚非常小，但是脚趾锋利，带着尖锐而弯曲的爪子，形成了力量与利器的危险组合。为了使猎物丧失逃跑的能力，蛇鹫会以惊人的速度狠狠踢向它们，踩踏像暴雨一样密集地落在猎物身上。

名称　蛇鹫

拉丁学名
Sagittarius serpentarius

英文名
Secretarybird

分类　鹰形目　蛇鹫科

体型　体长：125 ～ 150 厘米
翼展：211 厘米　体重：2.3 ～ 4.3 千克

蛇鹫绝不会被认错，它们有着极长的光腿、羽冠和长而有条纹的尾巴。

隼

隼科中大约有 60 种猛禽在日间捕猎。大多数隼科动物的捕猎方式是先用爪子抓住猎物，然后用钩状喙杀死它们。

许多隼类擅长空中攻击。燕隼在空中能以极快的速度追逐小鸟，甚至可以抓住雨燕。它们的亲戚游隼进化出了一种更惊人的技术，能够从高空精确地定位猎物，然后以翅膀半闭合的姿态俯冲而下，像导弹一样撞击猎物。

和椋鸟差不多大的非洲侏隼捕食小型哺乳动物、鸟类和昆虫，而大型的矛隼能够捕杀大雁和旱獭。尽管种类繁多，所有的隼都有钩状利爪，用来抓住食物，钩状的喙则用来撕开猎物，它们还有卓越的视力用来发现猎物。

少数种类的隼有着非常不同的生活方式，比如美洲的卡拉卡拉鹰，像鸢甚至秃鹫一样，随机地吃些残羹剩饭，例如腐肉和小型动物。

两种小型隼

雄性美洲隼（*Falco sparverius*）是美洲一种常见的小型隼（左上）；**雄性红隼**（*Falco tinnunculus*）是亚欧大陆上和雄性美洲隼对应的物种（右上）。

红隼会在草原上空盘旋，搜索小型哺乳动物，一旦锁定目标就会俯冲下来用爪子抓住猎物。

两种大型隼

游隼（*Falco peregrinus*）是最全球化的隼，在每个大陆都有分布（上方）。

黄腹隼（*Falco femoralis*）只在南美洲和中美洲繁殖（下方）。

红脚隼
Falco vespertinus

这种亚欧大陆上的猛禽在空中盘旋着观察下方地面，然后快速俯冲抓住猎物。

非洲侏隼
Polihierax semitorquatus

它们只有 20 厘米长，是非洲大陆上最小的猛禽。

矛隼
Falco rusticolus

这类隼是体型最大的隼。大型雌性矛隼重达 2.1 千克，比雌性游隼还重 35%。

凤头巨隼
Polyborus plancus

一种生活在旷野上的大型长腿鸟类，主要吃腐肉，也吃一些昆虫、小型脊椎动物和水果。

毛里求斯隼
Falco punctatus

这种小型隼只生活在印度洋上的毛里求斯岛。它们的数量从 1974 年的 4 只野生个体恢复到了 2012 年的 400 只。但在 2018 年其数量再次下降，在 200 只以下。

笑隼
Herpetotheres cachinnans

这种生活在南美和中美洲的隼有着引人注目的"面具"和同样令人印象深刻的"笑声"。

斑林隼
Micrastur ruficollis

这种猛禽安静地栖息在树枝上，等待小鸟、哺乳动物、蜥蜴和蛇等猎物出现。

雕和鹰

大多数的鹰和雕都是靠速度捕捉猎物的独行侠。对许多大型猛禽来说，独自捕猎是收获惊喜的最好方式。

最极端的独行者可能要数猛雕了。每一对猛雕都在非洲大草原上占据着巨大的领地，通常能覆盖 155 ~ 207 平方千米。它们不能容忍其他雕在自己的领地上捕猎抑或是简单的栖息，这使得猛雕成为世界上分布最稀疏的雕之一。

鹰科大家族的成员们掌握着各式各样的捕猎技巧。许多鹰和雕为了节省能量，会待在高处的树枝上俯瞰开阔的地面，观察或探听猎物的行踪。在猎物十分丰富时，即使是独行的猎手也会聚在一起捕猎。美国的白头海雕会大量聚集在阿拉斯加的河流中，以产卵的鲑鱼为食；而雄壮的虎头海雕则以冬天聚集在日本北部的海冰上觅食而闻名。甚至，一个食物丰富的垃圾场也会吸引正在寻找易得食物的雕、鸢和其他猛禽。

棕尾鵟的孵化期为 30 天左右，雏鸟大约在 52 天后离巢。

不同的鹰

灰歌鹰（*Melierax poliopterus*），正站在白蚁丘的顶端，它们主要以白蚁为食（右图）。

雀鹰（*Accipiter nisus*）主要捕食小型鸟类（下图）。

鹃头蜂鹰
Pernis apivorus

这一种长途迁徙的猛禽，主要以黄蜂和蜜蜂的幼虫为食。

斯氏鵟
Buteo swainsoni

斯氏鵟在北美洲和南美洲之间长途迁徙，有时会在秋天聚集成数万只的大群。

黑背鹰
Accipiter melanochlamys

这只来自新几内亚的森林猛禽刚刚捕获了一只小鸟。

白头海雕

Haliaeetus leucocephalus

这些美国国鸟的种群数量曾在20世纪60年代下降到最低点，现如今已经大幅回升。

黑雕

Aquila verreauxii

蹄兔占黑雕食物比重的60%。

非洲长尾鹰

Urotriorchis macrourus

这种非洲雨林的猛禽尾巴占了身体总长度的一半以上。

丽鹰雕

Spizaetus ornatus

南美洲的森林砍伐对这种令人印象深刻的猛禽来说是最主要的威胁（左图）。

棕尾鵟

Buteo rufinus

它们是约30种鵟属动物中的一种，特征是体型大、翅膀宽和随机进食的行为。

白色的"兜帽"

西班牙雕

Aquila adalberti

它们是伊比利亚特有种，已被从灭绝边缘拯救回来。

燕尾鸢

Elanoides forficatus

这种猛禽是极度优雅的空中猎手，有着后掠的翅膀和交叉的尾巴。

白头海雕

这种雄壮美丽的海雕面临着枪击、毒药和栖息地丧失的多重威胁，但它们很幸运地活了下来。钩状的喙和可怕的爪子，使它们成为所有猛禽中最雄健的一种。它们的头部拥有和尾巴相配的美丽的白色羽毛，与身体其他部分光亮的黑巧克力色形成鲜明对比。白头海雕是海雕属8种鸟类中的一种，这一属中的许多鸟类都主要在海上捕食，而白头海雕却通常生活在远离海洋的北美各地。白头海雕当然也喜欢吃鱼，因此尽管远离海岸，它们依然选择生活在大型湖泊或河流的岸边。

不同的口味

白头海雕的食物种类繁多，有鲜活的动物，也有冰冷的尸体，其食物的选择主要取决于季节限定和食物的丰富度。白头海雕花大量的时间来捕鱼，这对于脚大爪长的它们来说是一项拿手任务。相比之下，南方各州的许多雕几乎全靠捡拾被车撞死的动物来养育后代，其中负鼠是它们的最爱。

名称	白头海雕

拉丁学名
Haliaeetus leucocephalus

英文名
Bald Eagle

分类　鹰形目　鹰科

体型　体长：71 ~ 96.5厘米　翼展：168 ~ 244厘米
体重：3 ~ 6.3千克，雌性体型比雄性更大。

筑巢　通常在离地面9 ~ 18米的针叶树或悬崖上，用树枝搭建大型巢穴；它们会每年重复使用巢穴，并在之前的基础上添材加料；每次产下1 ~ 3枚卵；孵化期35天；56 ~ 98天后雏鸟羽翼丰满；每年繁殖1窝。

声音　通常是微弱、高频的尖细声音，包括"啾啾"声、哨声和刺耳的"吱吱"声。

食物　鱼类，成年水鸟和它们的鸟卵，小型哺乳动物和腐肉。

栖息地　通常在开阔水域附近，从寒冷的针叶林到炎热的沙漠不等。

分布　北美洲的大部分地区。

这只白头海雕的翅膀尖端有翼指，这是雕类动物的典型特征。

金雕

威武的金雕是荒野的象征：它们是雄姿英发、四海为家的猎手，在人类征服的土地上闯出了几乎不可能的生路。金雕凭借巨大的体型和强大的杀伤力成为世界上最强大的猛禽之一。阳光下，金雕金色的冠羽展现出了震慑人心的王者之气。

名称	金雕

拉丁学名
Aquila chrysaetos

英文名
Golden Eagle

分类　鹰形目　鹰科

体型
体长：76 ~ 89 厘米
翼展：190 ~ 226 厘米
体重：2.9 ~ 6.7 千克

金雕有着钩子一样锋利的喙和强劲有力的爪。

游隼

游隼可能是顶级的空中猎手，它们有着极快的速度，能够以每小时 160 千米的速度向猎物直接发动空袭。在准备攻击时，游隼会先做出头朝下的俯冲姿势，然后几乎垂直地从高空扑向猎物。游隼有适于冲锋的尖锐翅膀，由发达的飞行肌提供动力，这让它们看起来肩宽体胖。

名称	游隼

拉丁学名
Falco peregrinus

英文名
peregrine falcon

分类　隼形目　隼科

体型
体长：35.5 ~ 51 厘米
翼展：89 ~ 119 厘米

游隼的脸颊上有像黑色胡子一样的典型标志。

雉类、鹑类和山鹑类

这些千姿百态的鸡形目鸟类都来自雉科。

雉类、鹑类和山鹑主要在地面觅食，用强壮的脚和爪子在地上刨来刨去，寻找种子和其他食物。

许多雄性雉类都有华丽的羽毛，带着复杂的羽毛图案和弯曲的长尾巴。一些种类有色彩浓烈的裸露面部、肉垂或头冠。雌性雉类通常体型较小，体表有条纹和斑点形成的各种迷彩图案。

新大陆的鹑类体型圆润，有着夸张的头部图案或蓬松的羽冠。旧大陆的鹑类体型更小，腿也更短。

山鹑的个头大小介于新大陆鹑类和旧大陆鹑类之间。山鹑在自然条件下只分布于非洲和亚欧大陆，但其中的灰山鹑和石鸡已经被引进到北美。

野生火鸡

Meleagris gallopavo

这是雉科中体型最大的成员，原产于北美，如今在世界各地都有饲养。

灰山鹑

Perdix perdix

雌性灰山鹑每窝最多可产 20 枚蛋，雏鸟在刚出生的几天里只吃昆虫。

红腹锦鸡

Chrysolophus pictus

红腹锦鸡原产于中国中西部山林，现已引进到英国。

一只雄性蓝孔雀（印度孔雀）正在展示它迷人的尾羽。这种雉类原产于南亚，现已在世界各地繁殖饲养。

环颈雉

Phasianus colchicus

它们原产于亚洲，现已引进到世界上大多数地方进行圈养繁殖。

蓝孔雀

Pavo cristatus

这种人们熟知的孔雀原产于印度，如今被饲养在世界各地。

原鸡

Gallus gallus

这种雉类是现代家鸡的野生亚洲祖先。

白腹锦鸡

Chrysolophus amherstiae

这种原产于中国的雉鸡喜欢生活在下层植被茂盛密不透光的森林中。

1.

2.

1. **山齿鹑**（*Colinus virginianus*），生活在北美洲东部的一种新大陆留鸟。

2. **鹌鹑**（*Coturnix coturnix*），在亚欧大陆、非洲或南亚之间长途迁徙的一种候鸟。

石鸡

Alectoris chukar

这种山鹑喜欢欧洲南部和中亚视野开阔、岩石嶙峋的山坡，山坡上覆盖着一些草本植物和低矮灌木。

鹬和反嘴鹬

遍布全球的鹬类组成了鹬科大"熔炉"，同属一科的成员们练就了五花八门的生存技能来应对觅食、繁殖和迁徙的挑战。

鹬（鹬科）和亲缘关系相近的反嘴鹬、长脚鹬一样，它们的喙形态多样。有些鹬的喙长长的，向下弯曲，比如杓鹬；有些喙略微向上翘起，如斑尾塍鹬；又或者喙笔直伸出，比如田鹬。大多数鹬类的喙尖端轻微隆起，像小球一样，里面的蜂窝状细胞就像高度敏感的感受器，连接到它们大脑的特殊区域。这样的特征使杓鹬、田鹬、丘鹬、黑尾鹬和半蹼鹬能够从软土或泥浆的深处挖出蠕虫、昆虫幼虫和甲壳类动物。

一般来说，鹬类的繁殖地比其他鸟类都要靠北得多。事实上，黑腰滨鹬在埃尔斯米尔岛最北端繁殖，距离北极不到 800 千米。虽然有一些热带物种是留鸟，但大多数鹬类都在越冬地和繁殖

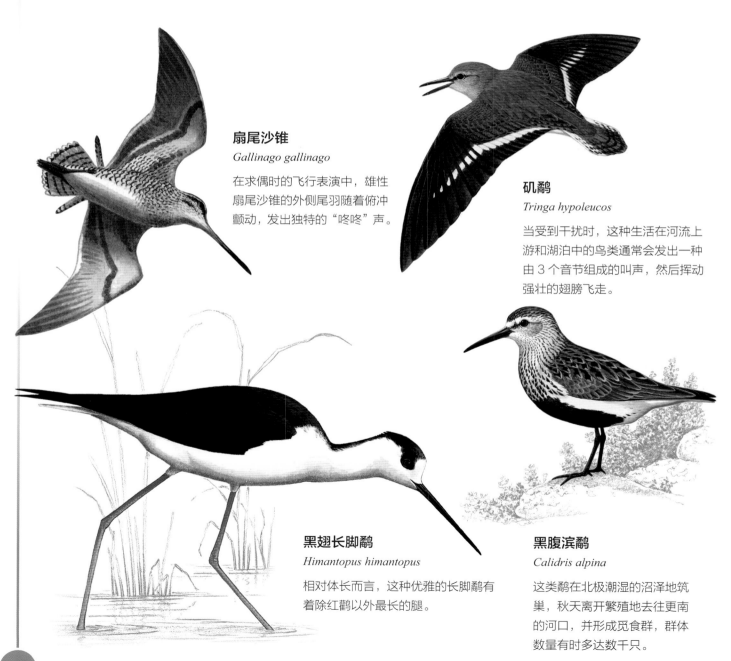

扇尾沙锥

Gallinago gallinago

在求偶时的飞行表演中，雄性扇尾沙锥的外侧尾羽随着俯冲颤动，发出独特的"咚咚"声。

矶鹬

Tringa hypoleucos

当受到干扰时，这种生活在河流上游和湖泊中的鸟类通常会发出一种由 3 个音节组成的叫声，然后挥动强壮的翅膀飞走。

黑翅长脚鹬

Himantopus himantopus

相对体长而言，这种优雅的长脚鹬有着除红鹳以外最长的腿。

黑腹滨鹬

Calidris alpina

这类鹬在北极潮湿的沼泽地筑巢，秋天离开繁殖地去往更南的河口，并形成觅食群，群体数量有时多达数千只。

地之间迁徙，其中有许多种类的迁徙距离都很长。一些白腰滨鹬在加拿大的北极岛屿上筑巢，然后迁徙 14 000 千米，去最南端的智利和阿根廷在北半球过冬。

反嘴鹬和长脚鹬

　　反嘴鹬的喙末端明显向上弯曲，借助这样的喙，它们在浅水或泥沙沉积的水域中左右横扫，以探寻甲壳类动物和其他小型猎物的踪迹。腿长、喙长的长脚鹬能够涉水并在相对较深的水中进食。

美洲反嘴鹬的繁殖地在美洲中西部的沼泽和浅水湖泊中，最北能达到加拿大南部，主要在海岸附近过冬。

反嘴鹬

Recurvirostra avosetta

在沿海浅滩的上层淤泥层中，这种聒噪的涉禽用它们上翘的喙过滤小型甲壳类动物和蠕虫为食。

勺嘴鹬

Eurynorhynchus pygmeus

这种极度濒危的西伯利亚物种有着涉禽中独一无二的匙状喙。在野外，这种鸟类的种群数量不到 750 只。

白腰杓鹬

Numenius arquata

这只大型滨海鸟类正在用长长的弯嘴在泥中寻找甲壳类动物和软体动物。

斑尾塍鹬

Limosa lapponica

斑尾塍鹬保持着鸟类中最长不间断迁徙飞行的世界纪录，它们从新西兰返回西伯利亚繁殖地的旅程可达 9 575 千米。

扇尾沙锥

扇尾沙锥是一种非常独特的海滨鸟类，喙长约为身体长度的 1/4。它们身上的花纹总让人联想到一种以深棕色、米色和红褐色为基调的多彩木料，其头部和肩部还有奶油色的条纹。扇尾沙锥的腹部浅黄，有水平的棕色条纹，在飞行中可以看到一条窄窄的白色翅带。雌雄个体在外表上没有差别。

扇尾沙锥主要在柔软潮湿的土壤中觅食，它们会把喙最大限度地插进泥沙以寻找蚯蚓和昆虫幼虫。喙尖敏感的细胞可以通过触觉探测到猎物，而且扇尾沙锥不需要把喙从地上拔出来就能直接吞下中等大小的食物。

扇尾沙锥只在冬天群居，成群结队地寻找充足的食物。受到惊吓时，它们会从地面上"暴起"，左右摇摆着歪歪扭扭地飞行，伴随着"嘎吱"的刺耳叫声。

在扇尾沙锥的求偶炫耀行为中，雄鸟尾羽展开，疾速下降，发出一种像打鼓一样的特殊"咚咚"声，因此这种求偶方式被称为"鼓舞"。

名称	扇尾沙锥

拉丁学名
Gallinago gallinago

英文名
Common Snipe

分类　鸻形目　鹬科

体型　体长：25 ～ 28 厘米
体重：74 ～ 181 克

主要特征　体型中等；喙又长又直；羽毛深棕色；头部和背部有条纹；两性外貌相似。

生活习性　歪歪扭扭的逃逸飞行；在求偶飞行中发出特有的"咚咚"声。

筑巢　在浓密的草或莎草上挖出浅浅的洞穴；每次产下 4 枚蛋；孵化期 18 ～ 20 天；雏鸟 19 ～ 20 天后羽翼丰满；每年繁殖 1 窝。

声音　受到威胁时发出嘶哑的"嘎嘎"声；雄性的"曲目"是单调重复的"吱吱"声。

食物　主要是昆虫、蠕虫和软体动物。

栖息地　主要是湿地。

扇尾沙锥最明显的特征是它们又长又直的喙。

白腰杓鹬

尽管看起来很笨拙，但实际上白腰杓鹬的喙是万能的取食工具。它们的喙可以浅浅地轻啄地面，也可以深入松软的土壤中。在探测猎物时，白腰杓鹬依靠的是集中在喙尖的高灵敏度传感器。静止的白腰杓鹬也可以在一瞬间扭过头，从空中抓住一只昆虫。

名称	白腰杓鹬

拉丁学名
Numenius arquata

英文名
Eurasian Curlew

分类　鸻形目　鹬科

体型　体长：51～61厘米
翼展：79～99厘米　体重：0.5～1千克

主要特征　体型大，喙长而向下弯曲。

白腰杓鹬是强壮的飞行家，能够在繁殖地和越冬地之间长途迁徙。

反嘴鹬

反嘴鹬最惊人的特征是它们细得不可思议还明显向上弯曲的黑色喙。正因为这一眼就能辨认出来的特征，同类型的许多鹬类都被称作反嘴鹬，它们主要以虾和水蚤等小甲壳类动物为食。

名称	反嘴鹬

拉丁学名
Recurvirostra avosetta

英文名
Pied Avocet

分类　鸻形目　鹬科

体型
体长：42～45厘米
体重：224～397克

反嘴鹬的长腿使它们能够在浅水中行走，通过左右扫动喙部来觅食。

鸥和燕鸥

世界上大部分鸥和燕鸥都属于海鸟或滨海鸟类，有着长而窄的翅膀，是熟练的飞行家。

归功于其杂食性，鸥的生存能力非常强。它们几乎吃能抓到的任何动物，从蠕虫和虾到其他鸟类和哺乳类动物，来者不拒。大黑背鸥有时甚至捕食鸭和海雀。鸥类的寿命据悉可达50年。

燕鸥比鸥拥有更苗条的身材和更狭窄的翅膀，但它们有着分叉的尾巴。与鸥不同的是，燕鸥不会滑翔，却依然能以特别轻盈和优雅的姿态飞得又远又快。有些种类的燕鸥会进行超长距离的迁徙。

燕鸥的腿甚至比鸥类还要短。它们有时会栖息在水上，但比起常在水中游动或水边行走的鸥类来说，燕鸥和水的关系要疏远得多。燕鸥的喙细长又尖锐，非常适合从水面上或水面下捕捉鱼类和其他猎物。

印加燕鸥分布在秘鲁和智利，在太平洋沿岸的岩石岛屿和悬崖上筑巢，在洪堡寒流中捕食小鱼。

乌燕鸥

Onychoprion fuscatus

这一物种在热带岛屿筑巢，几乎遍布世界上所有的热带海洋。除繁殖季以外，很少在陆地附近见到它们的身影。

巨嘴燕鸥

Phaetusa simplex

它们生活在南美洲的河流和淡水湖附近。

小玄燕鸥

Anous tenuirostris

这一物种在印度洋周围的岛屿和海岸线上繁殖。

蓝灰燕鸥

Procelsterna cerulea

它们在太平洋的许多岛屿上筑巢。

北极燕鸥

Sterna paradisaea

这些优雅的飞行家因为破纪录的长途迁徙而闻名，它们在南大洋的冬季栖息地和北极的繁殖地之间往返。

黑浮鸥

Chlidonias niger

它们是一种沼泽燕鸥，在淡水湿地繁殖。左图画的是一只年轻个体，换上婚羽的成年个体有黑色的头部和腹部。

三趾鸥

Rissa tridactyla

这种海鸥的幼羽很特别，翅膀上有一个黑色的"W"形花纹。成年个体的翅膀呈灰色。

红嘴巨鸥

Hydroprogne caspia

红嘴巨鸥是世界上最大的燕鸥，翼展至少有 130 厘米，在大多数大陆上都能繁殖。

有力的喙

大黑背鸥

Larus marinus

它们是世界上最大的鸥类。图中这只长着初冬羽毛的大黑背鸥正在吃一只海雀的尸体。

北极燕鸥

北极燕鸥比其他任何动物都能见到更多的阳光，因为它们每年都会在高纬度地区度过两个夏天。虽然繁殖地在北极和亚北极的北美和亚欧大陆，这种典型的迁徙物种却在远至南极冰盖北端的南方过夏天。在冰岛繁殖的北极燕鸥每年要飞行 71 000 千米。1982 年 7 月，一只在英国法尔恩群岛上被环志[1] 的年轻北极燕鸥仅用了 3 个月就出现在了 20 000 千米外的澳大利亚的墨尔本。

北极燕鸥有着又长又窄的翅膀和明显分叉的尾巴，这是许多种燕鸥的典型特征。北极燕鸥腹部呈白色，背部呈浅灰色，繁殖季节会长出黑色的"帽子"和血红色的喙。北极燕鸥在海洋或湖泊的水面上短暂盘旋，然后垂直潜入水中捕食小型甲壳类动物。

在求偶的过程中，雄性北极燕鸥会送给未来的伴侣一条小鱼。燕鸥是群居的筑巢者，它们的巢穴非常简陋，通常建在沙子、砾石或苔藓的凹陷处。雌性北极燕鸥会产 2 ~ 3 枚蛋，大约 3 周后孵化，再过 3 ~ 4 周后雏鸟开始飞行。

【注释】

1. 用镍铜合金或铝镁合金做成鸟环，戴在鸟的脚上，用以追踪鸟类的飞行。

名称　北极燕鸥

拉丁学名
Sterna paradisaea

英文名
Arctic Tern

分类　鸻形目　鸥科

体型　体长：33 ~ 36 厘米

主要特征　背上呈浅灰色，头顶有黑色的"小帽子"（繁殖期外前端是白色的）；脸颊、臀部和尾巴均为白色；叉尾很长；喙和非常短的腿平时呈血红色，秋天变成黑色。

生活习性　在海上通过先盘旋飞行再向下俯冲的方式捕食；在繁殖地集群繁殖。

筑巢　在浅浅的凹陷处筑巢；每次产下 2 ~ 3 枚蛋；孵化期 21 ~ 27 天；雏鸟 21 ~ 24 天后羽翼丰满；每年繁殖 1 窝。

声音　高频的刺耳叫声和清亮的尖叫声。

食物　主要是小型鱼类和甲壳类动物。

栖息地　主要在沿海和近岸岛屿繁殖，但有时也在内陆；会离岸进行远距离迁徙。

北极燕鸥从悬停的地方俯冲下来，在水面下捕食如毛鳞鱼和玉筋鱼一类的小鱼。

银鸥

这种大型海鸥需要 4 年的时间才能长出黑、白、灰三色相间的成年羽毛，主要在沿海地区或内陆水域附近生活和繁殖。银鸥是杂食性捕食者，食物包括无脊椎动物、鱼类、其他海鸟和鸟蛋。银鸥也会捡食动物尸体和垃圾。雏鸟会啄父母喙上的红点，刺激它们反刍食物喂给自己。

名称	银鸥

拉丁学名

Larus argentatus

英文名

Herring Gull

分类　鸻形目　鸥科

体型

体长：56 ~ 63.5 厘米　翼展：135 ~ 145 厘米

主要特征　背部和翅膀背面呈灰色，腹部呈白色；强壮的黄色鸟喙尖端有红点。

银鸥是矫健的飞行家，尖端为黑色的长翅膀，展开可达 135 ~ 145 厘米。

三趾鸥

与大多数海鸥不同，三趾鸥一生中大部分时间都在北太平洋和北大西洋广阔的海面上度过，能适应除了最猛烈的风暴外的其他任何自然条件，而且通常不受大风和巨浪的影响。在海上度过一整个冬天后，三趾鸥会回到熙熙攘攘的悬崖上繁殖。蹼足使之擅长游泳，借助锋利的爪子，三趾鸥能抓住狭窄潮湿的岩架。

名称	三趾鸥

拉丁学名

Rissa tridactyla

英文名

Black-legged Kittiwake

分类　鸻形目　鸥科

体型　体长：38 ~ 41 厘米

主要特征　长着圆圆的头，翅膀尖端有三角形黑色图案；鸟喙呈黄色。

三趾鸥每年繁殖 1 窝，1 窝产 1 ~ 3 枚蛋，雏鸟经过 24 ~ 32 天孵化，33 ~ 54 天羽翼丰满。

海雀和贼鸥

海雀是北半球最常见的海鸟之一，贼鸥则是海鸟界著名的"海盗头子"。无论是成年海雀还是它们的雏鸟，都经常受到贼鸥的攻击。

像企鹅一样，海雀在繁殖地聚集时通常都站得笔直。大多数海雀都会潜到 180 米深的地方捕捉猎物。海雀也像企鹅一样，会利用短翅膀在水下穿梭。然而海雀的翅膀并没有像企鹅那样变成专门的鳍状肢，海雀仍然可以在空中飞行——通常在贴近海面的低空中快速扇动翅膀，呼呼作响地飞行。

繁殖期外的贼鸥是严格意义上的海鸟。它们的名字来自德语中的"猎人"一词，生动地表述了这种鸟类的捕食和掠夺习性，这一习性几乎适用于所有贼鸥家族的成员。贼鸥有尖尖的翅膀和发达的胸肌，能像猎鹰一样迅速、灵活地飞行，还长着强有力的钩状喙。

白腹海鹦

Aethia psittacula

它们在北太平洋沿海岛屿的悬崖、斜坡和巨石滩的石缝中繁殖，经常在其他种类的海雀附近筑巢。

北极海鹦

Fratercula arctica

一般情况下它们会直接在水下把食物吞掉，但在要给幼鸟喂食的情况下会含着多达 30 条玉筋鱼回到巢穴。

白翅斑海鸽

Cepphus grylle

与其他许多成群结队的海雀不同，白翅斑海鸽更多的是一只或两只地出现。

与其他许多在岩架上筑巢的海雀不同，北极海鹦在悬崖顶上的洞穴里孵蛋和喂养成长中的雏鸟。

侏海雀

Alle alle

它们是北冰洋斯瓦尔巴特群岛中数量最多的鸟类，在那里分布了 200 多个种群。

冠海雀

Synthliboramphus wumizusume

这只冠海雀刚从巢穴里钻出来；它们在日本附近的岩石岛屿和岬角上繁殖。

刀嘴海雀

Alca torda

这种北大西洋海雀有独特的鸟喙，呈粗厚钝圆状。

短尾贼鸥

Stercorarius parasiticus

它们表现出像其他贼鸥一样的掠夺行为，抢劫海鸥和燕鸥的猎物。

中央尾羽扭曲

中贼鸥

Stercorarius pomarinus

它们在阿拉斯加北部、加拿大和俄罗斯的苔原上繁殖；冬天迁徙到热带海洋水域。

北贼鸥

Catharacta skua

除了像海盗一样劫掠，这种贼鸥还会直接攻击并杀死其他海鸟，包括海雀甚至是大型海鸥。

鹦鹉、吸蜜鹦鹉和凤头鹦鹉

　　鹦鹉和它们的近亲组成了多姿多彩的大家庭，包含大约 400 种以种子和水果为食的鸟类，主要生活在热带和亚热带地区。

　　鹦形目动物包括真鹦鹉（指鹦鹉科的鹦鹉种类）、长尾鹦鹉、金刚鹦鹉、吸蜜鹦鹉、凤头鹦鹉和玫瑰鹦鹉。鹦鹉弯弯的喙造型独特，可以用来吃种子和坚果。上喙基部有一层叫作蜡膜的肉垫。鹦鹉的脚短而强壮，而且两趾前伸、两趾向后的对趾型结构大大提高了抓握的能力。许多鹦鹉的颜色非常鲜艳。

忠贞的配偶

　　鹦鹉在繁殖时似乎会遵循一些确立好的基本规则。大多数鹦鹉都在洞中筑巢：通常是树洞，但有时也会在河岸上，甚至还有一些鹦鹉选址在白蚁蚁丘上。鹦鹉筑巢时会形成松散的群体，结对的鹦鹉通常对彼此都忠贞不渝。

琉璃金刚鹦鹉是大体型的鹦鹉。这种颜色鲜艳、尾巴极长、爱吃水果的动物生活在南美洲的森林里。

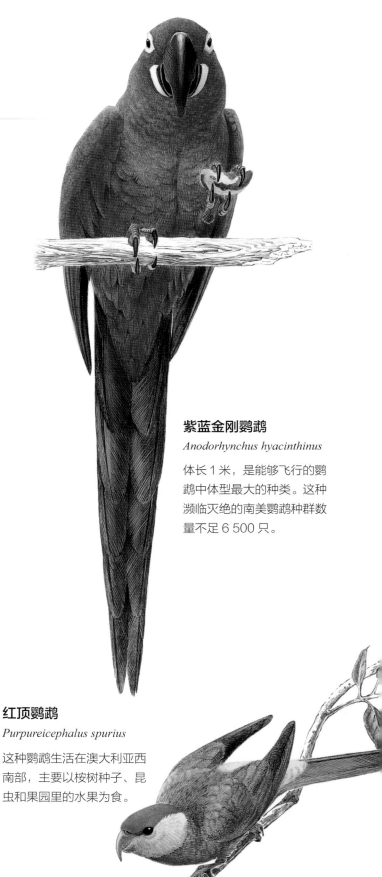

紫蓝金刚鹦鹉

Anodorhynchus hyacinthinus

体长 1 米，是能够飞行的鹦鹉中体型最大的种类。这种濒临灭绝的南美鹦鹉种群数量不足 6 500 只。

红顶鹦鹉

Purpureicephalus spurius

这种鹦鹉生活在澳大利亚西南部，主要以桉树种子、昆虫和果园里的水果为食。

彩虹吸蜜鹦鹉

Trichoglossus haematodus

在它们的家乡澳大利亚，经常可以看到叽叽喳喳的一大群椰果彩虹鹦鹉在公共栖息地上快速地飞来飞去。

红肋绿鹦鹉（雌）（上图）

Eclectus roratus

雄性红肋绿鹦鹉呈明亮的翠绿色，但雌性红肋绿鹦鹉却是明亮的红色和蓝紫色。

啄羊鹦鹉

Nestor notabilis

它们生活在新西兰南岛的山区，食物包括腐肉等。

夜鹦鹉

Pezoporus occidentalis

夜行性生活方式和极稀有的数量为这一澳大利亚物种蒙上了神秘的面纱。

深红玫瑰鹦鹉

Platycercus elegans

这一漂亮的物种原产于澳大利亚东部，雄性鹦鹉比雌性鹦鹉个头大一点儿。

3 种凤头鹦鹉

1. 黑凤头鹦鹉（*Zanda funerea*）。

2. 粉红凤头鹦鹉（*Eolophus roseicapilla*）。

3. 棕榈凤头鹦鹉（*Probosciger aterrimus*）。

金刚鹦鹉

金刚鹦鹉可能是金刚鹦鹉中颜色最华丽的一种。它们的身体，包括头冠、背部、胸部、腹部、尾巴和肩膀，都覆盖着鲜艳的深红色羽毛与亮蓝色的飞羽，在腰部形成明显的边界。这种鹦鹉的"肩膀"呈淡黄色，翅膀尖端呈绿色或蓝色，脸上有一块裸露的白色皮肤，在兴奋时会变成粉红色，它们巨大的喙呈淡黄色和黑色。

金刚鹦鹉生活在热带森林，尤其是中美洲和南美洲的低地森林，它们也出现在流经稀树草原的河谷森林地带。

金刚鹦鹉是素食者，食物种类繁多，尤其偏爱水果、坚果和种子，但也食用花、叶、果肉、花蜜，甚至树皮。巨大的喙使金刚鹦鹉能够粉碎包括巴西胡桃在内的坚硬坚果；在吃小浆果和鲜花时，它们的喙也可以变得灵巧。金刚鹦鹉似乎更喜欢风媒植物和水媒植物[1]的种子，包括红木的有翼种子，但它们并不挑食。

【注释】

1. 风媒植物是依靠风力为媒介传粉的植物，比如小麦；水媒植物是指借水力来传粉的植物，比如苦草。

名称　金刚鹦鹉

拉丁学名
Ara macao

英文名
Scarlet Macaw

分类　鹦形目　鹦鹉科

体型
体长：84 ~ 89 厘米
翼展：140 厘米
体重：0.9 ~ 1.5 千克

主要特征　体型大，喙大，翅膀、尾巴都很长；身体主要部分呈深红色，有蓝色和黄色相间的翅膀。

筑巢　不筑巢，直接利用距离地面很远的大型树洞；每次产下 1 ~ 4 枚蛋；孵化期 24 ~ 28 天；雏鸟 14 周后羽翼丰满；每年繁殖 1 窝。

栖息地　通常是河流附近的低地森林和热带草原。

分布　原产于中美洲，遍布从洪都拉斯东部和尼加拉瓜到哥伦比亚的地区，在亚马孙低地更为普遍。

生活习性　缓慢而谨慎地在森林高层飞行；通常聚集成小团体。

声音　非常响亮的"哇哇"叫声。

结对的金刚鹦鹉终身为伴，通过互相梳理羽毛和舔舐脸颊来强化配偶间的亲密关系。

虎皮鹦鹉

作为广受欢迎的宠物，虎皮鹦鹉是世界上最著名的鸟类之一，主要以草籽为食。虎皮鹦鹉是一种比麻雀大不了多少的小鹦鹉，长着又长又尖的尾巴，飞行时可以像扇子一样展开。它们的翅膀又长又尖，为它们在密集的群体中飞行提供了必要的机动性。

名称	虎皮鹦鹉

拉丁学名
Melopsittacus undulatus

英文名
Budgerigar

分类 鹦形目 鹦鹉科

体型 体长：18 厘米
翼展：25 厘米 体重：28 克

在宠物贸易市场上，人们培育出了许多不同颜色的虎皮鹦鹉品种，但在野外条件下，大多数个体都是绿色的身体和黄色的头部。

啄羊鹦鹉

啄羊鹦鹉是一种非常独特的濒危鹦鹉，原产于新西兰，有着易于辨认的典型鹦鹉喙，但上喙比普通鹦鹉要长得多，这是为了在其他食物短缺的时候挖掘根系而逐渐进化而来的。啄羊鹦鹉合上翅膀时，羽毛看起来很暗淡；但当它们想要向其他个体发出信号时，就会举起翅膀，露出下面令人意想不到的亮橙色斑点。

名称	啄羊鹦鹉

拉丁学名
Nestor notabilis

英文名
Kea

分类 鹦形目 鹦鹉科

体型 体长：48 厘米 翼展：100 厘米
体重：0.8 ~ 1.0 千克，雄性比雌性更大更重。

啄羊鹦鹉的食物种类繁多，包括根、叶、浆果，甚至还有腐肉，这在鹦鹉中非常另类。

猫头鹰

得益于大大的眼睛和圆圆的头，猫头鹰看起来比大多数猛禽更加和蔼可亲，但实际上它们却是致命杀手。

猫头鹰生活在陆地上各种各样的栖息地中，体型从可以抓走小鹿的巨大雕鸮到以昆虫为食的小型猫头鹰不等。大多数猫头鹰都在夜间活动，也有一些在白天捕食。

对于典型的猫头鹰来说，最引人注目的特征就是它们的大眼睛，能在捕猎时最大限度地收集光线。虽然夜行性猫头鹰靠视觉导航，但捕食却主要靠声音。猫头鹰的耳朵隐藏在眼睛周围独特的簇羽后面（猫头鹰可见的"耳朵"只是一簇羽毛）。它们的耳朵可以察觉到灌木丛中老鼠和其他猎物发出的"沙沙"声和高频的"吱吱"声。

猫头鹰的头很宽，这就意味着它们的耳朵间距会很大，从而能够非常有效地定位声音的位置。

长耳鸮独特的"耳羽"对它们的听觉没有任何帮助，真正有用的耳朵隐藏在头部两侧的羽毛中。

点斑林鸮

Strix seloputo

它们原产于东南亚，是没有"耳羽"的林鸮属动物。

吠鹰鸮

Ninox connivens

这一物种的叫声听起来像狗的吠叫；雌雄有时会表演"二重唱"。

横斑鱼鸮

Scotopelia peli

这种鱼鸮生长在撒哈拉以南的非洲，能从湖泊与河流表面捕食重达 2 千克的鱼。

鬼鸮

Aegolius funereus

它们的典型栖息地是横跨北美北部和亚欧大陆的茂密针叶林，有些也生活在阿尔卑斯山脉和落基山脉等山区。

白脸角鸮

Ptilopsis leucotis

当遇到较大的动物时，它们会缩起羽毛、拉长身体、眯起眼睛来伪装自己。

娇鸺鹠

Micrathene whitneyi

一种很小的猫头鹰，体重仅有40克，分布在墨西哥和美国西南部，以飞蛾和其他昆虫为食。

栗鸮

Phodilus badius

这种东南亚森林物种面盘上长着角，还有黑色的垂直纹路。

马来雕鸮

Bubo sumatranus

一种东南亚森林物种，长有很长的耳羽。

捕猎的仓鸮会用又长又尖的爪子抓住猎物，然后带到安全的地方杀死吃掉。

仓鸮

仓鸮有着不同寻常的形态结构特征，说明它们与其他大多数猫头鹰有着不同的祖先。这些特征包括心形的面盘和奇怪的锯齿状中爪，所以动物学家将它们归为与"典型猫头鹰"不同的一科。

仓鸮较小的眼睛揭示了它们自身的属性。和其他大多数猫头鹰一样，仓鸮在光线很差的夜间捕食。尽管它们的眼睛已经灵敏到能在开阔的草地上导航，但在捕食小型哺乳动物、两栖动物和爬行动物时主要还是依靠听觉。仓鸮的耳朵非常敏感，与大脑中特定的神经细胞矩阵相连。每一个细胞都能对从环境中接收的一小部分声音信号做出反应，然后映射到细胞矩阵上，形成声音的"图像"，就像光线在眼睛里的视网膜上形成视觉图像一样。仓鸮一只耳朵的位置比另一只高，因此它们可以在水平和垂直两个方向上定位声音。

名称	仓鸮

拉丁学名
Tyto alba

英文名
Barn Owl

分类　鸮形目　草鸮科

体型　体长：30.5 ～ 43 厘米
翼展：84 ～ 95 厘米　体重：198 ～ 709 克

主要特征　心形面盘；背部是带着深色斑点的典型金黄色和灰色羽毛，腹部是带着深色斑点的白色或淡黄色羽毛。

生活习性　通常在夜间独自捕猎，以缓慢悬浮的飞行姿态巡视开阔的地面。

筑巢　通常每次产下 4 ～ 7 枚蛋；孵化期 29 ～ 34 天；雏鸟 55 ～ 65 天羽翼丰满；每年繁殖 1 ～ 2 窝，极少情况繁殖 3 窝。

声音　尖锐怪异的尖叫声；在巢穴里也有呼噜声、喘息声、"嘶嘶"声和犬吠声。

食物　小型哺乳动物，如老鼠和田鼠；还有小鸟、爬行动物、青蛙、鱼和昆虫。

栖息地　农田、草地或沼泽；在中空的树、岩石裂缝或毁坏的建筑物中筑巢。

美洲雕鸮

雕鸮属的 18 种猛禽是猫头鹰中体型最大和最可怕的一类。在澳大利亚以外的所有大陆上都能找到它们的身影。它们经常捕杀自己一口都吞不下的大型猎物。雕鸮属成员的美洲代表是美洲雕鸮，它们在北美洲、中美洲和南美洲的大面积栖息地上繁衍生息。

美洲雕鸮可以利用所有类型的栖息地，因为它们能够捕食各种各样的猎物。美洲雕鸮喜欢吃棉尾兔和北美野兔，但也会攻击天鹅大小的鸟类。一只美洲雕鸮需要进食大量食物，它们把其他猫头鹰赶出自己的领地，甚至攻击日间飞行的鹰和隼，以确保自己获得足够的食物资源。美洲雕鸮经常捕食其他种类的猫头鹰，这就一次性高效地解决了食物和领地两个问题。

通常情况下，每对雕鸮多年来会占据同一块领地，但不一定会在同一个地方筑巢。它们常常会夺走日行性猛禽，如红尾鵟在高树上搭建的巢穴，但之后它们会允许红尾鵟在下一个繁殖季拿回属于自己的"财产"。

名称	美洲雕鸮

拉丁学名
Bubo virginianus

英文名
Great Horned Owl

分类　鸮形目　鸱鸮科

体型　体长：43 ~ 61 厘米
翼展：135 ~ 142 厘米　体重：0.7 ~ 2.5 千克

主要特征　大型强壮的猫头鹰，耳朵上有大簇耳羽；眼睛呈黄色，背部有灰棕色斑点，腹部有深色条纹；面盘和胸部呈苍白或橙黄色。

生活习性　在黄昏和夜晚活动，通常从栖木上飞扑猎物。

筑巢　经常利用乌鸦和鹰的旧巢，或者树洞；每次产下 2 ~ 3 枚蛋，极少情况下能产 6 枚；孵化期 28 ~ 35 天；雏鸟 50 ~ 60 天羽翼丰满；通常每年繁殖 1 窝。

声音　雄性发出一连串"轰隆隆"的叫声；有时还会发出尖叫、咆哮和吠叫声。

食物　主要是小型哺乳动物和鸟类，还有腐肉。

栖息地　任何有树木的地方，从广阔的森林到树木茂盛的农田和郊区公园不等。

美洲雕鸮的雏鸟待在巢中由父母照顾，直到约 50 天大的时候能够飞行时为止。

燕子和雨燕

所有的燕子和雨燕都在飞行中捕食昆虫，但它们并不是近亲。雨燕是夜鹰和猫头鹰的亲戚，而燕子则是雀形目中的一员。

世界上大约 90 种燕子和岩燕（燕科）都以飞虫为食。热带地区的燕子种类最多，但每年春天会有一些物种为了繁殖而向北迁徙，它们会飞行长达 12 875 千米的距离，能充分享用高纬度地区出现的飞虫。秋天时，这些燕子再度返回南方。

雨燕（雨燕科）比没有亲缘关系的燕子更适应于空中生活。典型的雨燕腿非常短，但长着强有力的爪子，可以牢牢地抓住巢穴或夜间栖息的地方。这些最适应于空中生活的鸟类甚至不用落地栖息，而是在飞行中睡觉。普通雨燕每年至少有 10 个月在空中飞行，只有在产卵和哺育幼鸟时才会降落在陆地上。

长长的叉状燕尾

蓝燕

Hirundo atrocaerulea

一种迁徙的鸟，在乌干达繁殖，在赞比亚、津巴布韦和南非过冬。

双色树燕

Tachycineta bicolor

它们在繁殖季节之外高度群居。2009 年 12 月，美国路易斯安那州的一个种群估计有超过 100 万只个体。

家燕每年春天从热带迁徙到温带的北方繁殖，在夏季，那里有大量的飞虫。

长长的镰刀形翅膀

崖沙燕

Riparia riparia

这种广泛分布的岩燕在沙堤和悬崖的洞穴中筑巢。

普通雨燕

Apus apus

普通雨燕大部分时间都是在飞行中度过的，包括交配（右图）和睡觉时。

印度金丝燕

Aerodramus unicolor

金丝燕属包含至少 29 种被称为金丝燕的小型雨燕。

非洲棕雨燕

Cypsiurus parvus

这一物种广泛分布在撒哈拉以南的非洲。

高山雨燕

Tachymarptis melba

它们从葡萄牙到尼泊尔和南非成群繁殖，但冬季会迁徙到热带非洲。

凤头树燕

Hemiprocne coronata

比起真正的雨燕科动物，凤头树燕会在树上栖息更长时间，它们属于独立的一科——凤头雨燕科。

蜂鸟

蜂鸟是所有鸟类中最独特的类群，它们以非凡的悬停能力、耀眼的色彩、勇敢的行为和普遍娇小的体型而举世闻名。

蜂鸟只出现在美洲，专门以花蜜为食，它们能很快地吸收含糖的花蜜，以摄入大量所需的能量。为了喝花蜜，典型的蜂鸟会盘旋在花朵上，将喙探入花中，用舌头舔食花蜜。蜂鸟必须尽可能在空中保持身体不动，这就意味着它们每秒钟必须扇动翅膀 70 次。快速悬停需要消耗大量的能量，因此蜂鸟的新陈代谢非常快。即使在休息的时候，蜂鸟的心脏也会以每分钟 500 次左右的速度跳动。

巨蜂鸟和雨燕差不多大小，但古巴的吸蜜蜂鸟只有 5 ~ 6 厘米长，1.7 克重。

红隐蜂鸟
Phaethornis ruber

和大多数隐蜂鸟一样，这个物种以赫蕉属植物的花蜜为食。红隐蜂鸟生活在亚马孙盆地潮湿的森林里。

栗腹蜂鸟
Amazilia castaneiventris

这一濒危物种生活在哥伦比亚干旱的山谷中。右图中是一只雄性栗腹蜂鸟。

白顶蜂鸟
Microchera albocoronata

它们生活在巴拿马、哥斯达黎加、尼加拉瓜和洪都拉斯的潮湿低地森林。

一只雌性红喉北蜂鸟在花间悬停，用细长的喙取食花蜜，它的喉部没有雄性红喉北蜂鸟那样斑斓的色彩。

红尾彗星蜂鸟
Sappho sparganura

它们生活在玻利维亚和阿根廷的山地灌丛、森林和草原上。

红喉北蜂鸟
Archilochus colubris

一种长途迁徙的候鸟，在美国和加拿大繁殖，在从墨西哥南部到巴拿马的区域内过冬。

金喉红顶蜂鸟
Chrysolampis mosquitus

这种蜂鸟生活在南美洲北部开阔的耕地上。

鳞喉隐蜂鸟
Phaethornis eurynome

它们生活在巴西、巴拉圭和阿根廷大西洋森林。

独特的鸟喙帮助它们触及赫蕉属植物的花蜜

尾长可达 22 厘米

剑嘴蜂鸟
Ensifera ensifera

这个物种生活在玻利维亚、秘鲁、厄瓜多尔和委内瑞拉境内的安第斯山脉山地森林。

白尾尖镰嘴蜂鸟
Eutoxeres aquila

它们生活在秘鲁、厄瓜多尔、哥伦比亚、巴拿马和哥斯达黎加潮湿的低地或山地森林中。

髯蜂鸟
Oxypogon guerinii

这一物种最喜爱的栖息地是哥伦比亚和委内瑞拉林线以上的山地灌丛。

翘嘴蜂鸟
Avocettula recurvirostris

这种蜂鸟生活在亚马孙盆地潮湿的低地森林中。

剑嘴蜂鸟

剑嘴蜂鸟早在 1843 年就已被发现，但它们的生活方式仍有很多未解之谜。这种蜂鸟最明显的特征是它们的长喙，使其能够吃到花冠很长的花朵中的花蜜。事实上，在蜜蜂和蝴蝶都无可奈何的情况下，剑嘴蜂鸟为曼陀罗和西番莲的传粉起了重要作用。除了花蜜以外，剑嘴蜂鸟以昆虫和蜘蛛作为补充食物，在繁殖季节，雌性剑嘴蜂鸟会用反刍的无脊椎动物哺育雏鸟。

雄性剑嘴蜂鸟通常会赶走其他雄鸟以保卫觅食区，在繁殖季节，剑嘴蜂鸟会通过空中表演来吸引雌鸟。雌鸟用植物纤维、苔藓和蜘蛛网建造微小的杯状巢穴，1 次产下 2 枚白色的蛋，并在没有雄鸟帮助的情况下独自完成孵化。

这种主要呈绿色的蜂鸟居住在安第斯山云雾缭绕的森林里，随着山脉分布于从委内瑞拉最西端到哥伦比亚、厄瓜多尔、秘鲁，再到玻利维亚西北部的区域内。剑嘴蜂鸟最常出现的位置位于海拔 2 500 ~ 3 000 米之间，那里的森林潮湿浓密，经常笼罩在云雾之中。

名称	剑嘴蜂鸟

拉丁学名
Ensifera ensifera

英文名
Sword-billed Hummingbird

分类　蜂鸟目　蜂鸟科

体型　体长：18 ~ 23 厘米，
其中喙长 9 ~ 10 厘米
翼展：15 厘米　体重：11 ~ 14 克

主要特征　体型小，喙与身体一样长，头部始终向上倾斜以保持身体平衡；尾巴非常长，有浅浅的分叉；羽毛呈光泽艳丽的绿色；雌性胸脯呈白色，上面有绿色条纹。

生活习性　通常在森林的中层单独觅食；经常可见栖息的状态。

筑巢　在纤细、水平的树枝上搭建杯状的巢穴；每次产下 2 枚蛋；雏鸟 7 ~ 10 天羽翼丰满。

声音　哨声和喉部发出的低沉的"嗒嗒"声。

食物　花蜜和昆虫。

栖息地　海拔 1 700 ~ 3 500 米处的湿润和半湿润山地森林。

这种蜂鸟令人惊叹的喙能让它吃到其他蜂鸟够不着的花蜜。

红喉北蜂鸟

红喉北蜂鸟是一种小型蜂鸟。雄鸟有着鲜红的喉部，这是它们求偶炫耀时的优势。尾巴短而分叉，每根尾羽都有一个尖尖的末端。喙又长又直，像针一样细，用来从狭窄的花朵中吸食花蜜。

红色和橙色的花是红喉北蜂鸟最喜欢的食物，其中包括红色的耧斗菜、喇凌霄花、香蜂草和橙色的凤仙花。这种蜂鸟也会造访七叶树家族的成员，尤其是矮鹿瞳[1]。红喉北蜂鸟也以昆虫为食，能于短时间在空中捕捉到要吃的大部分昆虫，也会从花朵中找到一小部分。

红喉北蜂鸟的鸟巢大小相当于一个大顶针，雌鸟可以在里面产3枚蛋。与大多数蜂鸟不同的是，红喉北蜂鸟是一种中长距离迁徙的鸟类，繁殖地远在加拿大南部，却在从佛罗里达南部到哥斯达黎加的范围内过冬，大多数个体在春季和秋季跨越墨西哥湾进行迁徙。

【注释】

1. 七叶树属的植物在北美被称为鹿瞳，因为其果实是棕黄色的，类似鹿眼睛的颜色。

名称　红喉北蜂鸟

拉丁学名
Archilochus colubris

英文名
Ruby-throated Hummingbird

分类　蜂鸟目　蜂鸟科

体型
体长：9.5 厘米
翼展：11.5 厘米　体重：2.8 克

主要特征　体型非常小；尾巴短而分叉；喙长，细针状；羽毛主要呈斑斓的绿色，腹部呈白色；雄性喉部鲜红。

生活习性　活跃好斗，常常能看到它们在花旁徘徊。

筑巢　用蓟条和蜘蛛丝绑成的杯状巢，通常搭建在落叶树的细枝上；每次产下 1 ~ 3 枚蛋；孵化期 12 ~ 14 天；雏鸟 18 ~ 22 天羽翼丰满。

声音　雄性的歌声是高频的"咯咯"声。

食物　花蜜和昆虫。

栖息地　落叶林、混合林和花园。

明亮而斑斓的红色喉咙表明这是一只雄性红喉北蜂鸟。

翠鸟和鹗

翠鸟生活在除南极洲以外的各大洲上，在非洲和亚洲的热带地区集中分布，而在新大陆上的物种则相对较少。有些翠鸟确实是专一的食鱼者，但大多数种类并非如此。

总共 114 种翠鸟拥有许多相同的特征。它们有大大的头，大多数都有一个匕首状的大喙，通常腿短、脚小，还有一些种类的尾巴特别长。

大多数翠鸟都用同样的方法来寻找并捕捉猎物。它们一动不动地栖息在森林里的树枝上或盘旋在水面上等待猎物出现，然后出其不意地落到它们头上。翠鸟中较小的热带森林物种会突袭无脊椎动物，而澳大利亚和新几内亚的大型笑翠鸟可以轻易抓走蛇。

有些翠鸟在树洞里筑巢，这些树洞通常是由其他鸟类挖出来的；还有一些翠鸟在河岸沙地上的洞穴里筑巢。

鹗

鹗是一种专门捕食鱼类的大型猛禽。虽然其他一些猛禽也能捕鱼，但鹗依靠一系列独特的适应性特征，成为非常成功的捕手。凭借着油性、防水的羽毛，鹗可以潜入咸水或淡水中捕捉猎物，然后浮出水面轻松飞走。

鹗

Pandion haliaetus

这种捕鱼的猛禽第三趾可以旋转，以便更好地抓住滑溜溜的鱼。

这种捕食鱼类的鸟有着匕首一般的喙

普通翠鸟会一头扎进河流和湖泊里抓小鱼。水必须足够清澈才能让它们瞄准猎物。

斑鱼狗

Ceryle rudis

一种能够在猎物上方盘旋，然后从高达 12.2 米的空中俯冲入水的鸟类。

黑色的"面罩"

蓬松的羽冠

蓝胸翡翠

Halcyon malimbica

这种大型林地翠鸟是杂食性的，食物包括青蛙、大型昆虫和油棕榈树的果实。

亚马孙绿鱼狗

Chloroceryle amazona

亚马孙绿鱼狗是大体型的种类。右图是一只雄性，雌性胸部没有大片的栗色羽毛。

白腹鱼狗

Megaceryle alcyon

这种在水中捕食的翠鸟主要以鱼类为食，不过它们也吃两栖动物、小型哺乳动物和爬行动物。

翠鸟的喙

翠鸟多种多样的喙适应了不同种类的食物。铲嘴翠鸟的圆锥形喙是从地面捉取蚯蚓的理想工具。笑翠鸟可以用它们强壮的喙捕捉蜥蜴。小蓝翠鸟长而细的喙是擅长捕捞鱼类的鸟的典型特征。

圆锥形的短喙

像匕首一样的喙

非常厚重结实的喙

1.

2.

3.

1. **铲嘴翠鸟**（*Clytoceyx rex*）。

2. **笑翠鸟**（*Dacelo novaeguineae*）。

3. **小蓝翠鸟**（*Alcedo coerulescens*）。

鹗

以鱼为食的鹗具有极为独特的形态特征组合，因此被归为单独的一科，即鹗科。鹗几乎遍布世界各地，从热带沼泽和沿海潟湖到北方森林的寒冷河流湖泊，鹗可以生活在几乎任何一片能稳定提供中型鱼类资源的栖息环境中。它们生命力顽强，只要有水域可以捕猎、有合适的位置可以繁殖，就有它们的身影出现。

无论在繁殖地、越冬地，还是在两地之间迁徙的途中，鹗通常都会以同样的方式捕猎。它们在距离水面 9 ~ 30 米的高处巡飞，时不时头垂向下，双腿腾空悬停下来，寻找水面下鱼的踪影。当发现潜在的猎物时，鹗会先降下飞行高度来看得更清楚一些，然后半合拢翅膀，一头扎进水中。在入水之前，鹗的脚往前伸，利爪张开以抓住鱼类。它们整个身体可能在水花飞溅时消失不见，但很快又会带着猎物重新出现，猎物以头朝前的姿态被抓握在利爪中，以减小鹗飞行中风的阻力。

名称	鹗

拉丁学名
Pandion haliaetus

英文名
Osprey

分类　鹰形目　鹗科

体型
体长：56 ~ 58.5 厘米
翼展：145 ~ 170 厘米
体重：1.2 ~ 2 千克

主要特征　翅膀又长又窄；背部呈深棕色，腹部主要呈白色，胸部有深色斑点的条带；头部为白色，有深棕色过眼纹。

生活习性　在水上独自捕食。

筑巢　用大树枝在水边的大树上筑巢；繁殖季随地域而不同；每次产下 1 ~ 4 枚蛋；孵化期 36 ~ 42 天；雏鸟 50 ~ 55 天羽翼丰满；每年繁殖 1 窝。

声音　响亮的尖叫；"piu—piu—"的叫声。

食物　主要是从水中抓来的活鱼。

栖息地　海岸、河口、河流、湖泊和沼泽。

这只鹗正伸开双腿，准备冲入水中抓一条鱼。

白腹鱼狗

白腹鱼狗毛茸茸的大羽冠使它们看起来有点不修边幅，大大的脑袋长在粗壮的脖子上，身体很笨重，腿也很短。

白腹鱼狗可以在大部分水体中捕鱼，生活在红树林沼泽、湍流的山涧、宽阔而平缓的河流，以及海岸边的淡水或咸水附近。这些翠鸟主要在落基山脉海拔 2 500 米高的地方出没。

春天，雄鸟沿着河流或湖泊边缘建立自己的领地。在看到入侵者或听到危险的声音时，它们会竖起自己的羽冠，摇晃身体发出一种响亮的"咯咯"声作为警告。白腹鱼狗会将竞争对手赶跑，如果一只雄鸟已经和一只雌鸟结对，那么雌鸟也会加入驱赶入侵者的行动。

翠鸟需要在开阔的水域捕鱼，因此每到秋天，成千上万的在阿拉斯加、加拿大和美国北部繁殖的翠鸟便会迁徙到德克萨斯、佛罗里达、墨西哥、中美洲和加勒比海的岛屿，以躲避寒冷的冬天。

名称　白腹鱼狗

拉丁学名
Megaceryle alcyon

英文名
Belted Kingfisher

分类　佛法僧目　翠鸟科

体型
体长：28 ~ 33 厘米
翼展：51 ~ 68 厘米
体重：113 ~ 178 克

主要特征　身体粗壮，有大大的头和不规则的羽冠；巨大的，像匕首一样的喙；全身呈灰色，腹部呈白色；雌雄都有灰色的胸部羽毛，但雌性腹部有红色羽毛。

生活习性　站在树枝上观察；潜入水中捕猎。

筑巢　在岸边挖深邃的洞穴为巢；每次产下 6 ~ 7 枚蛋；孵化期 24 天；雏鸟 42 天羽翼丰满；每年繁殖 1 窝。

声音　雌雄都能发出响亮的"咯咯"声。

食物　主要是鱼，还有无脊椎动物和小型脊椎动物。

栖息地　常见于湖泊、池塘、河流、溪流和河口周围。

白腹鱼狗大部分时间都栖息在树枝上，观察从下面经过的猎物。

咬鹃、翠鴗和蜂虎

这些鸟类通常羽毛艳丽，大多数生活在热带和亚热带地区，主要以昆虫为食，但也有一些捕食小型两栖动物和爬行动物。

咬鹃（咬鹃科）是所有森林鸟类中最美丽的一种。它们会一动不动地在高处停留很长一段时间，然后飞下来捕捉昆虫或小蜥蜴。翠鴗（翠鴗科）也是色彩鲜艳的森林鸟类，它们中的大多数中央尾羽特别长，末端有两个独立的小羽片，称为"球拍"。

蜂虎（蜂虎科）是一类身材苗条的鸟，有着长而尖锐的三角形翅膀，喙微微下弯。强壮的脚使它们能够在柔软的沙质悬崖上挖洞筑巢。蜂虎是非常优雅的飞行家，它们借鉴了鴗类站在栖身处静待猎物的方法觅食，并结合了更加灵活的空中捕猎技巧来猛扑飞虫。

凤尾绿咬鹃

Pharomachrus mocinno

这种中美洲咬鹃的尾羽长达 60 厘米。

蓝顶翠鴗

Momotus momota

这种鸟经常把蝴蝶拍在树枝上折断翅膀，再把剩下的躯干部分吞吃下肚。

黄喉蜂虎栖息在树枝上，等待路过的飞虫。除非猎物来到足以被抓住的距离内，否则蜂虎就不得不飞起来追赶它们。

向下弯曲的鸟喙

蓝须夜蜂虎

Nyctyornis athertoni

森林空地为这种分布在南亚和东南亚的蜂虎提供了典型的栖息地。

黄喉蜂虎

Merops apiaster

这种长途迁徙的动物不仅在欧洲繁殖，在亚洲西南部和非洲南部也有繁殖，但所有黄喉蜂虎都在撒哈拉以南的非洲过冬。

杂色短尾鸡

Todus multicolor

世界上共有 5 种短尾鸡，都生活在加勒比海岛上，它们和翠鸟的亲缘关系相近，单独组成了属于自己的短尾鸡科。

紫须蜂虎

Meropogon forsteni

虽然在栖息地的选择上与夜蜂虎相似，紫须蜂虎却是印度尼西亚苏拉威西岛的特有物种。

中央尾羽长达 6 厘米

白领美洲咬鹃

Trogon collaris

中美洲大部分半干旱开阔森林里的一种留鸟。

小蜂虎

Merops pusillus

撒哈拉以南非洲的一种常见鸟类，出现在灌木丛零星分布的开阔土地上。这一物种在沙堤中挖洞筑巢。

鵎鵼和犀鸟

一提到热带森林的野生动物，新大陆的鵎鵼一定是大多数人脑海中浮现的重要代表。相比之下，犀鸟只存在于旧大陆，栖息于热带森林和热带草原。

鵎鵼非常容易辨认，它们有着亮丽醒目的羽毛和巨大的喙，喙的颜色也常常五彩缤纷。虽然巨大的喙看起来会使鵎鵼失去平衡，但它们实际上很轻，基本都是中空的。

一般来说，鵎鵼是群居的鸟类，一群鵎鵼经常一起从一棵树飞到另一棵树上。

犀鸟

大多数种类的犀鸟主要以水果为食，包括无花果、肉豆蔻和富含脂肪的野生鳄梨果实。它们把收获的果实藏在嗉囊里，然后在当天晚一些的空闲时间里找出来吃掉并消化。在吃掉果实的肉质部分后，犀鸟会将种子完整地反刍或排泄出来，

橘黄鵎鵼

Baillonius bailloni

笼鸟贸易和森林砍伐导致这种鸟类的种群数量下降。

黑嘴山鵎鵼

Andigena nigrirostris

这种鵎鵼生活在安第斯山脉北部海拔高达 3 200 米的森林里，通过"咔嗒"的鸟喙敲击声和"咯咯"的叫声相互交流。

鸟喙里含着浆果

鞭笞鵎鵼

Ramphastos toco

这种鵎鵼擅长采摘和剥食水果，也吃昆虫、青蛙、爬行动物和其他鸟类的蛋。

栗嘴鵎鵼

Ramphastos swainsonii

一支由十几只栗嘴鵎鵼组成的小队在中美洲和南美洲北部的森林里飞行穿梭寻找水果。

这些种子日后可以长成新的树木或灌木。

犀鸟喙的长度或者下弯的程度，体现了它们对食物的适应性细节。由于其上下喙的尖端恰好合在一起，所以能够像镊子一样灵巧地摘取而不压碎小浆果，也可以用来含住而不夹碎鸟蛋。这种精巧的喙同样也很有力量，犀鸟强壮的上喙可以直接碾碎小型哺乳动物的头骨或夹裂水果的硬壳。

无论雌雄，犀鸟的喙上都有一个橙红色的骨质盔突，可以用来放大鸟的叫声。

红弯嘴犀鸟

Lophoceros camurus

这种最小的犀鸟身长只有30厘米。

白头犀鸟（左图）

Rhabdotorrhinus leucocephalus

居住在菲律宾未被破坏的森林中的鸟类。

双角犀鸟（上图）

Buceros bicornis

这种来自南亚和东南亚的物种因为它们的盔突和尾羽而被人类捕杀。

棕颈犀鸟

Aceros nipalensis

这种栖息在森林里的犀鸟比其他犀鸟分布的地方更靠北，一直延伸到越南西北部。

盔犀鸟

Buceros vigil

它们生活在马来半岛、婆罗洲和苏门答腊岛的森林里，雄性有领域行为，有时会用它们的盔突相互撞击。

双角犀鸟

这种生活在南亚和东南亚的犀鸟长有宽大的翅膀，翼展可能超过 1.5 米。成年雄性个体可以长到火鸡那么大，和其他大型犀鸟一样，双角犀鸟有着令人印象深刻的喙，长达 33 厘米。其喙上是一个巨大的盔突，顶部凹陷，雄性的盔突略大一些，呈"U"形，外观更加精致。尽管看起来很大，但盔突并不构成障碍，因为它们的结构轻巧，除了狭窄的支柱外，内部都是空心的。

双角犀鸟大部分时间都待在高高的树冠上寻找果实，偶尔也吃昆虫和小动物，但并不构成它们的主要食物。虽然双角犀鸟体型庞大，但也能通过一系列看起来笨拙的跳跃动作在树枝间轻松移动。

犀鸟的繁殖行为非常特别。一旦选好了巢洞，雌性犀鸟就用粪便把自己封在洞里，在孵卵期间，依靠伴侣从密封物上的缝隙进行投喂。在雏鸟 5 周大左右之前，雌性犀鸟都会一直待在洞里。

名称　双角犀鸟

拉丁学名
Buceros bicornis

英文名
Great Hornbill

分类　佛法僧目　犀鸟科

体型　体长：94 ~ 104 厘米
翼展：145 ~ 163 厘米　体重：2.1 ~ 3.4 千克

主要特征　体型大，黄黑相间的巨喙向下弯曲，盔突巨大；主要是黑色，翅膀上有两条白色的条带；尾巴为白色，有黑色的宽阔条带；雌性的喙较小。

生活习性　通常成双成对或组成小群活动。

筑巢　利用自然的树洞筑巢；雌性将自己封在树洞里 4 个月，全靠雄性喂养；每次产下 2 枚蛋；孵化期 38 ~ 40 天；雏鸟 72 ~ 96 天羽翼丰满；每年繁殖 1 窝。

声音　嘶哑的吠叫、咆哮声和"咕噜"声；独特、回响、不断重复的"咚咚"声。

食物　主要以水果为食；也吃昆虫、小型爬行动物、鸟类和哺乳动物，特别是在喂养幼崽的时候。

栖息地　主要是在初级常绿和落叶雨林；会在森林斑块之间的开阔区域穿梭。

双角犀鸟在飞行时，巨大的半圆形翅膀会发出"呼呼"声。

厚嘴鵎鵼

厚嘴鵎鵼有一个巨大的、香蕉状的喙，下图中这只鵎鵼的喙是色彩最复杂的一种，由淡绿色、橙色、黄色、樱桃红色和淡蓝色组成。这种图案与喙的基部由一条窄窄的黑色竖线划开明显的界限。成年厚嘴鵎鵼的喙边缘有锋利的锯齿，能咬碎较大的食物，它们的喙是半透明的。

厚嘴鵎鵼的舌头也很特别，又长又窄，从上到下都是扁平的，舌头前部有很深的凹痕，越往舌尖凹陷越深，形成了刚毛状的结构。在锯齿状的喙咬碎较大的水果后，厚嘴鵎鵼用这个独特的器官来舀起果肉，它们也会用同样的方式来处理猎物。

厚嘴鵎鵼在自然的树洞或啄木鸟挖掘的树洞中筑巢，雌鸟1次会产下1～4枚白色有光泽的蛋。如果条件良好，1年内可以生育3窝。父母双方共同承担孵蛋的责任，并在雏鸟孵化后喂养它们。

名称　厚嘴鵎鵼

拉丁学名
Ramphastos sulfuratus

英文名
Keel-billed Toucan

分类　䴕形目　鵎鵼科

体型　体长：46～51厘米
翼展：53～58.5厘米　　体重：2.7～5.4千克

主要特征　体型很大，长着巨大的、五颜六色的喙；背部和腹部都为黑色；羽冠、后颈和上背部为棕色；颊、喉、胸为黄色，有红色条带。

生活习性　除筑巢外，全年聚集成小群体活动。

筑巢　利用自然的树洞筑巢；每次产下1～4枚白色的蛋；孵化期未知；雏鸟42～47天羽翼丰满；每年繁殖1～3窝。

声音　各种各样的"呱呱"声、"咕噜"声和刺耳的声音。

食物　大部分是水果；还有昆虫、蜘蛛、卵，一些蜥蜴、蛇和其他小型脊椎动物。

栖息地　主要是热带低地的成熟雨林；或者位于山坡较低处的亚热带森林。

鵎鵼的角质喙重量很轻，因为其内部结构是中空的。

啄木鸟和鹟䴕

闹闹嚷嚷、色彩斑斓的啄木鸟是所有林地鸟类中最具特色的种类。鹟䴕和蜂虎类似，不同的是鹟䴕只生活在新大陆。

鹟䴕以美丽的流线型外表闻名，在飞行中捕捉昆虫，将难以处理的蝴蝶带回栖息的树上，先折断其翅膀再吞食躯干。鹟䴕在路边的岩屑或河岸上挖洞筑巢。

啄木鸟善于开发利用自己的树上栖息地。它们长有长爪的脚趾排列有序，能够抓住并攀爬树干。啄木鸟啄食的习惯使其能够挖掘自己的巢穴，它们还会通过敲击声远距离交流。

啄木鸟主要以无脊椎动物为食，并以浆果和水果作为补充。它们的舌头适应了不同的取食方式。绿啄木鸟有长达 10 厘米的舌头，上面覆盖着黏黏的唾液，是探索蚂蚁巢穴的理想工具。

黑腹鹟䴕

Galbula dea

与其他大多数鹟䴕不同，这一物种更喜欢停栖在林冠高处等待昆虫飞过。

大鹟䴕

Jacamerops aureus

一种与众不同的鸟，有着绿色和橙色的羽毛和厚实的黑色鸟喙。尽管如此，在它们栖息不动时，依然很难被发现。

北扑翅䴕

Colaptes auratus

这种啄木鸟原产于北美东部，大部分时间都花在寻找食物上，尤其是寻找地面上的蚂蚁。

在大金背啄木鸟的南亚和东南亚老家，它们以树皮下的昆虫和蜘蛛为食。

北美黑啄木鸟
Dryocopus pileatus

它们是北美最大的啄木鸟。猫头鹰和树上筑巢的鸭类全靠这个物种啄出的树洞来筑自己的巢。

黄腹吸汁啄木鸟
Sphyrapicus varius

4 种吸汁啄木鸟都在树上打洞，以树里的汁液和被汁液吸引而来的昆虫为食。

红头啄木鸟
Melanerpes erythrocephalus

这一美丽的物种生活在北美洲。

大斑啄木鸟
Dendrocopos major

这一旧大陆物种无论雌雄都通过大声敲击树干进行交流。

蚁䴕
Jynx torquilla

这一物种从亚欧大陆北部迁徙到亚欧大陆南部和非洲。

6.

绿啄木鸟
Picus viridis

这一物种主要吃蚂蚁。蚂蚁在受到攻击时会释放出甲酸，甲酸正好能帮啄木鸟远离寄生虫。

绿背三趾啄木鸟
Dinopium rafflesii

它们生活在东南亚的森林中，包括红树林。

天堂鸟和琴鸟

下面的 3 科来自澳大利亚和新几内亚的成年雄鸟吸引配偶的方式非常精彩。

雄性天堂鸟（极乐鸟科）以美丽且复杂的羽毛和求偶时展示精致羽毛的动作而闻名，它们有着非常华贵的名字，如国王天堂鸟、线翎极乐鸟、王子天堂鸟、公主天堂鸟、华美天堂鸟和丽色风鸟。

雄性琴鸟（琴鸟科）有着长长的尾巴和特殊的附属物。华丽琴鸟最外侧的尾羽光滑，而且优美地卷起来，与希腊竖琴的形状相似，因此这一科的鸟类都被称作琴鸟。琴鸟以洪亮而多样的"歌声"闻名。

雄性园丁鸟（园丁鸟科）以搭建精美的"求偶亭"这一行为而闻名，它们用色彩斑斓的装饰品来吸引和打动雌性园丁鸟。

求偶炫耀时尾羽像扇子一样展开

蓝极乐鸟

Paradisaea rudolphi

求偶时雄鸟倒挂在树枝上，有节奏地膨胀和收缩胸部中央的黑色椭圆部分。

十二弦天堂鸟

Seleucidis melanoleucus

它们身上 12 根金属丝状的尾羽从黄色羽毛的两侧显露出来。

阿氏园丁鸟

Archboldia papuensis

这一新几内亚物种的雄性个体会收集萨克森风鸟的羽毛来装饰自己的求偶亭。

一只原产于新几内亚的雄性小极乐鸟，在求偶炫耀时展开长长的黄色和浅黄色的外侧尾羽。

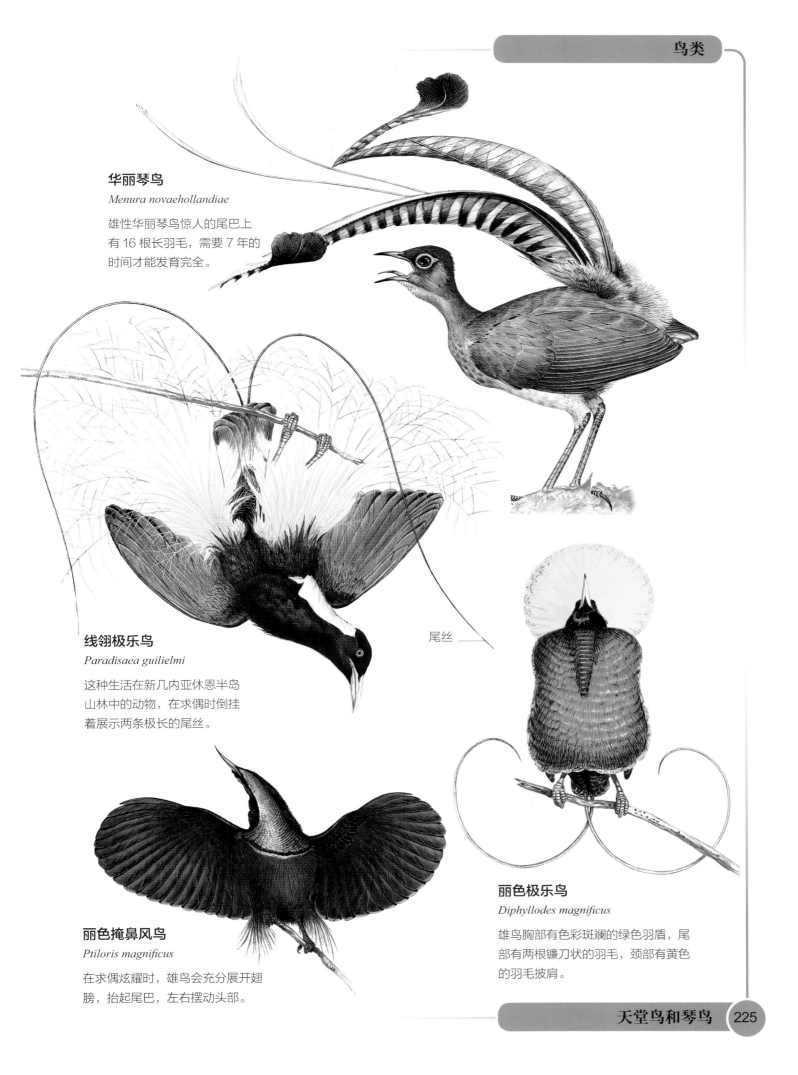

华丽琴鸟

Menura novaehollandiae

雄性华丽琴鸟惊人的尾巴上有 16 根长羽毛，需要 7 年的时间才能发育完全。

线翎极乐鸟

Paradisaea guilielmi

这种生活在新几内亚休恩半岛山林中的动物，在求偶时倒挂着展示两条极长的尾丝。

尾丝 ————

丽色掩鼻风鸟

Ptiloris magnificus

在求偶炫耀时，雄鸟会充分展开翅膀，抬起尾巴，左右摆动头部。

丽色极乐鸟

Diphyllodes magnificus

雄鸟胸部有色彩斑斓的绿色羽盾，尾部有两根镰刀状的羽毛，颈部有黄色的羽毛披肩。

新几内亚极乐鸟

新几内亚极乐鸟大部分时间都待在新几内亚热带雨林的林冠上，在那里可以获取大部分食物。通常情况下，一只或多只个体会加入其他鸟类组成的混合觅食群。

它们的繁殖季从 4 月开始。从黎明起，多达 10 只的雄性个体会聚集在林冠高处的公共求偶区域——求偶场。树枝就是它们展示自己的"舞台"，它们将树枝上的树叶啄掉，这样雌鸟和竞争对手就都可以看到它们展示自己的每一个细节了。

首先，雄鸟用狂野、沙哑的刺耳"歌声"宣告自己的到来，"歌声"能飘扬到森林中 1 千多米以外的地方。随着雌鸟的到来，雄性开始变得狂热起来。在头上响亮地拍打 1 次翅膀之后，雄鸟会身体前倾，竖起长长的侧尾羽。然后一边大声地叫着，一边上下摆动头和胸部，使花边状的侧尾羽在周围抖动，形成耀眼的彩色"瀑布"。大多数情况下，一只雄鸟会占有与特定区域内大部分雌鸟交配的权力。

名称	新几内亚极乐鸟

拉丁学名
Paradisaea raggiana

英文名
Raggiana Bird of Paradise

分类　雀形目　风鸟科

体型
体长：雄性体长 34 厘米，附加婚羽中长达 36 ~ 53 厘米的侧尾羽和中央尾羽；雌性体长 33 厘米。
翼展：48 ~ 63.5 厘米
体重：雄性 235 ~ 298 克；雌性 136 ~ 221 克

主要特征　雄性的额和喉呈现出明艳的绿色，周围是黄色的羽毛披肩；躯干和翅膀主要呈红棕色；婚羽由长长的、带花边的深红或橙红色的侧尾羽和一对长长的线状中央尾羽组成；雌性主要呈棕色，颜色较深，有黄色的羽毛披肩。

生活习性　雄性在树上的公共求偶场进行求偶炫耀。

筑巢　在树杈上用植物纤维、细根或带着叶子的藤蔓搭建杯状的巢，内衬有柔软的植物材料；每次产下 1 ~ 2 枚蛋；孵化期为 18 ~ 20 天；雏鸟 18 ~ 20 天羽翼丰满；每年繁殖 1 窝。

雄性极乐鸟在求偶场向雌鸟炫耀，它们的表演包括拍动翅膀和摇头晃脑。

缎蓝园丁鸟

　　雄性缎蓝园丁鸟是一种会使用工具的鸟。它们用嘴咬碎软树皮或其他纤维状物质，做成海绵状物质，接着用这种物质来吸收木炭粉和自己的唾液，用形成的混合物涂在求偶亭的内壁上。雄性园丁鸟会保护自己的求偶亭，但竞争对手有时会偷偷溜进去偷走装饰，甚至完全破坏这个小建筑。

雄性园丁鸟用五颜六色的东西装饰自己的求偶亭来吸引雌性园丁鸟。随着年龄的增长，它们会使用越来越多的蓝色装饰品。

名称	缎蓝园丁鸟

拉丁学名
Ptilonorhynchus violaceus

英文名
Satin Bowerbird

分类　雀形目　园丁鸟科

体型　体长：28 ~ 34 厘米
翼展：47 ~ 53 厘米　体重：164 ~ 238 克

华丽琴鸟

　　右图中一只雄性华丽琴鸟站在一个土丘上，把尾巴向前伸到背部上方，摇晃着中央尾羽，闪耀的银丝状侧尾羽如瀑布般垂下。它们保持尾巴前压，最后一边前后跳跃一边唱起歌来，表演出一场华丽的"歌舞"。在求偶炫耀的过程中，雄鸟能发出具有穿透力而又纯净的声音。华丽琴鸟的声音可能是所有鸣禽中最洪亮有力的。

"歌曲"是华丽琴鸟表演的一部分，此外它们还能模仿其他鸟类的叫声。

名称	华丽琴鸟

拉丁学名
Menura novaehollandiae

英文名
Superb Lyrebird

分类　雀形目　琴鸟科

体型　体长：86 ~ 99 厘米　翼展：69 ~ 76 厘米
体重：雄性 1.1 千克；雌性 0.9 千克

鸦、鸫和鸲

鸫类组成了中型鸣禽中的一大科。鸲通常是小型食虫鸟类，与旧大陆的霸鹟是近亲。鸦是较大的杂食性鸟类。

成年鸫（鸫科）的羽毛颜色多种多样，从单调的棕色到明亮的蓝色、橙色和红色都有。它们自然分布在除南极洲以外的所有大陆上。新西兰没有本土的鸫科鸟类，而是欧洲移民将一些鸫科物种带了过去。尽管鸫的栖息范围很广，包括炎热的沙漠、温带草原和冰冷的苔原，但它们中的大多数还是更喜欢林地和森林的环境。

真鸫类（指鸫属的鸟类）包括我们熟悉的新、旧世界物种，如美洲知更鸟和乌鸫。

鸲类（鸫科）包括一些著名的物种，如北美洲的蓝鸲、欧亚鸲、鸲、红尾鸲和歌鸲。显然，许多鸟类都很聪明，但鸦类（鸦科）比大多数鸟类都要更加聪明。鸦的智慧和适应性使之成为生

松鸦

Garrulus glandarius

松鸦的羽毛比大多数鸦类都鲜艳，它们在秋天储存橡子，以便在冬天食物匮乏时食用。

冠蓝鸦

Cyanocitta cristata

一种喧嚣吵嚷、艳丽多彩的鸟类，居住在洛基山脉以东的美国和加拿大南部。

欧亚鸲

Erithacus rubecula

一种常见的鸟类，在西亚的部分地区也有繁殖。

白眉歌鸲

Cossypha heuglini

这一物种分布在撒哈拉以南非洲的林地、灌木丛和花园中，雌雄外表相似。

欧歌鸫

Turdus philomelos

它们的歌声在鸫中非常独特，发出的音节经常重复3次。

存能力极强的鸟类之一，地球上少有它们不能生活的地方，其中分布最广、体型最大的一种是渡鸦。所有鸦科动物在某种程度上说都是杂食性的，它们根据季节变化取食浆果、水果、种子、腐肉、无脊椎动物、蛋和雏鸟，以及小型哺乳动物。

　　大多数名字里带"鸦"的鸟类都属于鸦属，它们体型庞大，有光滑的黑色羽毛。鸦科的其他属中的物种有着更为丰富的外形特征。例如，一些松鸦和亚洲喜鹊的颜色非常鲜艳。

冠蓝鸦是北美东部大部分地区的"常住民"。它们冬天主要以水果为食；春季和夏季主要以昆虫为食。

喜鹊
Pica pica
喜鹊居住在欧洲大部分地区、亚洲部分地区和非洲西北部。

田鸫
Turdus pilaris
这种大型鸫类在亚欧大陆北部繁殖，是部分迁徙的鸟类。

秃鼻乌鸦
Corvus frugilegus
这种亚欧大陆的乌鸦在被称为"群栖处"的大群体中繁殖。

渡鸦
Corvus corax
这种体型最大的鸦以聪明和好斗的行为闻名。

旅鸫
Turdus migratorius
这种北美鸟类属于鸫类而不是鹟类，与欧亚鸲没有密切关系。

冠蓝鸦

冠蓝鸦是整个北美的明星物种，它们的头部、翅膀、背部和尾巴是淡蓝色的，头部后面有一个羽冠。黑色的眼线汇成一条粗粗的"项链"，环绕在它们的前胸。翅膀上有很细的黑色条纹，还有在飞行时容易被观察到的白色斑点，一条长长的尾巴上有黑色条纹。冠蓝鸦的声音与鲜艳的颜色相匹配，穿透力极强的鸣叫和充满乐感的哨声传递出了丰富的含义。

在 19 世纪博物学家詹姆斯·奥杜邦（James Audubon）的一幅画中，3 只冠蓝鸦正从另一只鸟窝里偷鸟蛋。事实上，冠蓝鸦作为"巢掠者"的臭名有些言过其实，因为其他鸟类的蛋和幼鸟只占它们食物的很小一部分，坚果、水果、昆虫和其他无脊椎动物的分量要重得多。冠蓝鸦还经常吃啮齿动物和腐肉，并拾取"残羹剩饭"。在一年中的大多数月份里，坚果几乎占到它们食物的一半。

名称	冠蓝鸦

拉丁学名
Cyanocitta cristata

英文名
Blue Jay

分类　雀形目　鸦科

体型　体长：24 ~ 30 厘米
翼展：38 ~ 41 厘米　体重：65 ~ 108 克

主要特征　中型的彩色鸦科动物，有小小的羽冠；翅膀呈蓝色，尾巴上有黑白条纹；除黑色的"项链"外，腹部全为白色；喙和腿呈黑色。

生活习性　非常大胆而嘈杂；能迅速从一根树枝跳到另一根树枝上。

筑巢　用小树枝、苔藓、草，甚至丝线在交叉或水平的树枝上筑巢；每次产下 4 ~ 5 枚蛋；孵化期 17 ~ 18 天；雏鸟 17 ~ 21 天羽翼丰满；每年繁殖 1 ~ 2 窝。

声音　各种各样的呼叫，包括刺耳的"呀呀"声和动听的鸣啭。

食物　坚果、水果、种子、昆虫等无脊椎动物、小型哺乳动物、蜥蜴、雏鸟和鸟蛋。

在受到刺激或具有攻击性时，冠蓝鸦的羽冠会突起。上图中这只冠蓝鸦处于放松状态。

旅鸫

对许多人来说，成群的旅鸫是广受欢迎的一道亮丽风景。旅鸫经常在草坪上寻找食物，时不时停下来把一条负隅顽抗的蚯蚓从土里拽出来。这种经常被观察到的行为让人们认为蚯蚓构成了旅鸫的大部分食物，但详细研究表明，旅鸫吃的其实是动物和植物的混合物。

名称	旅鸫

拉丁学名
Turdus migratorius

英文名
American Robin

分类　雀形目　鸫科

体型　体长：20 ~ 23 厘米
翼展：43 厘米　体重：74 克

3 只雏鸟正在向父母乞食它们带来的蚯蚓。

渡鸦

喉周围和腿部顶端的蓬松羽毛有助于区分渡鸦和其他羽毛有光泽的黑色乌鸦。机会主义的进食策略是渡鸦生存的关键。渡鸦巨大的喙是撕肉的有效工具，而在大部分栖息地中，其主要食物来源都是腐肉。在开阔的乡村地带，死去的家畜，尤其是羊，是它们常见的食物。

名称	渡鸦

拉丁学名
Corvus corax

英文名
Common Raven

分类　雀形目　鸦科

体型
体长：58 ~ 69 厘米
翼展：119 ~ 150 厘米　体重：0.9 ~ 1.6 千克

渡鸦是最大的鸣禽，但它的鸣声只由"呱呱"声和"咕哝"声组成。

鹀和山雀

鹀和带鹀（鹀科和美洲带鹀科）是专门以种子为食的鸟类。山雀（山雀科）大多是小嘴的树栖鸟类，食物更加丰富多样。

和许多以种子为食的鸟类一样，鹀和带鹀也有短短的圆锥形喙，可以用来碾碎种子。但它们的喙和头骨结构略微不同于其他以种子为食的鸟类，如雀科鸟类。

鹀类主要生活在旧大陆，共有40多类。它们通常在地面取食，很多种类都长着带条纹的棕色羽毛。它们的头部有显眼的图案或鲜艳的颜色，尤其是雄性个体。

带鹀有80多种，包括唧鹀、草鹀和薮雀，遍布草地、林地、灌丛、半沙漠地区和耕地等栖息环境。它们中的一些成员能唱出美妙的歌声，如歌鹀、狐色带鹀和白顶带鹀。

山雀

山雀是圆乎乎的小鸟，主要生活在北美、亚欧大陆和非洲。它们"奇—卡—滴—滴"的独特叫声是其在北美地区名字的由来。一些山雀头戴羽冠，一些则长着以黄色和蓝色为主的鲜艳羽毛。

灰蓝山雀
Parus cyanus

这种居住在欧亚落叶林和混交林的鸟类在树洞中筑巢。

————— 黑色羽冠

黄颊山雀
Parus spilonotus

它们是东南亚成熟林中的鸟类。

蓝山雀
Parus caeruleus

在欧洲繁殖的一种常见鸟类，经常在郊区的庭院里筑巢。

短嘴长尾山雀
Psaltriparus minimus

这一生活在墨西哥南部灌丛中的山雀亚种是长尾山雀科的成员。

山雀在繁殖季节有领域行为，来自不同种类的个体通常在秋冬聚在一起，形成混合的繁殖群。山雀的适应性很强，食物混杂着无脊椎动物和种子。其中许多种类生活在人类居住地附近，乐于享受人类的投喂以丰富自己的饮食。大多数山雀都是洞巢鸟[1]，其中有一些会自己挖洞筑巢。

【注释】

1. 洞巢鸟分为初级洞巢鸟和次级洞巢鸟，前者如开凿树洞的啄木鸟，后者如利用已有洞穴的大山雀。

2. 新英格兰地区指包括缅因、新罕布什尔、佛蒙特、马萨诸塞、罗得岛、康涅狄格诸州的美国北部地区。

褐头鹀是一种喜欢草原和农田环境的迁徙鸣禽，在中亚繁殖，在印度度过寒冷的冬天。

棕胸山雀

Parus rufiventris

这种动物在林冠层觅食，捕食树上的各种昆虫。

黑头鹀

Emberiza melanocephala

它们是长途迁徙的鸟类，季节性往返于欧洲东南部和南亚之间。

黍鹀

Emberiza calandra

这种生活在亚欧大陆农田上的鹀类叫声像一串相互碰撞的钥匙。

背部有明显的条纹

白喉带鹀

Zonotrichia albicollis

这种声音甜美的"歌唱家"在加拿大和新英格兰地区[2]繁殖，在美国南部过冬。

百灵和燕雀

百灵（百灵科动物）是在地面取食的动物，其食物包括许许多多的植物和无脊椎动物。燕雀是所有以种子为食的鸟类中最高效的选手之一。

除了原产于北美的角百灵，百灵几乎算是旧大陆特有的鸟类，而其中一半以上都分布在非洲。百灵是生活在开阔环境中的小型鸟类，栖息地包括沙漠、草原、苔原、荒原和农田。许多百灵都是优秀的歌者，几个世纪以来，百灵的歌声激发了许多诗人和音乐家的创作灵感。

燕雀科成员的喙进化出适于给种子剥壳的特征——上喙两侧都有凹槽。当找到种子后它们就将其放在上喙的其中一个凹槽里，然后合上喙，边缘锋利的上喙就能在种皮上切开一个口子。百灵用灵巧的舌头转动种子，去掉外壳，留下里面可以食用的果仁，然后吐出外壳，吞下果仁。这种取食方式是燕雀科成员的独门绝技。

松雀

Pinicola enucleator

在食物匮乏时，比如种子作物收成不好的年头，这种燕雀可能会迁移到远离自己日常活动范围的地方。

美东草地鹨是北美草原上一种常见的鸟类，属于拟黄鹂科，而非百灵科。

角百灵

Eremophila alpestris

这种鸟在北美的大部分地区、中亚和亚欧大陆的高纬度地区繁殖。

白颊雀百灵

Eremopterix leucopareia

这种百灵生活在撒哈拉以南的非洲草原上，其英文名是以德国探险家古斯塔夫·菲舍尔（Gustav Fischer）的名字来命名的。

歌百灵

Mirafra javanica

这种生活在澳大利亚草原上的百灵有着婉转多变的清脆歌声。

云雀

Alauda arvensis

这种百灵科鸟类常常在盘旋时发出鸣唱，动听的歌声让它们在诗歌作品中美名流芳，它们的繁殖地横跨亚欧大陆的大部分地区。

红交嘴雀

Loxia curvirostra

交嘴雀可以用它们独特的、上下交叉的喙啄掉松果的外部鳞片。

黑百灵

Melanocorypha yeltoniensis

黑百灵是生活在中亚开阔草原上的一种鸟类。

燕雀的喙

燕雀的喙的形态结构反映出它们喜爱的食物类型。如红额金翅雀和黄雀的喙相对小巧但基部宽阔，可以剥开小种子；锡嘴雀巨大的喙能够咬碎樱桃核；白翅交嘴雀上下交叉的喙适于剥开松果。

1. **红额金翅雀**（*Carduelis carduelis*）。

2. **白翅交嘴雀**（*Loxia leucoptera*）。

3. **锡嘴雀**（*Coccothraustes coccothraustes*）。

4. **黄雀**（*Carduelis spinus*）。

什么是两栖动物

两栖纲包括 8 400 多种蛙、蝾螈和蠕虫一样的蚓螈，生活在除南极洲以外的每一片大陆上。没有任何一种结构特征可以定义所有的两栖动物，但它们在生长过程中都经历了变态发育——一种从幼体到成体的突然形态变化。成年两栖动物是肉食性的，能一口吞下猎物。其受精作用可以在体内或体外进行。大多数物种的雌性个体在水中或潮湿的地方产卵，但也有一些是胎生的，直接产下活生生的幼崽。

蝾螈的骨骼

蝾螈有着纤长灵活的身体和一条由许多椎骨支撑起来的长尾巴。它们的前肢和后肢长度大致相等，嘴巴宽大，可以捕食较大的猎物。

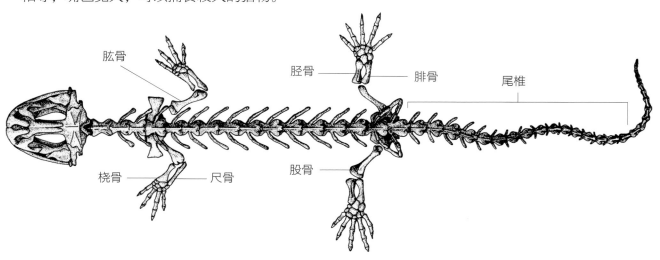

肱骨

胫骨 —— 腓骨

尾椎

桡骨 —— 尺骨

股骨

头骨

两栖动物的头骨扁平。在蛙和蝾螈中，头骨通过名为枕髁的两个球状结构与脊柱相连。两栖动物的牙齿呈茎齿型：牙冠与狭窄的齿茎之间通过未钙化的纤维组织连接，使得其牙齿能够向内弯曲。

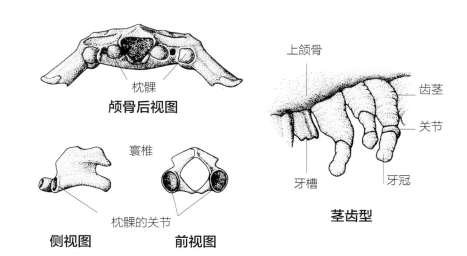

枕髁

颅骨后视图

上颌骨

齿茎

关节

寰椎

牙槽

牙冠

枕髁的关节

茎齿型

侧视图　　　**前视图**

蛙的骨骼

典型的蛙类有着又短又硬的脊柱，它们的脊椎骨数量大大减少，而且没有尾巴。大多数青蛙的后肢（由股骨和胫腓骨组成）已经演变得非常长，由骨盆处强有力的腰带支撑，因此使它们能够跳跃很远的距离。相对于体长来说，蛙类的头比蝾螈更大。

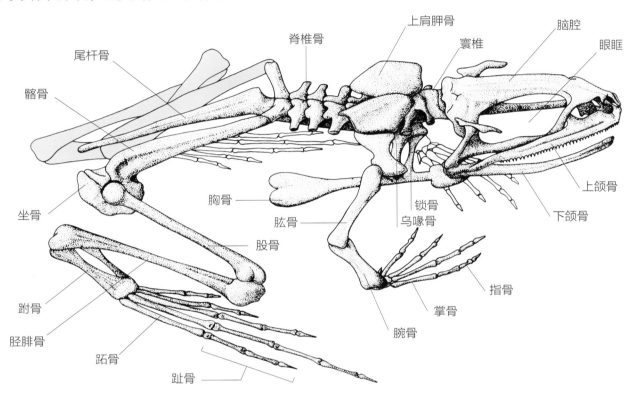

皮肤结构

两栖动物的皮肤潮湿，富含腺体，没有鳞片。少数蛙类和一些被称为蚓螈的无腿两栖类动物的皮肤中有骨板，就像爬行动物一样。一些两栖类动物的皮下还有毒腺。两栖类动物并没有真正的爪子，在一些蛙类动物和蝾螈的脚趾尖上长着像爪子一样的东西，那是由外表皮形成的。

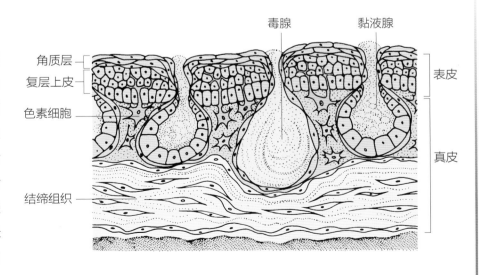

蝾螈

蝾螈（有尾目动物）是两栖动物中仅次于蛙和蟾蜍的第二大类群，包含 9 个科和至少 770 个物种，在北半球多样性最为丰富。

蝾螈的典型特征是身材苗条、鼻子钝圆、四肢短、尾巴长，其湿乎乎的皮肤上没有鳞片。有些种类的蝾螈颜色鲜艳，有些则不然。和一些爬行动物一样，蝾螈也有断肢再生的能力。

变态发育

蝾螈没有统一的繁殖模式。大约 90% 的物种会进行体内受精：雌性个体通过泄殖腔将雄性个体产生的精包（被生殖器附属腺的分泌物所包裹的精子包块）纳入体内。卵细胞受精后孵化成幼体，幼体在生长过程中失去鳃并长出四肢，逐渐发育出成体的特征。野生种群仅分布于墨西哥城的美西螈是一种幼体性成熟的蝾螈，这意味着它们即使在性成熟后也会保留幼年特征。

科克莱游舌螈
Bolitoglossa schizodactyla
这种夜行性两栖动物在巴拿马潮湿的森林植被上爬行。

红颊无肺螈
Plethodon jordani
它们生活在美国东南部的阔叶和针叶林中。

红腹渍螈
Taricha rivularis
这一物种被发现于美国加州和俄勒冈州的海滨森林。

真螈
Salamandra salamandra
真螈生活在欧洲中部和南部带有池塘或小溪的落叶林中。

虎纹钝口螈是北美最大的两栖动物之一，能长到 30 厘米长，生活在各种各样的栖息环境中。

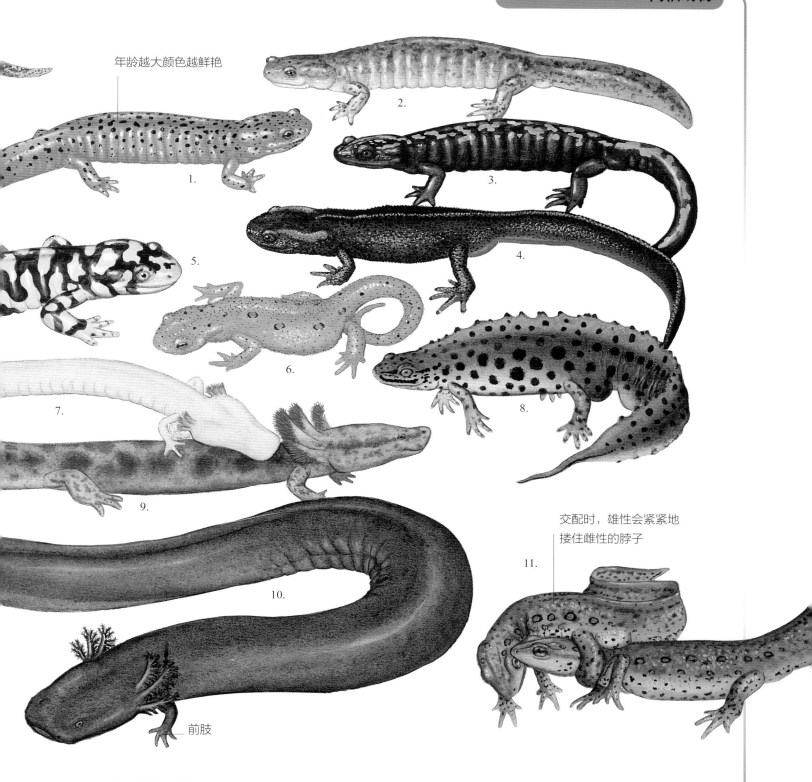

年龄越大颜色越鲜艳

2.

1.

5.

3.

4.

6.

7.

8.

9.

交配时，雄性会紧紧地
搂住雌性的脖子

11.

10.

前肢

各种各样的蝾螈

1. **红土螈**（*Pseudotriton ruber*）。

2. **山溪鲵**（*Batrachuperus pinchonii*）。

3. **日本爪鲵**（*Onychodactylus japonicus*）。

4. **大凉疣螈**（*Tylototriton taliangensis*）。

5. **虎纹钝口螈**（*Ambystoma tigrinum*）。

6. **绿红东美螈**（*Notophthalmus viridescens*）幼体。

7. **洞螈**（*Proteus anguinus*）。

8. **普通欧螈**（*Triturus vulgaris*）。

9. **斑泥螈**（*Necturus maculosus*）。

10. **大鳗螈**（*Siren lacertina*）。

11. **绿红东美螈**（*Notophthalmus viridescens*）成体。

蛙和蟾蜍（I）

蛙和蟾蜍是两栖动物中种类最丰富同时也最为人熟知的类群，一起组成了无尾目，经常通过"呱呱"叫或其他鸣叫的方式宣告自己的存在，尤其是在繁殖期。

在最近的统计中，蛙和蟾蜍（统称为无尾目）所在的 75 个科里有超过 7 400 个物种，占所有两栖动物种类的 88%。其中繁衍最成功的一个科是真蟾蜍所属的蟾蜍科，内含 600 多个物种，其中成员遍布除南极洲外的每一片大陆。

无尾目的成员们有的色彩鲜艳，有的外表暗淡。它们中的大多数都善于伪装，难以被捕食者发现。根据栖息环境的不同，这些伪装自己的蛙类可能是棕色、灰色或绿色的。有些蟾蜍，如角蟾（角蟾科）的形状和颜色甚至像枯叶一样，栖息在林地上时几乎能完全隐身。然而，其他一些成员却是明亮的红色、橙色、黄色，甚至蓝色。这些是有毒的物种，以身上的颜色作为信号，警告捕食者它们的皮肤中含有毒素。来自哥伦比亚

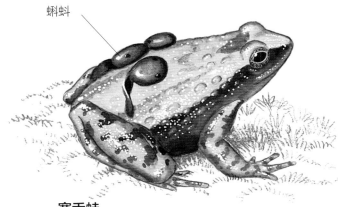

蝌蚪

塞舌蛙

Sooglossus sechellensis

这种蛙的蝌蚪孵化后会爬到雄蛙的背上待着，直到变成小蛙为止。

东方铃蟾（下图）

Bombina orientalis

它们鲜艳的颜色警告潜在的捕食者自己有毒。毒素由皮肤分泌出来，主要集中在其后腿处的皮肤上。

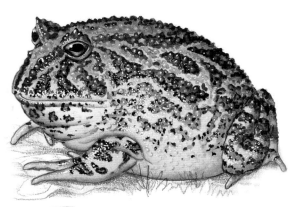

饰纹角花蟾

Ceratophrys ornata

这种长得几乎和球一样的物种有着巨大的嘴巴，吞吃一切能包进嘴里的东西，包括其他蛙类。

西班牙产婆蟾

Alytes cisternasii

一只雄性西班牙产婆蟾正带着一批卵，它会一直背着它们直到孵化开始。

卵

的黄金毒箭蛙是科学家们已知毒性最强的动物，它们的皮肤里含有足以杀死 1 000 个人的毒素。

　　动物的外表可以透露出许多有关它们生活方式的信息。后腿很长的动物往往是卓越的跳远"运动员"，而那些四肢较短的动物则习惯于行走或小跳。会挖洞的无尾目动物四肢强壮，上面还有像刀片一样的角质附着物，以便于铲走泥土或沙子，比如锄足蟾。少数物种用头钻洞，因此它们长着尖细的吻部。

东方铃蟾的喉咙和腹部的皮肤颜色鲜艳，是向食肉动物发出的警告。

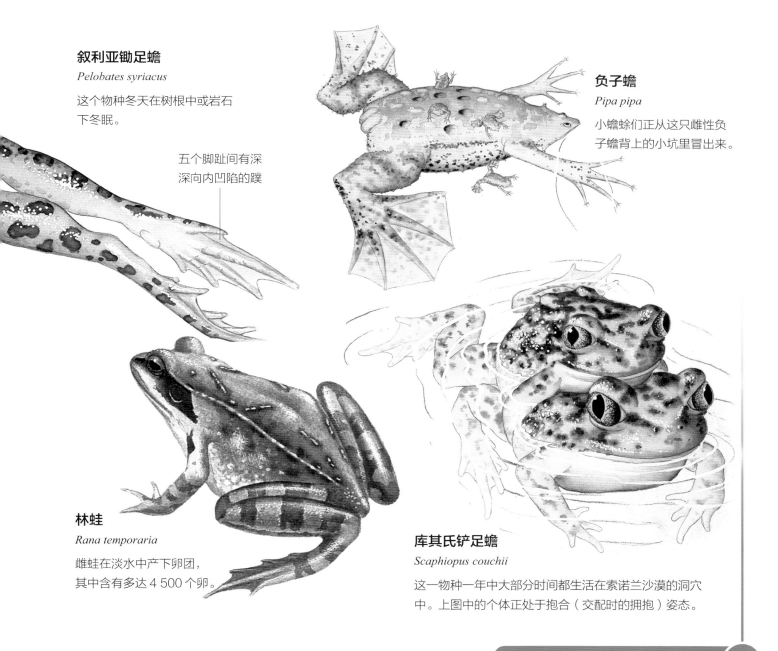

叙利亚锄足蟾

Pelobates syriacus

这个物种冬天在树根中或岩石下冬眠。

五个脚趾间有深深向内凹陷的蹼

负子蟾

Pipa pipa

小蟾蜍们正从这只雌性负子蟾背上的小坑里冒出来。

林蛙

Rana temporaria

雌蛙在淡水中产下卵团，其中含有多达 4 500 个卵。

库其氏铲足蟾

Scaphiopus couchii

这一物种一年中大部分时间都生活在索诺兰沙漠的洞穴中。上图中的个体正处于抱合（交配时的拥抱）姿态。

蛙和蟾蜍（2）

所有的蛙和蟾蜍都有肺，但同时也可以通过皮肤呼吸。它们的皮肤可能是光滑、潮湿而黏腻的，也可能是粗糙、干燥、长着疣的。

皮肤潮湿的无尾目动物比皮肤干燥的种类更依赖皮肤呼吸，因为皮肤必须保持湿润才能让氧气和二氧化碳通过。皮肤内的腺体可以保持皮肤湿润；随着水分的蒸发，腺体会分泌出更多的黏液。如果环境变得非常干燥，它们可能会脱水。许多热带地区常年潮湿，蛙类不需要待在水里或水边就能保持皮肤湿润，这些地区拥有最为丰富的物种多样性。

生活在干旱环境中的蛙和蟾蜍皮肤中分泌黏液的腺体较少，因为在湿气匮乏的地方，采用皮肤呼吸并不是一个很好的策略，所以，它们的肺为它们解决了这一问题。

近年来，数十种无尾目动物已经灭绝，还有数百种正在因栖息地的丧失和壶菌的侵染而濒临灭绝。

欧洲锄足蟾

Pelobates fuscus

这一物种分布在亚欧大陆，皮肤颜色因生境、地域和性别的不同而不同。

海蟾蜍

Chaunus marinus

这一物种被引进到澳大利亚等地以控制害虫，但它们自身却成为新的危害。

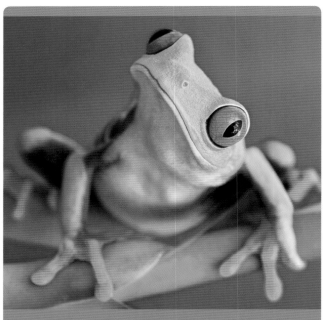

白天，丽红眼蛙会在热带雨林的树叶下休息。一旦受到打扰，它们会闪动自己明亮的大眼睛和露出鲜艳的脚趾来吓跑潜在的捕食者。

森树蛙

Rhacophorus arboreus

森树蛙聚集在池塘周围交配。它们的卵呈现为一团团泡沫状，悬挂在漂浮于水面的树枝上，孵化出的蝌蚪会掉进水里。

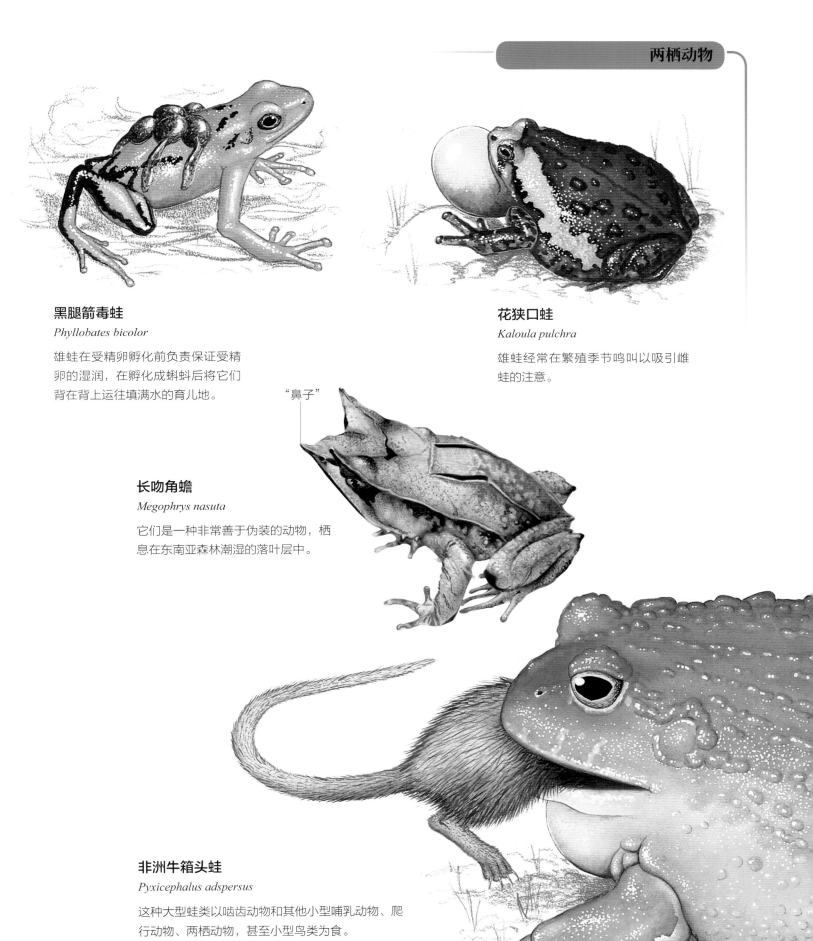

黑腿箭毒蛙

Phyllobates bicolor

雄蛙在受精卵孵化前负责保证受精卵的湿润，在孵化成蝌蚪后将它们背在背上运往填满水的育儿地。

花狭口蛙

Kaloula pulchra

雄蛙经常在繁殖季节鸣叫以吸引雌蛙的注意。

"鼻子"

长吻角蟾

Megophrys nasuta

它们是一种非常善于伪装的动物，栖息在东南亚森林潮湿的落叶层中。

非洲牛箱头蛙

Pyxicephalus adspersus

这种大型蛙类以啮齿动物和其他小型哺乳动物、爬行动物、两栖动物，甚至小型鸟类为食。

什么是爬行动物

爬行动物（爬行纲动物）有 11 000 多个物种，主要类群包括龟、蜥蜴、蛇和鳄鱼，最明显的共同特征是它们的体表覆盖着干燥的角质鳞片。

爬行动物是变温动物（自身不产热维持体温），繁殖方式是在陆地上产下带壳的卵或直接生下幼崽。爬行动物没有水生幼体的发育阶段。

蜥蜴的鳞片

超过一半的爬行动物都属于蜥蜴（有鳞目动物）。它们的皮肤折叠成鳞片，鳞片外层的角蛋白大大减少了水分的流失，让其能够生活在非常干旱的栖息环境中，如尼日利亚王者蜥（右图）。这一物种的尾部鳞片特化成了锋利的刺，用来吓跑潜在的攻击者。

尾巴上一列列的刺

钝圆的头

四肢上各有 5 指

皮肤的特殊结构

爬行动物的皮肤有很多特化的结构。有的能形成隆起的鬣鳞，比如斯氏角吻蜥；有的颈部、背部或尾部的表皮能形成冠状突起，比如琴头蜥，这种头冠通常在雄性中发育得更好，可能是为了有助于性别识别。

隆起的鬣鳞

头冠

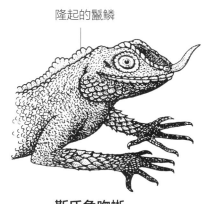

斯氏角吻蜥
Mountain Horned Agama

琴头蜥
Hump-nosed Lizard

爬行动物的头骨

爬行动物的骨骼结构千姿百态，其中尤以头骨结构最为不同。爬行动物下颌的长度，牙齿的数量和大小，与咬合力调节有关的颞孔数量，以及眼窝的大小都能反映出其生活方式，尤其是饮食偏好的特征。

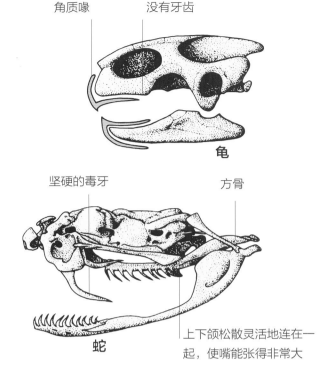

角质喙　没有牙齿

龟

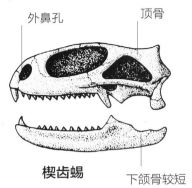

外鼻孔　顶骨

楔齿蜥　下颌骨较短

坚硬的毒牙　方骨

蛇　上下颌松散灵活地连在一起，使嘴能张得非常大

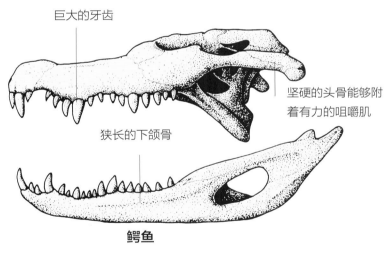

巨大的牙齿

坚硬的头骨能够附着有力的咀嚼肌

狭长的下颌骨

鳄鱼

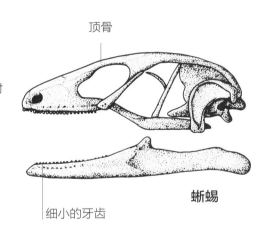

顶骨

蜥蜴

细小的牙齿

爬行动物的卵

卵壳内表面部分融合的绒毛膜和尿囊上有丰富的血管，胚胎可以通过卵壳表面的气孔呼吸。羊膜是一个充满液体的囊，围绕在胚胎周围以防失水干燥。卵黄囊富含蛋白质和脂肪，能为胚胎提供营养物质。除了需要呼吸和从环境中吸收一些水分外，这种卵基本可以自给自足。

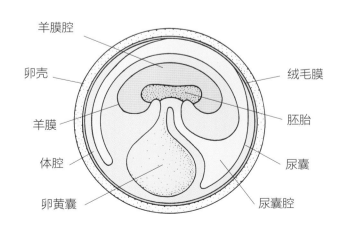

羊膜腔

卵壳　绒毛膜

羊膜　胚胎

体腔　尿囊

卵黄囊　尿囊腔

海龟和陆龟

爬行动物中的龟鳖目包含了大约 350 种的海龟和陆龟，适应了从海洋到沙漠中各种栖息环境。

大多数海龟一生中的大部分时间都生活在淡水或咸水中，其中一些通常被称为水龟。真正生活在海洋里的海龟（海龟科动物）只有 7 种，包括体型巨大的棱皮龟。

所有海龟最明显的共同特征是它们拥有套在壳子里的身躯，因此这类爬行动物可以不同程度地缩回它的头、四肢和尾巴，以保护自己免受捕食者的攻击。龟壳外单独的结构被称为盾片，这些鲜明的特征足以让人们识别出龟的个体。

陆龟只生活在陆地上。世界上陆龟多样性最丰富的地方位于热带非洲，亚欧大陆和南北美洲的温带地区也分布着一些种类的陆龟。陆龟中的大个头们仅分布在加拉帕戈斯和亚达布拉群岛。

雌性海龟在沙滩上产卵并将卵埋在沙里。幼龟破壳而出以后会以最快的速度爬向大海。

棱皮龟（右图）

Dermochelys coriacea

棱皮龟是所有海龟中分布范围最广的物种，身影遍布所有热带和温带海洋。

绿海龟

Chelonia mydas

这一物种生活在所有热带和温带海洋中，重达 317 千克。

黄动胸龟

Kinosternon flavescens

它们是生活在美国中南部和墨西哥的一种杂食性淡水物种。

萨氏麝香龟

Staurotypus salvinii

这一中美洲物种和其他麝香龟一样是食肉动物。

龟壳上有 7 条棱

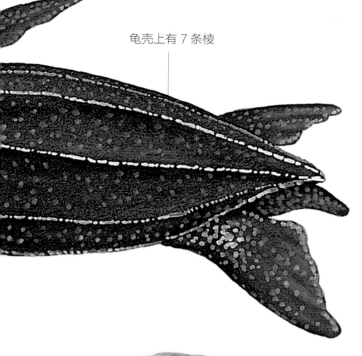

卡罗莱纳箱龟

Terrapene carolina

它们是分布于美国东部和墨西哥
的物种，种群数量正急剧下降。

加拉帕戈斯象龟

Geochelone nigra

厄瓜多尔的加拉帕戈斯群岛是这种
长寿陆龟的家园；一只圈养的加拉
帕戈斯象龟曾活到了 170 岁。

亚拉巴马伪龟

Pseudemys alabamensis

这是亚拉巴马州官方认定的爬行
动物代表。

豹纹陆龟

Geochelone pardalis

在非常炎热或极度寒冷的天气
里，豹纹陆龟通常会躲进哺乳
动物遗弃的洞穴里渡过困境。

鳍状的前肢像桨一样

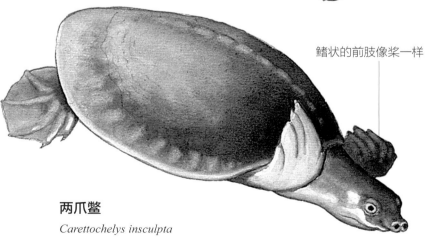

两爪鳖

Carettochelys insculpta

这种鳖类在新几内亚遭到人类捕杀，它们也
生活在澳大利亚北部的部分地区。

拟鳄龟

Chelydra serpentina

这种生活在北美东部和中美洲的
水生伏击型猎手用它们鸟喙一般
的上下颌捕捉猎物。

棱皮龟

棱皮龟的庞大身躯或许有助于其保持足够高的核心体温，以至于它们比其他任何一种海龟更能冒险，可以进入水温较低的温带水域。棱皮龟即使在低于 5 ℃的海水中也不受影响，活动范围可远至阿拉斯加附近的海域。实际上，棱皮龟的身体比周围的环境温度略高，说明它们可能拥有一种基本的体温调节机制。

棱皮龟会为了繁殖游回热带水域。每年在佛罗里达的海岸线上都能发现大约 50 个巢，不过棱皮龟还是更倾向于游到偏远地区繁殖。按照传统习惯，棱皮龟会选择没有暗礁的海滩，这样它们就可以直接从深海中游上岸，毫无困难地爬上海滩。然而不幸的是，这样的海滩会在暴风雨中遭受严重侵蚀，因此棱皮龟的卵比其他海龟的卵受损失的风险更大。据估计，目前全世界的海洋中可能有 10 ~ 11.5 万只参与繁殖的雌性棱皮龟。

名称　　棱皮龟

拉丁学名
Dermochelys coriacea

英文名
Leatherback Turtle

分类　龟鳖目　棱皮龟科

体型　体长：龟壳长达 2.4 米
体重：可达 750 千克

主要特征　独特的龟壳上有 7 条棱；龟壳表面是革质皮肤而非角质鳞片；小型骨板强化了皮肤；体表深色，带有白色斑纹；腹甲上约有 5 条棱；鳍状肢上没有爪子；前肢极长；刚孵化的幼龟龟壳上有一排排白色的鳞片。

栖息地　通常更喜欢开阔的海域。

繁殖　每窝大约有 80 枚可存活的卵；雌性每个繁殖季通常产下 6 ~ 9 窝卵；每次产卵间隔通常为 2 ~ 3 年；大约 65 天后孵化出幼龟。

食物　几乎只吃水母。

雌性棱皮龟选择松软的沙滩筑巢，以避免损坏自己的龟壳。

鳄龟

鳄龟生活在淡水或半咸水中，偏爱底部泥泞、植被丰富的水体，这样的水体更易于隐蔽。它们几乎吃任何能够得到的东西，包括腐肉、无脊椎动物、鱼类、鸟类、小型哺乳动物、两栖动物和水生植物。鳄龟甚至会以"斩首"的方式杀死其他海龟。

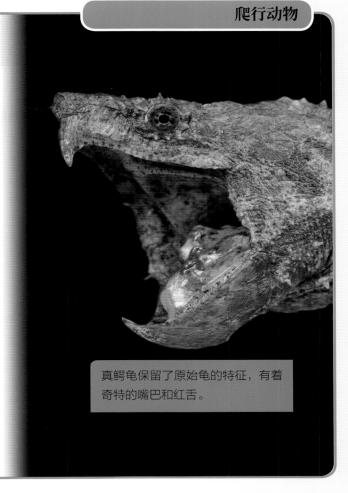

真鳄龟保留了原始龟的特征，有着奇特的嘴巴和红舌。

名称	鳄龟
拉丁学名	*Chelydra serpentina*
英文名	Common Snapping Turtle
分类	龟鳖目　鳄龟科
体型	体长：龟壳长达 61 厘米　体重：可达 37.2 千克
主要特征	龟壳呈棕褐色、深褐色或黑色。

加拉帕戈斯象龟

这种巨型陆龟的祖先可能一路向南从中美洲漂流到了太平洋，最终被冲上了加拉帕戈斯群岛的海滩。它们在岛上繁衍生息并扩散开来。最近有关线粒体 DNA 的研究表明，最早的一批象龟出现在埃斯帕诺拉岛上。

清晨和傍晚，加拉帕戈斯象龟在休息区和觅食区之间缓慢移动。

名称	加拉帕戈斯象龟
拉丁学名	*Chelonoidis niger*
英文名	Galápagos Giant Tortoise
分类	龟鳖目　曲颈龟亚目　陆龟科
体型	体长：龟壳 74 ~ 120 厘米　体重：可达 317 千克

蜥蜴

蜥蜴的大小从 3 米长的科莫多巨蜥到仅有几厘米长的变色龙和壁虎不等，世界上共有 7 000 多种蜥蜴。

在东南亚餐厅的墙壁和天花板上匆匆闪过的壁虎；在美国西南部的岩石间蹦来蹦去的强棱蜥和犹他蜥；在地中海地区的山坡、墙壁和遗迹上优雅爬行的壁蜥……无不证明蜥蜴能够在许多不同的生境中繁衍生息。

许多蜥蜴的颜色非常鲜艳。在非洲，色彩绚烂的雄性鬣蜥在岩石上边晒日光浴边展示自己，向雌性鬣蜥摆动它们蓝色或红色的头。在加勒比海的岛屿上，色彩斑斓的安乐蜥会抖动自己五颜六色的垂肉，像挥舞着信号旗一样。

一般情况下蜥蜴都有四肢，有的如鬣蜥长着又大又强壮的四肢，有的则很短小，还有的四肢几乎是多余的累赘。正常运动时，蜥蜴会同时移动一条前腿和斜对面的一条后腿，然后和另一双腿交替。许多物种的后腿比前腿长，少数物种在疾速奔跑时仅仅使用后腿，这就是所谓的双足行走。

棘刺尾蜥

Uromastyx acanthinurus

这是一种生活在沙漠的物种，可以用带刺的尾巴警告敌人。

各种各样的蜥蜴：

1. 圆鼻巨蜥（*Varanus salvator*），分布于东南亚。

2. 巨环尾蜥（*Smaug giganteus*），分布于南非。

3. 鳄蜥（*Shinisaurus crocodilurus*），分布于中国、越南。

4. 多棱鳄蛇蜥（*Elgaria multicarinata*），分布于墨西哥、美国。

5. 无耳蜥（*Lanthanotus borneensis*），分布于婆罗洲。

6. 钝尾毒蜥（*Heloderma suspectum*），分布于墨西哥、美国。

7. 新几内亚双足蜥（*Dibamus novaeguineae*），分布于印度尼西亚、巴布亚新几内亚、菲律宾。

高冠变色龙能改变身体的颜色，当身体感受到压力时颜色会变深。这种蜥蜴原产于也门和沙特阿拉伯西南部。

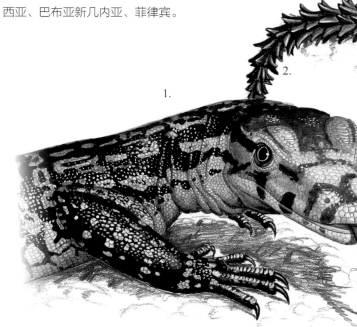

地中海变色龙
Chamaeleo chamaeleon
它们能够通过改变颜色进行伪装、向其他个体发出信号或调节自己的体温。

阿拉伯沙蜥
Phrynocephalus arabicus
在一天中最热的时候，这一沙漠物种会伸长四肢高高站立，以减少与沙子的接触面积。

科罗拉多须趾蜥
Uma notata
这种生活在北美沙漠中的蜥蜴后脚趾侧面有流苏，有助于它们在软沙上行走。

3.

4.

5.

6.

7.

魔蜥

魔蜥生活在澳大利亚干燥的沙漠中，在这个几乎不可能找到饮用水的地方，它们进化出一个有趣的系统来收集身上凝结的露水。覆盖在其皮肤上的管道网络将水引到嘴角，通过吞咽积聚在这里的水，魔蜥可以摄取足够的水分以弥补食物中水分的缺乏。

魔蜥可以忍受极端的高温，当其他蜥蜴都躲到阴凉处时，它们却可以在露天环境中觅食。然而即便如此耐热，魔蜥在一年中最热的月份（1月和2月）也活跃不起来，它们会退到自己挖掘的洞穴中躲避高温。

魔蜥的活动模式很容易研究，可以通过观察它们在沙栖地上留下的独特足迹来实现。夏季，魔蜥在离洞穴9米以内的范围里活动。

魔蜥的身上覆盖着坚硬而锋利的刺，这些刺让它们变得难以被吞咽，因而打消了捕食者想要吞食它们的念头。魔蜥的背上还有一个用于威慑捕食者的假头。

名称	魔蜥

拉丁学名
Moloch horridus

英文名
Thorny Devil

分类　有鳞目　蜥蜴亚目　鬣蜥科

体型　体长：15 ~ 18 厘米

主要特征　长相怪异的蜥蜴；身体呈蹲伏姿态，身上覆盖着粗大的、像刺一样的棘；每只眼睛上面都有一个非常大的刺，脖子上有一个高高的多刺隆起；尾巴顶部有两排刺；体表呈深红褐色，边缘像波浪一样，浅棕褐色的条纹贯穿头部和身体。

生活习性　日行性；陆生；移动缓慢。

繁殖　每次生产1窝，每窝3 ~ 10枚蛋；孵化期90 ~ 132天。

食物　蚂蚁。

栖息地　沙漠和灌木丛生的陆地。

分布　澳大利亚西部和中部。

魔蜥布满尖刺的外表与其他爬行动物大不相同，这样的外表通常足以让捕食者放弃发起攻击。

图中的科莫多巨蜥正在为抢夺猎物而争斗，这些可怕的捕食者能够杀死野猪。

科莫多巨蜥

科莫多巨蜥是体型最大的蜥蜴，有些个体重达 165 千克，原产于山坡陡峭的干旱火山岛。在这里，降雨是季节性的，一年中的某些时候水资源有限，但季风期间水量充足。科莫多巨蜥生活在海拔较低的干旱森林、热带稀树草原和季风林里。

科莫多巨蜥一天中的大部分时间都在自己的领地上巡逻。包含洞穴的核心领地可能占据 2 平方千米的面积，但它们可能会共享觅食区域，因此领地范围延伸得更远。对一条科莫多巨蜥来说，一天移动 10 千米是很正常的。它们的洞穴可以帮它们调节体温——白天最热的时候在里面乘凉，晚上则躲在里面休息和取暖。

科莫多巨蜥是位于食物链顶端的可怕的捕食者。成年巨蜥会捕食各种各样的大型猎物，包括山羊、猪、鹿、野猪、马和水牛，这些猎物都是由人类引进到岛上的。

名称	科莫多巨蜥

拉丁学名

Varanus komodoensis

英文名

Komodo Dragon

分类　有鳞目　巨蜥科

体型　体长：长达 3.1 米

主要特征　体型非常大；头部相对较小；耳孔明显可见；牙齿锋利且有锯齿；尾巴粗壮；强壮的四肢和爪子适于挖掘；鳞片细小、均匀而粗糙；颜色从棕色到棕红色或灰红色不等。

生活习性　花费大量时间觅食；在晚上和天气热的时候躲进洞穴。

繁殖　雌性一窝能产下多达 30 枚卵（取决于雌性的体型）；卵被埋在土里，7.5 ~ 8 个月后孵化。

食物　昆虫、爬行动物、蛋、小型哺乳动物、鹿、山羊、野猪、猪。

栖息地　从干旱的森林到草原的各种低地，包括干涸的河床。

壁虎和石龙子

壁虎和石龙子组成了蜥蜴中的两大科（分别是壁虎科和石龙子科），它们在热带和亚热带地区的多样性最为丰富。

除高纬度地区外，典型的壁虎几乎遍布全球。它们大小不一，有体长不到 1.6 厘米的侏儒守宫，还有从头到尾足足有 36 厘米长的巨人守宫。目前已发现的壁虎共有 1 500 余种。

典型的石龙子有着圆柱形的苗条身材，体表鳞片光滑扁平、呈覆瓦状，尾巴尖端逐渐变细，四肢较短。头部扁平，通常呈三角形，头顶覆盖着对称排列的大块鳞片，许多种类都长着细长或尖尖的鼻子。据记载，世界上共有 1 700 余种石龙子。

尾疹残趾虎

Phelsuma laticauda

它们是马达加斯加的特有物种，因上半身金黄色的斑点而得名。

毛里塔尼亚壁虎

Tarentola mauritanica

雌性毛里塔尼亚壁虎通常 1 年 2 次产下 2 枚近乎球形的卵。

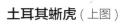

土耳其蜥虎（上图）

Hemidactylus turcicus

因为在夜晚外出觅食，它们有时也被称作"月蜥"。

壁虎的脚上有数百万的微小毛发，称为纤毛。在这些纤毛的帮助下，它们可以吸附在光滑的物体表面，甚至可以倒立着爬过天花板。

斑驳黄蜥

Xantusia henshawi

这一物种分布在干旱的南加州和下加州，白天躲在岩石缝隙里，晚上出来狩猎。

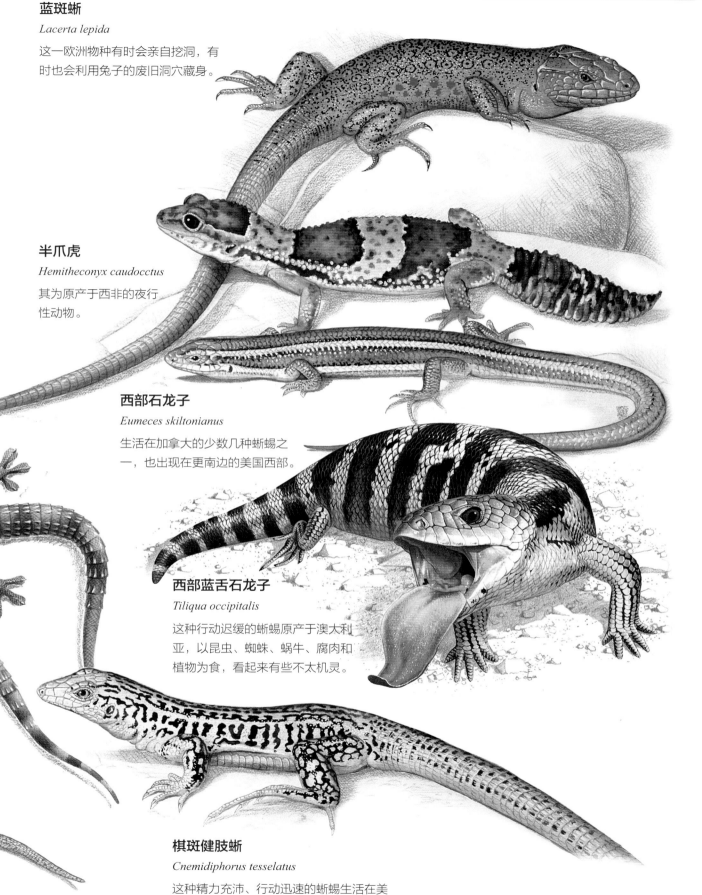

蓝斑蜥

Lacerta lepida

这一欧洲物种有时会亲自挖洞，有时也会利用兔子的废旧洞穴藏身。

半爪虎

Hemitheconyx caudocctus

其为原产于西非的夜行性动物。

西部石龙子

Eumeces skiltonianus

生活在加拿大的少数几种蜥蜴之一，也出现在更南边的美国西部。

西部蓝舌石龙子

Tiliqua occipitalis

这种行动迟缓的蜥蜴原产于澳大利亚，以昆虫、蜘蛛、蜗牛、腐肉和植物为食，看起来有些不太机灵。

棋斑健肢蜥

Cnemidiphorus tesselatus

这种精力充沛、行动迅速的蜥蜴生活在美国西南部和墨西哥的干旱地区。

蛇

世界上有大约3 900种蛇，它们共同构成了有鳞目下的一个分支，另外两个分支是蜥蜴亚目和蚓蜥亚目。

蛇没有四肢、眼睑和外耳孔。它们中一些种类体型纤细；另一些则相对短粗，几乎没有尾巴。尽管没有四肢，蛇却有着高效的运动方式，具体策略取决于它们的大小、体形爬行环境。侧行式爬行和迂回式爬行都是形容蛇行的特殊术语，特指它们通过左右扭动身体进行移动的方式。大多数蛇都使用这两种方法穿梭在地面上或植被中。另外一些体重较大的蛇，尤其是大型蚺蛇、蟒蛇和蚺蛇，会使用伸缩式（或直进式）爬行方式直线前进。蛇用腹部鳞片边缘钩住地表不规则的地方，然后把自己一点点向前拉动。

蛇的种类丰富，生活环境也各式各样，从树冠到地下管道系统，从最干旱的沙漠到淡水湖，

印度眼镜蛇
Naja naja

它们在印度神话中受到尊敬，这种蛇有剧毒。

沙蝰
Vipera ammodytes

这种毒蛇生活在欧洲南部和中东地区。

印缅花条蛇
Psammophis condanarus

这是一种分布于南亚和东南亚的无毒蛇类。

南棘蛇
Acanthophis antarcticus

南棘蛇原产于澳大利亚，是世界上毒性最强的毒蛇之一。

南部猪鼻蛇（左图）
Heterodon simus

受到威胁时，这种温顺无害的动物会装死。

长吻海蛇（右上图）
Pelamis platurus

这种毒蛇适应了印度洋和太平洋热带水域的生活，在陆地上反而无法生存。

甚至是海洋，它们占据了大量的栖息地。

所有的蛇都是食肉动物，不同的物种有不同的猎物，大小从蚂蚁到羚羊不等。游蛇科、穴蝰科、眼镜蛇科和蝰科 4 个科的成员们能分泌并使用毒液来制服猎物。

隐匿踪迹是蛇类最好的防御方法，也是它们最赖以生存的行为策略。因此，许多蛇类都善于伪装。

鳞树蝰是非洲雨林中的树栖毒蛇，以啮齿动物、两栖动物、爬行动物、鸟类，甚至是其他蛇类为食。

红腹水蛇

Nerodia erythrogaster

这种色彩各异的无毒蛇原产于美国和墨西哥。

日本蝮

Gloydius blomhoffii

一种有毒的伏击型捕食者，主要捕食啮齿动物。

缢缩游蛇

Coluber constrictor

这种无毒蛇生活在北美和中美洲，因为在地面上爬行的速度很快而得名。

角响尾蛇

Crotalus cerastes

这种毒蛇生活在美国西南部的沙漠中。

 —— 咯咯作响的尾巴

黄腹屋蛇

Lamprophis fuscus

它们是生活在南非的一种神秘夜行性无毒蛇。

阿拉佛拉瘰鳞蛇

Acrochordus arafurae

这种无毒的蛇分布于新几内亚和澳大利亚，能够在池塘和河流中待很长时间。

印度蟒和缅甸蟒

直到 2009 年，这两种无毒的蛇类才被认定为不同物种。缅甸蟒是地球上最大的蛇之一，一些个体甚至可以长到 5.7 米。巨大的体型意味着它们也有着惊人的胃口。这些蟒蛇经常爬到树枝间或者躲在中空的树枝和树干中，静静埋伏着等待猎物出现。在果实成熟的季节，榕树通常是缅甸蟒绝佳的藏身之处，因为许多动物会被果实吸引而来。

蟒蛇捕猎时会用嘴咬住猎物，再用强壮的身躯缠绕几圈并逐渐增加压力，直到猎物因循环系统衰竭而死。缅甸蟒和印度蟒吃各种各样的猎物，包括鸟类、其他爬行动物，以及包括梅花鹿、吠鹿在内的哺乳动物。它们进食的次数并不频繁，可以在不进食的情况下存活很长时间。

这些蟒蛇在陆地上无精打采、行动迟缓，在水中却化身为"游泳健将"。印度蟒和缅甸蟒每窝最多能产下 100 枚卵，卵的保护和孵化工作都由雌蟒完成。

名称	印度蟒和缅甸蟒

拉丁学名

印度蟒：*Python molurus*

缅甸蟒：*Python molurus bivittatus*

英文名

Indian Python

Burmese Python

分类　有鳞目　蟒科

体型　体长：缅甸蟒平均长度 3.7 米

主要特征　沉重的身体；颜色较浅的体表上有紧密相连的大型不规则斑点；缅甸蟒的底色由浅棕色到深棕色不等，斑点为深棕色；印度蟒的底色是灰色，斑点为中度棕色。

生活习性　独居；主要在夜间活动；天气寒冷时冬眠。

繁殖　能产下一大窝卵（多达 100 枚），孵化由雌性完成；幼崽刚孵出来就会捕猎。

食物　最大能捕食像鹿一样大的哺乳动物，此外还有鸟类和爬行动物；猎物都是受到挤压循环系统衰竭而亡。

栖息地　雨林、林中空地、种植园和河滨；常在河里游泳。

蟒蛇的唇窝上有红外感受器，使得它们能够在黑暗中"看见"散发热量的动物。

印度眼镜蛇

眼镜蛇都是毒蛇，其中印度眼镜蛇更是每年造成多人死亡的罪魁祸首。它们颈部延长的肋骨外扩，撑开皮肤的褶皱，形成了显眼的"兜帽"。眼镜蛇受到威胁时会展开兜帽，让自己看起来更大。这一物种深受印度"耍蛇人"的青睐。

名称	印度眼镜蛇

拉丁学名
Naja naja

英文名
Indian Cobra

分类　有鳞目　蛇亚目　眼镜蛇科　眼镜蛇亚科

体型　体长：1.2 ~ 1.7 米

受到威胁时，印度眼镜蛇会张开皮褶，这是它们独特的标志。

西部菱斑响尾蛇

西部菱斑响尾蛇是一种大型蛇，能捕食如北美野兔、草原犬鼠和地松鼠一样大的哺乳动物。早期的西班牙和葡萄牙探险家曾描述过响尾蛇尾巴上咯咯作响的"响环"，这是由一串角质环松散地连接而成的，角质环的成分是角蛋白。每一个角质环都来源于它们尾巴尖端的鳞片。

名称	西部菱斑响尾蛇

拉丁学名
Crotalus atrox

英文名
Western Diamondback Rattlesnake

分类　有鳞目　蝰科　蝮亚科

体型　体长：76 厘米 ~ 2.1 米

西部菱斑响尾蛇嘴里的毒牙能够释放出足以杀死一只野兔或犬鼠的毒液。

鳄鱼

与鳄鱼类似的动物最早出现在 2.5 亿年前的化石记录中。现代的鳄鱼（鳄目动物）是和鸟类亲缘关系最近的近亲。

这些可怕的食肉动物虽然大多都生活在淡水中，但也有许多种类曾经栖息在海洋里。如今在海洋中只剩下少数种类的身影，比如美洲鳄和咸水鳄。数百万年来，鳄形目动物的基本外形变化相对较小。例如，美国短吻鳄可追溯到的祖先们已经在美国的同一地区生活了 500 多万年。

捕食方式

下颌狭长、牙齿小而锋利的鳄目动物主要以鱼为食。另一些种类的下颌更宽，主要捕食哺乳动物。有些鳄鱼可以捕捉到几乎和自己体型一样大的生物。鳄鱼一生都在定期更换自己具有威慑力的牙齿。

当嘴闭合时，短吻鳄下颌的牙齿全都隐藏起来，而真鳄下颌的第四颗牙齿是可见的。在捕食哺乳动物时，大型鳄鱼的上下颌有着巨大的力量，

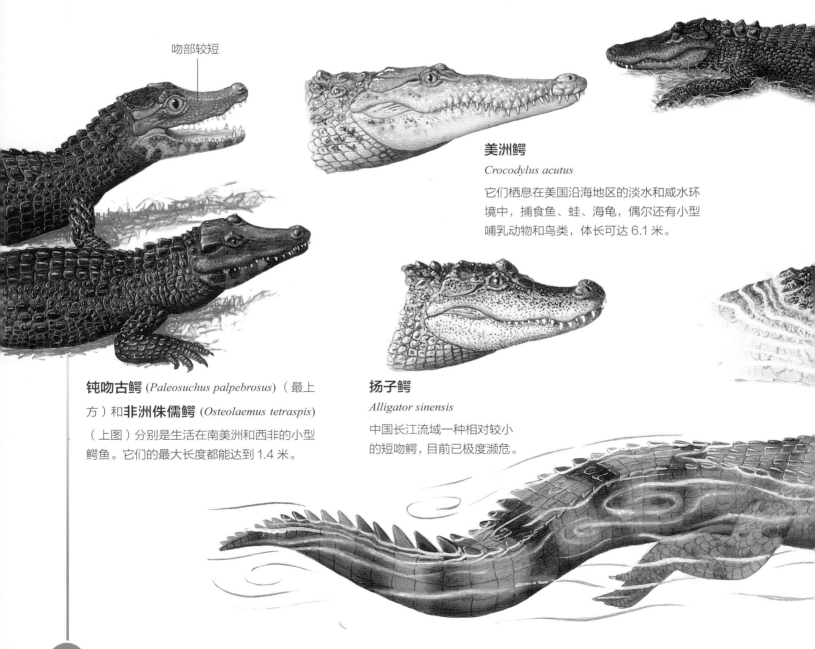

吻部较短

钝吻古鳄（*Paleosuchus palpebrosus*）（最上方）和**非洲侏儒鳄**（*Osteolaemus tetraspis*）（上图）分别是生活在南美洲和西非的小型鳄鱼。它们的最大长度都能达到 1.4 米。

美洲鳄
Crocodylus acutus
它们栖息在美国沿海地区的淡水和咸水环境中，捕食鱼、蛙、海龟，偶尔还有小型哺乳动物和鸟类，体长可达 6.1 米。

扬子鳄
Alligator sinensis
中国长江流域一种相对较小的短吻鳄，目前已极度濒危。

能对猎物发起致命攻击，它们通常将猎物拖到水中淹死。一只大型鳄鱼上下颌的咬合力大约是 13 吨。

鳄形目动物栖息在各种各样的环境中。一些种类偏爱沼泽，另一些则仅仅生活在河流中。雌性鳄鱼产卵后，会在整个孵化期守护着它们的窝。

一只刚刚从蛋里孵化出来的小鳄鱼。鳄鱼蛋的孵化期为 65～95 天，具体取决于它们的种类。鳄鱼妈妈会守护小鳄鱼长达 1 年的时间。

美国短吻鳄
Alligator mississippiensis

它们生活在美国的淡水沼泽和湖泊中，雄性可以长到 4.5 米。

黑凯门鳄
Melanosuchus niger

这一物种是亚马孙盆地最大的捕食者，可以长到 6.1 米，以食人鱼、鲶鱼和水豚为食。

泽鳄
Crocodylus palustris

作为南亚湖泊与河流中的顶级捕食者，泽鳄拥有所有鳄鱼中最宽的吻部。

恒河鳄
Gavialis gangeticus

适应于捕食鱼类的它们长出了长而细的鼻子和 110 颗小牙齿。恒河鳄的体长可达 6.1 米，是极度濒危的一种长吻鳄。

非洲狭吻鳄
Mecistops cataphractus

这种极度濒危的物种潜伏在中非和西非的湖泊中，伺机捕杀正在饮水的动物。

马来鳄
Tomistoma schlegelii

虽然长着和长吻鳄相似的吻部，这一东南亚物种比它们吃鱼的亲戚有着更丰富的食谱。图中的这只个体正带着两只幼崽游动。

美国短吻鳄

一度濒临灭绝的美国短吻鳄如今已再度成为湿地生态系统的重要组成部分。

尽管美国短吻鳄的主要栖息地是乔治亚州南部、路易斯安那州和佛罗里达州，但这一物种目前的分布范围已经涉及密西西比州、阿肯色州、得克萨斯州东部、卡罗莱纳州和亚拉巴马州。这种爬行动物相对较大的体型让它们在维持整个生态系统的平衡中发挥了关键作用：美国短吻鳄用尾巴和鼻子开凿的"鳄鱼洞"可以作为临时水库，为其他各种动植物创造了合适的水生环境。

伪装成木头

美国短吻鳄经常长时间一动不动地浮在水面上，像浸泡在水中的木头一样。在这种状态下，它们将鼻孔露出水面以便于呼吸。这种行为让美国短吻鳄能够迷惑并伏击猎物，同时也有助于它们在阳光的直射下保持体温。

美国短吻鳄在冬季行动迟缓。它们退回河道底部或者在水线以下的河岸挖洞穴居，直到天气转暖才会再次外出。在休息时，其心率可以降低到每分钟只跳动 1 次。

与人类的冲突

美国短吻鳄能够以每小时 48 千米的速度游泳和短距离奔跑，因此它们可以捕获各种各样的猎物。相对较宽的吻部也使它们能够制服各种各样的猎物。美国短吻鳄的嘴里有 80 多颗牙齿，会在一生中不断更换，长出新牙替代磨损或破损的旧牙，但随着年龄的增长，牙齿的生长速度也会减慢。一般来说，美国短吻鳄不会对人类构成重大威胁。在人类受到攻击的真实案例中，这种爬行动物往往是因为感受到威胁或惊吓才会被动出击。

美国短吻鳄在野外的寿命约 50 年。当长到 1.2 米时，除了人类和偶尔遇到的其他短吻鳄以外，它们就几乎没有天敌了。

美国短吻鳄生活在淡水沼泽、湿地和湖泊中，只能短时间忍受咸水。

美洲短吻鳄通过发出一种响亮的吼叫声来进行交流，它们的叫声在 1.6 千米之外都能听到。

名称	美国短吻鳄

拉丁学名 *Alligator mississippiensis*

英文名 American Alligator

分类 鳄目 短吻鳄科 短吻鳄亚科

体型
大型标本体长可达 4 米，
体重能超过 249 千克。

主要特征 身体几乎全黑色；吻部相对较长，又宽又圆；前脚各有 5 个脚趾，后脚有 4 个；当嘴闭合时，只有上排牙齿可见。

繁殖 雌性每窝产 30 ~ 70 枚卵，大约 2 个月后孵化出小鳄鱼。

栖息地 河流、湿地和沼泽；有时出现在咸水中；极少出现在海里。

分布 美国东南部，从德克萨斯到佛罗里达，北至卡罗来纳。

干燥的巢穴

美国短吻鳄的交配期通常从 3 月持续到 5 月，产卵时间要再晚 1 个月。雌性美国短吻鳄会寻找一个既不容易被洪水淹没又靠近水的地方，这个地方还需要隐藏在树木和其他植被中。一般来说，雌性美国短吻鳄会产 35 ~ 50 枚卵。刚孵化出的小鳄鱼长约 23 厘米，身体颜色比成年个体鲜艳得多，体表有黑黄相间的条纹图案。在两岁以前，小鳄鱼们都聚集在一起（称为幼鳄群），待在妈妈身边。

尼罗鳄

非洲每年大约有 300 人死于尼罗鳄之口。事实证明这个物种的适应性很强，它们的种群经受住了人类一个多世纪的严重捕杀。在 1980 年之前的短短 30 年里，皮革贸易就造成了超过 300 万只尼罗鳄的死亡。

尽管被称作非洲最致命的水生捕食者，尼罗鳄偶尔也会在攻击中表现得很糟糕，尤其是在与非洲象的决战中。在一个案例中，一只尼罗鳄紧紧咬住了大象的腿，却被大象抬脚拉出了水面，随后象群中的另一只大象踩死了这只不幸的尼罗鳄。

尼罗鳄很容易养成吃人的习惯。赞比西河上一个叫塞舍克的小镇曾发生过一起非常可怕的事件，当地的统治者瑟波巴国王在处置敌人时将他们全部喂给鳄鱼。尽管这种行为在 1870 年因国王被谋杀而停止，但在他死后的几十年里，这里的鳄鱼依然保留着吃人的名声。这也许并不奇怪，因为爬行动物本身就可以活 70 年以上。

名称	尼罗鳄

拉丁学名
Crocodylus niloticus

英文名
Nile Crocodile

分类　鳄目　真鳄科

体型　现有数据中，从吻部到尾尖最长可达 6 米，现存大型标本的体长一般不超过 4.9 米；体重可达 1 043 千克。

主要特征　身体通常呈深色，有时是黑色，腹部颜色较浅；吻部宽而有力。

生活习性　极具攻击性和危险性，行动速度快，潜行在水边抓捕猎物。

繁殖　雌性通常每窝产 16 ～ 80 枚卵，大约 2 个月后孵化出小鳄鱼。

食物　成年个体捕食包括长颈鹿在内的大型猎物，很少捕食人类。

栖息地　通常只生活在淡水中，但也可能出现在海滩上，极少数情况下会出现在海里。

像角马这样的食草动物在每年的迁徙途中常常需要蹚过河流，这时它们很容易受到尼罗鳄的攻击。

黑凯门鳄是 6 种凯门鳄中最大的一种，有着相对狭窄的吻部和大大的眼睛。

黑凯门鳄

黑凯门鳄是一种生活在浅水区域的敏捷猎手，听觉非常敏锐，因此它们可以结合视觉和听觉来搜寻猎物。长大以后的黑凯门鳄以哺乳动物为食，有时会捕食如猪和狗一类的家畜，但很少会攻击人类。在一些地区，它们已经养成了定期捕牛为食的习惯。

但由于过去人类的滥捕滥杀，整个南美洲现存的黑凯门鳄总数只剩 1 个世纪以前种群数量的 1%。不幸的是，即使目前已经推出了相应的保护措施，黑凯门鳄依然难以收复之前失去的栖息地。这是因为它们面临着来自普通凯门鳄的竞争，后者的体型更小、适应性更强、繁殖速度更快，数量也已经变得更加庞大。

名称	黑凯门鳄

拉丁学名
Melanosuchus niger

英文名
Black Caiman

分类　鳄目　短吻鳄科

体型
体长：最长能达到 6.1 米，是所有南美洲鳄鱼中体型最大的物种。
体重：约 227 千克

主要特征
体表有黑色斑点；吻在基部较宽，往尖端迅速变窄。

生活习性　夜行性捕食者；在雨季，通常出现在森林的洪泛区。

繁殖　雌性每窝产 50 ~ 60 枚卵，堆积在巢穴中；大约 6 周后孵化出小鳄鱼。

食物　幼鳄以水生无脊椎动物和小鱼为食；体型较大的成年个体以包括哺乳动物在内的大型猎物为食。

栖息地　热带雨林地区的浅水地带。

什么是鱼

　　鱼是用鳃呼吸的水生变温（冷血）脊椎动物。世界上有 3 万多种鱼类，展现出了极为丰富的多样性。广义上的鱼类包括七鳃鳗、盲鳗、软骨鱼、肉鳍鱼和辐鳍鱼 5 大类。其中，辐鳍鱼的物种数量远超其他类别。一些鱼类只能适应淡水或咸水中的一种环境，另一些却是广盐性能，同时适应这两种环境。

鱼鳍

　　鱼鳍可以提供前进的动力和上浮的升力，从而帮助鱼调控运动状态。鱼鳍通常分为成对的偶鳍和单一的奇鳍，前者包括胸鳍和腹鳍，后者包括背鳍、臀鳍和尾部上的尾鳍。

背鳍　侧线　鳃盖　尾鳍　胸鳍　鳃　臀鳍　腹鳍

鳃的结构

1. **盲鳗**：水流经一排鳃囊，然后汇聚到一个开口流出。

2. **七鳃鳗**：常见的七鳃鳗的鳃部有鳃孔和鳃囊。

3. **鲨鱼**：通过 5 对鳃裂直接开口到体外。

4. **硬骨鱼**：鳃外有一种起保护作用的骨质覆盖物，称为鳃盖。

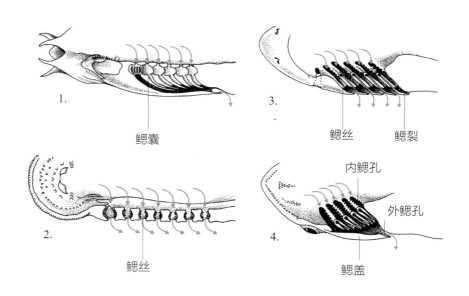

1. 鳃囊
3. 鳃丝　鳃裂
2. 鳃丝
4. 内鳃孔　外鳃孔　鳃盖

硬骨鱼的骨骼

硬骨鱼的骨骼由完全硬骨化的真骨构成。一般情况下，它们有一条脊椎骨和两列肌间骨。鳍条是分节的骨质支撑物，有些情况下还能特化成坚硬的鳍棘。

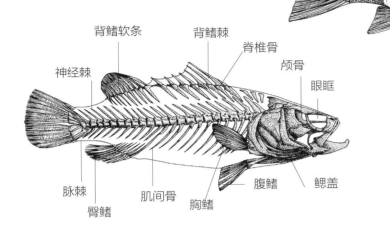

鳔　鳔管
肾　　　　脑
侧线　　　　　　　　　　鳃弓　嗅球
　　　　　　　　　　心脏　嚼肌
肠　脾　胃　肝

背鳍软条　　背鳍棘
神经棘　　　　脊椎骨　颅骨
　　　　　　　　　　眼眶
脉棘　　肌间骨　　　　腹鳍　鳃盖
臀鳍　　　胸鳍

硬骨鱼的器官

鱼类的许多器官都与其他脊椎动物相似，提供浮力的鱼鳔是它们特有的器官。

鲨鱼的骨骼

鲨鱼、鳐鱼和银鲛的骨骼系统都由软骨组成，脊柱由脊索周围的软骨层构成。软骨鱼也有鳍，鲨鱼的鳍更大，鳍条有分节，只不过包着皮肤，看不见分节。

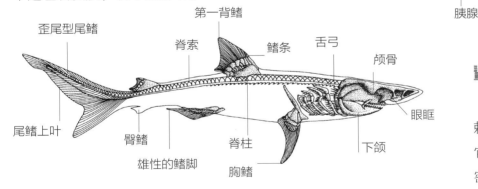

卵巢　　　肝
肌节　肾　　　　脑　眼
　　　　　　　鳃裂
螺旋瓣肠　脾　　　　嚼肌
胰腺　　心脏　嗅球

歪尾型尾鳍　　第一背鳍
　　脊索　鳍条　舌弓
　　　　　　　　颅骨
尾鳍上叶　　　　　　眼眶
臀鳍　雄性的鳍脚　脊柱　下颌
　　　　　胸鳍

鲨鱼的器官

鲨鱼在水中游动的浮力不依赖鳔，而依赖于它们巨大的肝脏。它们的肝脏富含油脂，使其身体密度比海水稍低。

鱼嘴的形状

1. **角镰鱼**（*Zanclus cornutus*），凸起的嘴巴和刚毛状的牙齿能从岩石上刮取小型生物。

2. **天使歧须鮠**（*Synodontis angelicus*），嘴上长长的触须有助于寻找食物。

3. **泰国斗鱼**（*Betta splendens*），上翘的嘴非常适合捕食昆虫幼虫。

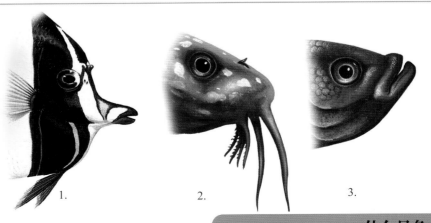

1.　　　　　2.　　　　　3.

鳗鱼和七鳃鳗

　　鳗鱼是一类细长的辐鳍鱼。七鳃鳗和盲鳗被称为无颌类动物，因为它们没有真正的下颌。

　　鳗鱼类的 800 个物种都有着统一的生殖方式。不管它们的栖息地在何处，最初都要在开阔的海洋中经历漫长的幼年时期（这一阶段的鳗鱼被称为柳叶鳗）。经过变态发育，鳗鱼就进入了青年时期，这一时期的鳗鱼外形就像缩小版的成年个体。来自欧洲和美洲的鳗鱼既能够生活在淡水中，也能够生活在海洋中。

　　一些七鳃鳗是寄生动物，它们利用像吸盘一样的口漏斗吸附在选定的寄主上，并用角质齿和锉舌在寄主身上撕开伤口吸血或吸食肌肉组织。非寄生的七鳃鳗成年期并不长，从成熟到产卵后死亡都不吃任何东西。由于七鳃鳗必须在淡水中产卵，那些生活在海洋中的七鳃鳗不得不为了繁殖进行长距离洄游。

尖齿泽鳝白天经常待在珊瑚礁附近的缝隙里，晚上外出捕食甲壳类动物和鱼类。

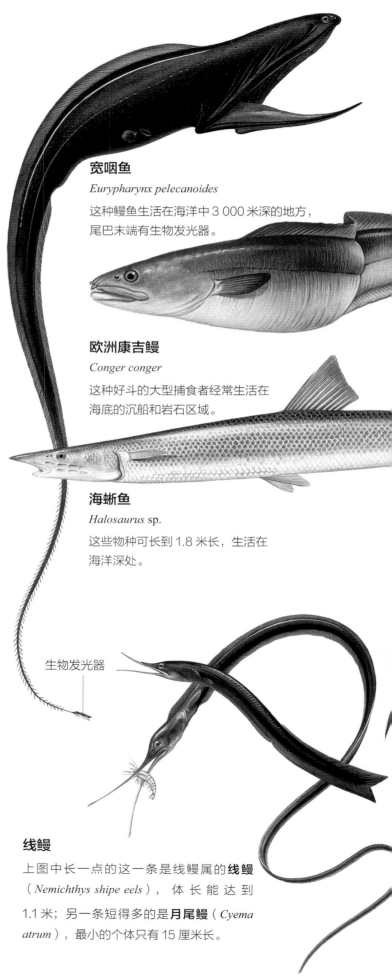

宽咽鱼

Eurypharynx pelecanoides

这种鳗鱼生活在海洋中 3 000 米深的地方，尾巴末端有生物发光器。

欧洲康吉鳗

Conger conger

这种好斗的大型捕食者经常生活在海底的沉船和岩石区域。

海蜥鱼

Halosaurus sp.

这些物种可长到 1.8 米长，生活在海洋深处。

生物发光器

线鳗

上图中长一点的这一条是线鳗属的**线鳗**（*Nemichthys shipe eels*），体长能达到 1.1 米；另一条短得多的是**月尾鳗**（*Cyema atrum*），最小的个体只有 15 厘米长。

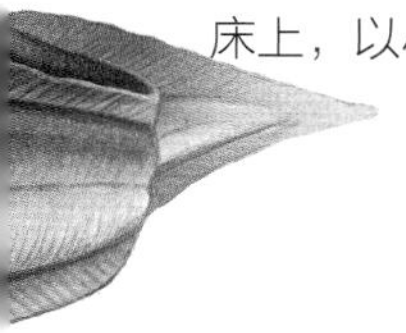

休氏唇鼻鳗

Chilorhinus suensonii

这种鳗鱼生活在沙质的海底和海草床上，以小鱼和无脊椎动物为食。

爱德华蚓鳗

Moringua edwardsii

这种鳗鱼是生活在西大西洋的热带鱼类，以海底穴居的海洋无脊椎动物为食。

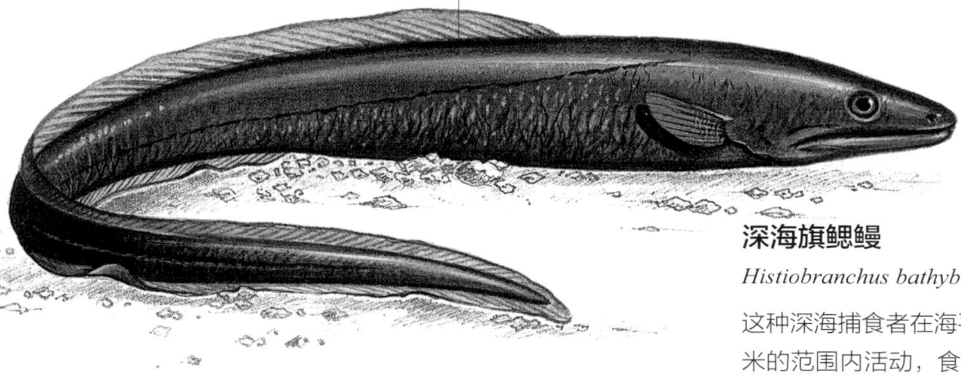

背鳍又长又窄

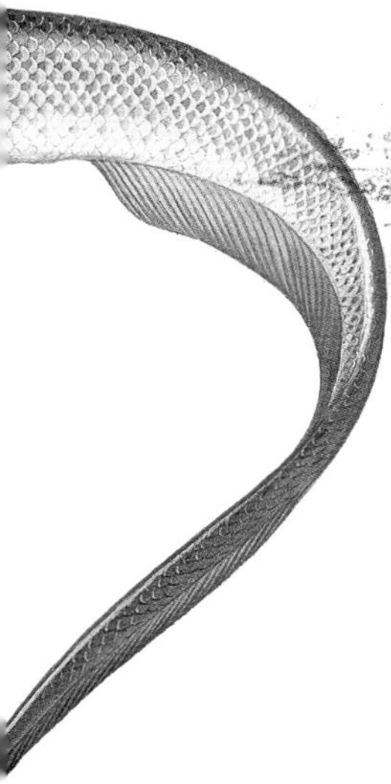

深海旗鳃鳗

Histiobranchus bathybius

这种深海捕食者在海平面下 645 ~ 5 440 米的范围内活动，食物包括鱼类、甲壳类动物和乌贼。

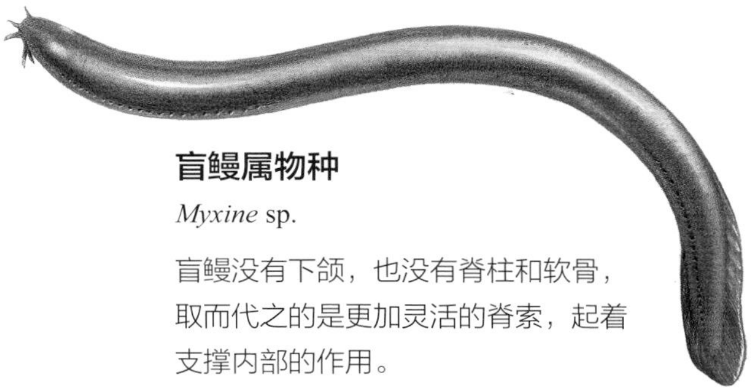

盲鳗属物种

Myxine sp.

盲鳗没有下颌，也没有脊柱和软骨，取而代之的是更加灵活的脊索，起着支撑内部的作用。

盲鳗属物种

Myxine sp.

这些令人印象深刻的原始鱼类能够把自己打成结，使它们得以从捕食者口中逃脱。

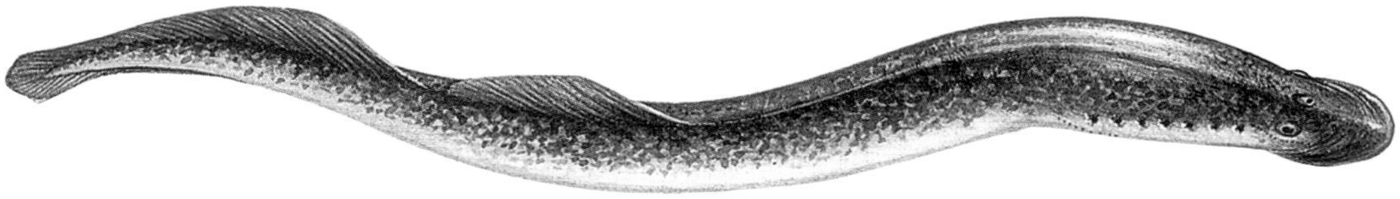

海七鳃鳗

Petromyzon marinus

这是一种寄生性七鳃鳗。雌性会在海床上的洞穴里产下多达 10 万枚卵，随后雄性为它们授精，双亲在完成繁殖后不久就会死亡。

鲱鱼、鲟鱼和龙鱼

辐鳍鱼是一个非常大的类群，在体型大小、生活方式和栖息地喜好方面展现出丰富的多样性。

鲱鱼（鲱形目）是典型的群居动物，成千上万条鲱鱼聚在一起形成巨大的鱼群，通过这种协调合作的方式，鲱鱼能最大限度地提高觅食效率，同时也能最大限度地降低每条鲱鱼被捕食的威胁。鲱形目的鱼通常是小到中型的，有着尖尖的吻部、大大的眼睛、银色的外表和正尾型的尾鳍。大多数鲱鱼以浮游生物为食。

鲟鱼生活在欧洲的和亚洲的一些河流中，它们的体型很大，其中，欧洲鳇可以长到 3.4 米长。

鲟鱼和它们的近亲白鲟一起构成了鲟形目。鲟鱼是底栖鱼类，以无脊椎动物和小鱼为食。鲟

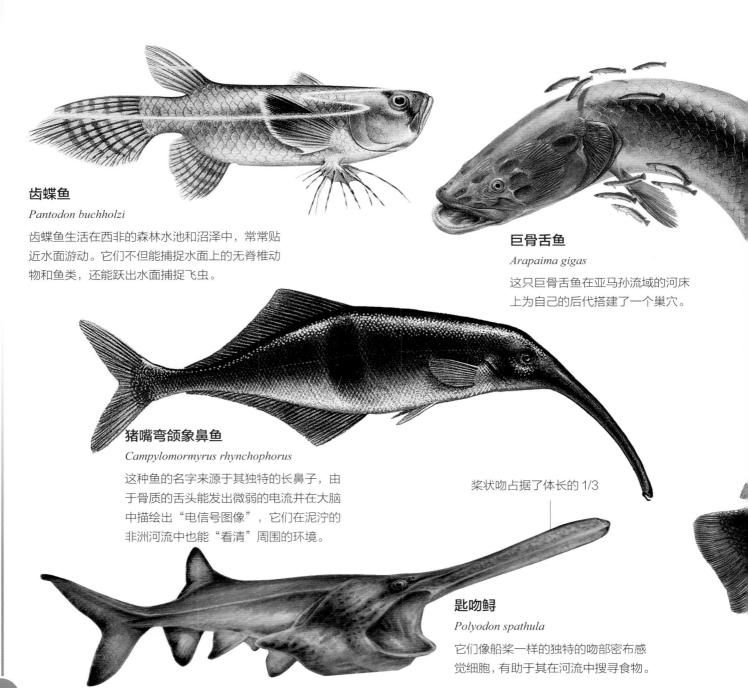

齿蝶鱼

Pantodon buchholzi

齿蝶鱼生活在西非的森林水池和沼泽中，常常贴近水面游动。它们不但能捕捉水面上的无脊椎动物和鱼类，还能跃出水面捕捉飞虫。

巨骨舌鱼

Arapaima gigas

这只巨骨舌鱼在亚马孙流域的河床上为自己的后代搭建了一个巢穴。

猪嘴弯颌象鼻鱼

Campylomormyrus rhynchophorus

这种鱼的名字来源于其独特的长鼻子，由于骨质的舌头能发出微弱的电流并在大脑中描绘出"电信号图像"，它们在泥泞的非洲河流中也能"看清"周围的环境。

桨状吻占据了体长的 1/3

匙吻鲟

Polyodon spathula

它们像船桨一样的独特的吻部密布感觉细胞，有助于其在河流中搜寻食物。

鱼的下颌完全伸展时会形成宽宽的管状结构，能够像水下吸尘器一样将食物吸进嘴里。虽然鲟鱼在淡水中繁殖，但大多数种类都有溯河洄游的特性——它们大部分时间在海上度过，繁殖季节会为了产卵游回河流中。

龙鱼（骨舌目）是一类有牙齿的热带淡水鱼，全世界共有 200 多种。生活在亚马孙河流域的巨舌鱼是世界上最大的淡水鱼之一，体长可以达到 3 米。

匙吻鲟原产于密西西比河和密苏里河的流域，以微小的浮游动物为食。

双须骨舌鱼（银龙鱼）

Osteoglossum bicirrhosum

银龙原产于亚马孙河和奥里诺科河流域，可以跃出水面约 0.9 米来捕食飞虫、鸟类，甚至蝙蝠。它们拥有骨质的舌头。

宝刀鱼

Chirocentrus dorab

一种侧扁狭长而又贪吃的捕食者，生活在从红海和东非到澳大利亚北部的印度—太平洋地区。

身上覆盖着成排的骨板

大西洋鲟

Acipenser sturio

这种大鱼从海洋洄游到淡水产卵地，在砾石激起的河水中产卵。

密苏里铲鲟

Scaphirhynchus albus

这一北美物种生活在密苏里河和密西西比河下游。

狗鱼和鲑鱼

狗鱼是长得像鱼雷一样的捕食者,生活在湖泊和河流中,以其隐秘的潜行技巧和非凡的捕食技术而闻名。狗鱼及其近亲一起组成了狗鱼科,而鲑鱼、鳟鱼、茴鱼和红点鲑是鲑科的成员。

狗鱼的嘴很大,嘴里有许多尖牙,它们的视力极佳,背鳍和臀鳍位置靠后,尾巴强壮有力。狗鱼有完美的捕猎技巧,它们静静地伏在水里等待,在猎物出现时疾速猛扑,以至于受害者根本无法躲开这精心策划的伏击。

鲑鱼、鳟鱼及其近亲都有着独特的脂鳍——位于背鳍和尾巴之间的无鳍条肉质小鳍。其他的鳍都生长完好,尾巴也非常有力。鲑鱼以史诗般的洄游之旅而闻名,一些鲑鱼从大海回到河流繁衍后代,还有一些鲑鱼的生命会在这段旅程中走向终结,例如红鲑。

茴鱼
Thymallus thymallus
这种鲑科成员生活在北欧的淡水河与湖泊中,喜欢冰冷、干净的水。

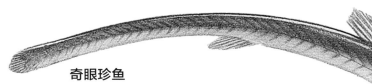

奇眼珍鱼
Xenophthalmichthys danae
这种酷似鳗鱼的鱼生活在热带大西洋和太平洋海域深度约 1 250 米的地方。

葛氏后肛鱼
Opisthoproctus grimaldii
这种鱼出没于深度为 300 ~ 400 米的热带、亚热带大西洋海域和太平洋海域。

一些红大麻哈鱼从太平洋游到爱达荷州的红鱼湖产卵,其间距离超过 1 400 米。

管口平头鱼
Aulastomatomorpha sp.
这种鱼分布于热带印度洋和太平洋海域,生活在 1 700 ~ 2 000 米深的大陆坡上。

红大麻哈鱼

Oncorhynchus nerka

这种溯河洄游性的鲑鱼在北美的
淡水湖与河流中产卵。

虹鳟

Oncorhynchus mykiss

虹鳟原产于北美太平洋沿岸，现已经被
引进到南极洲以外的其他各个大陆。

海鳟

Salmo trutta trutta

一种生活在海里的物种，只为在湍急
的河流中产卵才回到淡水中来。

北极红点鲑

Salvelinus alpinus

有些红点鲑一辈子都生活在淡水中，
另一些则溯河洄游产卵。

天穹白鲑

Coregonus zenithicus

它们是生活在美国和加拿大五大湖
深水区的一种鲑鱼。

大西洋鲑

Salmo salar

大西洋鲑生活在北大西洋，但会
返回河流中产卵。

红大麻哈鱼

从出生到死亡，红大麻哈鱼一直面临着各种各样的危险，包括幼体时会遭遇水生昆虫捕食者，成年后在海洋中会遭遇海豹、海狮和虎鲸，以及在洄游到传统繁殖地过程中会遭遇熊。来去之间，各种捕食性的鱼类、鸟类，甚至人类都会导致红大麻哈鱼数量的减少，以至于每年孵化出的新一代中只有很小一部分能够成功返回繁殖地产卵。所有的成年红大麻哈鱼都会在产卵后不久死亡。

尽管每一条个体都面临着多重威胁，但作为一个群体，红大麻哈鱼却是伟大的幸存者。红大麻哈鱼的种群有两种类型，一种生活在远洋，另一种生活在内陆。淡水种群的一些后代也有可能游向广袤无垠的大海，过起溯河洄游的生活，因为它们始终有能力在淡水和咸水间自由来去。有些种群需要游很长一段时间才能抵达河流的入海口，而另一些在河口附近繁殖的种群则能更快抵达目的地，但它们会呈爆发式聚集在一起。旅途的距离和产卵位置的灵活组合大大提高了红大麻哈鱼的生存机会。

名称	红大麻哈鱼

拉丁学名
Oncorhynchus nerka

英文名
Sockeye Salmon

分类　鲑形目　鲑科

体型
体长：40 ～ 84 厘米

主要特征　身体很长，尖细的吻部顶端圆钝；尾部略微分叉；繁殖期身体变红，头变绿。

繁殖　湖泊和岛屿的沿岸，或者富含氧气、底部有砾石流动的浅水溪流中；雌性会挖掘产卵的巢穴来产卵；成体产卵后死亡；鱼卵的孵化需要 6 周至 5 个月。

食物　幼体吃浮游生物，其次是小鱼和较大的无脊椎动物；远洋成年个体捕食大型鱼类；内陆淡水种群以无脊椎动物为食。

栖息地　溯河洄游的种群在深度约 250 米的开阔海洋中成长至性成熟；内陆种群生活在湖泊中。

通过鲜红的身体和绿色的头可以判断出红大麻哈鱼正处于繁殖期。雌性红大麻哈鱼通常在浅水中产卵。

虹鳟

虹鳟拥有所有鳟鱼中最鲜艳的颜色，几乎在世界各地都能找到它们的身影。同时，虹鳟也是适应性极强的鱼类，成功引种的比例很高，已经在许多国家建立了新的种群。

名称	虹鳟

拉丁学名

Oncorhynchus mykiss

英文名

Rainbow Trout

分类　鲑形目　鲑科

体型　体长：最长将近1.2米；一些种群，尤其是一些内陆种群的个体要小得多，重量也轻得多。

虹鳟身体光滑，嘴大，背部和两侧有许多黑点。

白斑狗鱼

白斑狗鱼是狗鱼科中分布范围最广的成员。然而它们不会从一片水域洄游到另一片水域，而是更喜欢待在出生的水域附近。成年的个体是独行侠，有着强烈的领地意识，不允许其他成年个体进入自己的水域。幼年个体的独居性不那么强，但存在同类相食的现象，大个头的家伙会尾随并吃掉比它们弱小的同胞。

名称	白斑狗鱼

拉丁学名

Esox lucius

英文名

Northern Pike

分类　狗鱼目　狗鱼科

体型　体长：平均46～51厘米

主要特征　身体细长，吻部像鸭嘴一样，大嘴里长着许多尖牙。

白斑狗鱼长着像鸭嘴一样扁平的吻部和又大又尖的牙齿，很容易捕食小鱼。

钻光鱼和鮟鱇鱼

钻光鱼、鮟鱇鱼及其亲缘关系相近的各种深海鱼类都有着大大的脑袋，嘴巴上方还长着突起的"鱼饵"。

钻光鱼有一组名副其实的刚毛状牙齿，个头最大的物种也只能长到 6 厘米，以小型甲壳类动物和其他无脊椎动物为食。

在鮟鱇鱼身上，第一背鳍向前延伸至吻部顶端，形成了一个能吸引猎物的诱饵。诱饵色彩鲜艳，形状像小蠕虫或虾。大斑躄鱼的诱饵不但长成了小鱼的模样，还能像小鱼一样晃动。一些琵琶鱼生活在海底，依靠伪装来隐藏自己。

最奇怪的鮟鱇鱼是深海里的角鮟鱇，它们生活在漆黑的环境中，长有一个会发光的诱饵，依靠数百万紧密聚集的共生细菌发出生物荧光。

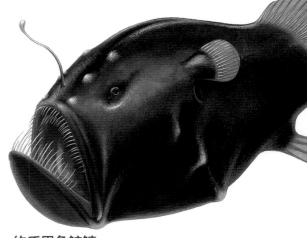

约氏黑角鮟鱇

Melanocetus johnsonii

这是一只雌性个体，它们 18 厘米的体长让仅有 2.5 厘米的雄性相形见绌。

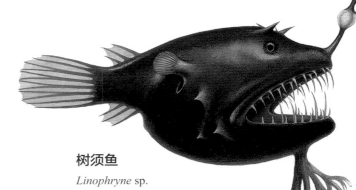

树须鱼

Linophryne sp.

树须鱼是小型鮟鱇，体长不超过 7 厘米，头上长着精致的诱饵，下巴挂着像树枝一样的大触须。

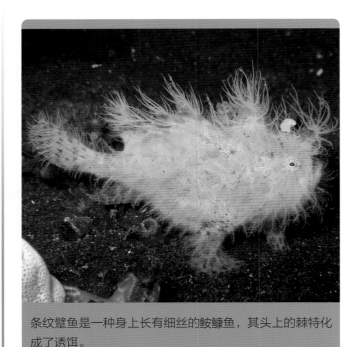

条纹躄鱼是一种身上长有细丝的鮟鱇鱼，其头上的棘特化成了诱饵。

大角鮟鱇

Gigantactis sp.

这种鮟鱇鱼体长 15 厘米，但它们细长的角，或者说"鱼竿"的长度是体长的好几倍。

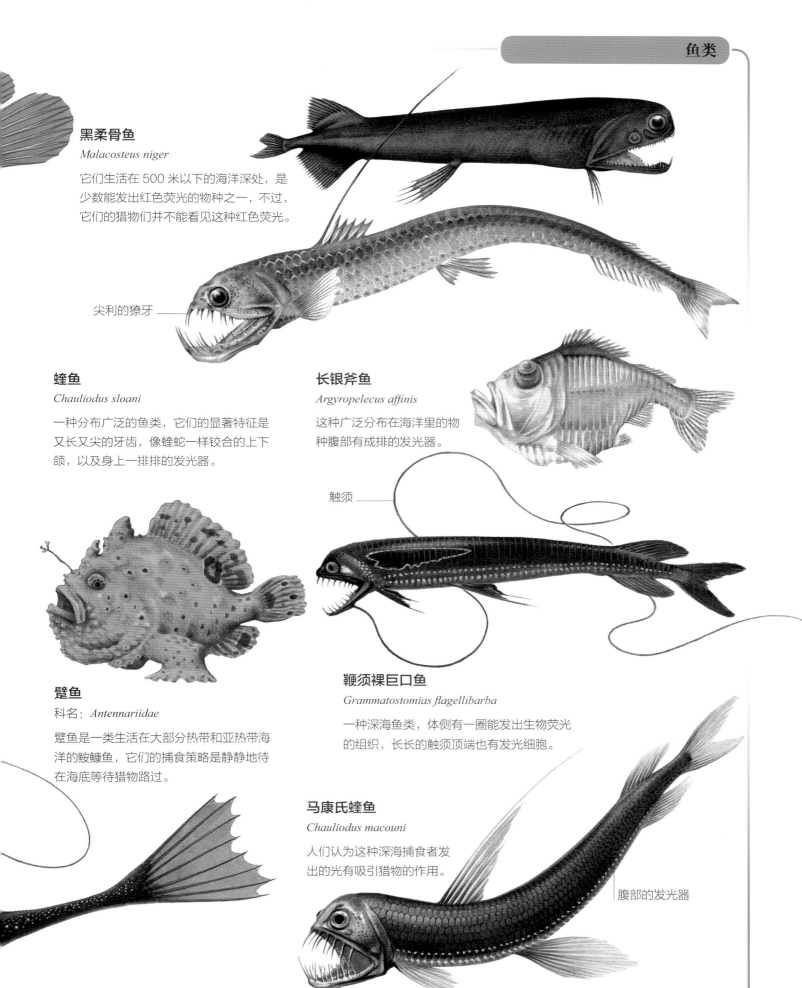

黑柔骨鱼
Malacosteus niger

它们生活在 500 米以下的海洋深处，是少数能发出红色荧光的物种之一，不过，它们的猎物们并不能看见这种红色荧光。

尖利的獠牙

蝰鱼
Chauliodus sloani

一种分布广泛的鱼类，它们的显著特征是又长又尖的牙齿，像蝰蛇一样铰合的上下颌，以及身上一排排的发光器。

长银斧鱼
Argyropelecus affinis

这种广泛分布在海洋里的物种腹部有成排的发光器。

触须

躄鱼
科名：*Antennariidae*

躄鱼是一类生活在大部分热带和亚热带海洋的鮟鱇鱼，它们的捕食策略是静静地待在海底等待猎物路过。

鞭须裸巨口鱼
Grammatostomias flagellibarba

一种深海鱼类，体侧有一圈能发出生物荧光的组织，长长的触须顶端也有发光细胞。

马康氏蝰鱼
Chauliodus macouni

人们认为这种深海捕食者发出的光有吸引猎物的作用。

腹部的发光器

鲤鱼和鲶鱼

鲶鱼和鲤鱼主要生活在淡水中。鲶鱼包括好几个科的物种，庞大的鲤鱼家族（鲤科）更是有超过 2 000 种鱼类。

缅甸河流中特有的透体小鲃。成年雌性个体只有 1.1 厘米长，是最小的淡水脊椎动物之一。而在泰国、柬埔寨和越南河流中的极危物种巨暹罗鲤却长达 2.7 米，重达 300 千克。

长触须的鱼

鲶鱼是最容易识别的鱼类群体之一，因为它们用作感觉器官的触须最多。大多数鲶鱼都有 4 对触须，通常 1 对在头上，1 对在上颌，2 对在下巴。但触须的分布也有许多变化。鲶鱼生活在除南极洲以外各大洲的湖泊、河流或沿海水域，许多种类都在夜间或黄昏活动。

美鲇

Callichthys callichthys

这一物种经常聚集成鱼群，在南美洲部分地区的河流和湖泊中很常见。

结鱼

Tor tor

结鱼通常生活在亚洲湍急的河流中，可以长到 1.5 米长。

鲤

Cyprinus carpio

雌性鲤可以在浅水区域的植被中产下超过 100 万个黏稠的卵。

鲸

Luciobrama macrocephalus

一种生活在东南亚河流和湖泊中的捕食者，形状像长矛一样。

腹吸鳅

Gastromyzon sp.

腹吸鳅成对的鳍状肢形成吸盘，使其能够在湍流中稳稳吸附在岩石上。

鮈

Gobio gobio

这种鱼原产于欧洲，生活在湖泊、水库及河流中。

鲶鱼的体型差别很大。一方面，像六须鲶鱼这样的巨型鲶鱼经常能长到 3 米长，在报道中还有长到 5 米的记录。巨鲶也可以长到 2 米长。而如小兵鲶一样的微小物种在长到 3.5 厘米时就已经完全发育成熟了。

岩歧须鮠的头上有 3 对触须。它们分布于坦噶尼喀湖的沿岸水域，通常栖息在湖底岩石较多的地方。

卢伦真小鲤
Cyprinella lutrensis

一种色彩缤纷的物种，生活在美国和墨西哥。

玫瑰无须鲃
Pethia conchonius

这种小型鲤鱼生活在淡水河流中，右侧这条颜色更鲜艳的个体是雄性。

墨西哥拟海鲶
Ariopsis felis

这种生活在海滨的鲶鱼由雄性负责孵卵，它们把卵含在嘴里直到孵化出小鱼。

蟾胡鲶（右图下图）
Clarias batrachus

它们用胸鳍在泥泞的河床表面蠕动。

黑腹歧须鮠
Synodontis nigriventris

这种鱼会反转身体进行仰泳，从而更好地从藻类叶片的下表面取食。

欧鲶
Silurus glanis

欧鲶是世界上第二大的鲶鱼，成年后通常体长 3 米左右，体重超过 200 千克。

巨无齿𩷶
Pangasianodon gigas

这种世界上最大的鲶鱼生活在越南的湄公河和柬埔寨的洞里萨湖，但极度濒危。

连尾𩷶
Chaca chaca

这种鱼看起来像一片扁平的叶子，叶子的一端张着一张大嘴。

西鲤

这种体型庞大的鱼类起源于中亚的里海东部，在第四季冰期后期从原产地向东扩散到中国东三省地区，然后开始自然地向西扩散到多瑙河流域、黑海和咸海。

将鲤鱼作为食物饲养的历史至少从中世纪就已经开始了，并且极有可能始于罗马时代。罗马人在多瑙河中捕获鲤鱼，再将其带到欧洲的其他地方放生。后来，这种鱼被广泛引进和养殖。

西鲤是一种耐寒的鱼类，但在野外条件下，西鲤更喜欢植被丰富、水体温暖、有着柔软沉积物的安静水域，这样它们就可以四处游动，搜寻多种多样的食物。西鲤还可以在溶氧量很低的湖泊中生存。

名称	西鲤

拉丁学名
Cyprinus carpio carpio

英文名
Common Carp

分类 鲤形目　鲤科

体型 较大的成年个体能达到 1.2 米甚至更长，重达 37 千克。

主要特征 躯体敦实沉重；全身布满鳞片；头部无鳞，有 2 对触须；鳍发育齐全；体色变化不定，但背部通常呈绿棕色，在腹部褪至淡黄色；观赏性品种颜色多样。

繁殖 雌性平均每次产下 30 万枚卵，由雄性进行体外授精；雄鱼 3～5 岁性成熟，雌鱼 4～5 岁性成熟。

食物 昆虫、甲壳类动物、软体动物、种子、鱼类和块茎，大多从水底柔软的沉积物中获取。

栖息地 偏爱流速缓慢、水底有柔软沉积物的河流，也能在各种淡水环境中繁衍生息。

野生状态下的西鲤喜欢温暖、深幽、流动缓慢而平静的淡水水域。

鲶鱼最显著的特征是它的"胡须"，这种感觉器官能帮助它们在浑浊的水中发现猎物和障碍物。

北美鲶鱼

生活在北美洲淡水里的北美鲶鱼有时也被称为大头鱼，共有5大类群。虽然前一个名字读起来不那么顺口，却是两者中比较准确的一个，因为大头鱼这个名字更适合形容鮰属的鲶鱼。

北美鲶鱼有4对感觉触须，或者称为胡须，可以用来定位猎物。它们的皮肤没有鳞片。背鳍和胸鳍通常有一根棘刺，背鳍有6根软鳍条。有些物种能以鳍上的毒刺为武器，扎出很痛的伤口。

北美鲶鱼的类群如此庞大，以至于它们丰富多样的生活方式和栖息环境都变得不足为奇。在沟壑纵横的山谷间，有一种叫作山石鮰的小鱼生活在溪流上游，它们在夜间外出觅食，白天躲在巨大的扁平岩石下，身上的毒刺是抵御捕食者的一种有效武器。

名称	北美鲶鱼

拉丁学名

Ictaluridae

英文名

North American Freshwater Catfish

分类 鲇形目 北美鲶科

物种数 共7属，约50种。

体型 体长：从10厘米（连尾鮰）到48～165厘米（斑点叉尾鮰）。

主要特征 身体长，无鳞片；有4对触须；山石鮰和黄石鮰可以产生毒液；除宽口撒旦鮰和洞鮰外，所有种类都有鳔；盲鮰没有眼睛。

繁殖 雌性将卵产在雄性筑好的巢穴内。

食物 一些物种几乎吃任何它们能抓得到的动物和能够得到的植物，另一些则比较挑食。

栖息地 底部有沙或砾石的溪流、湖泊和水库；大部分生活在淡水环境，有时也出现在咸水环境。

鳕鱼和银汉鱼

鳕鱼、鲑鲈和鼬鱼都被归类到副棘鳍总目这一大类别，其中共有约1 340种现存物种。

世界上共有500多种鳕鱼（鳕形目）。这些白色的小鱼生活在温带或寒冷的海水中。鳕鱼引人瞩目的白色鱼肉很能反映出它们的生活方式，尤其是它们行动和狩猎的方式。白色的肌纤维能快速收缩，使之在短时间内迅速加速，却不能维持长时间的高速状态。因此，鳕鱼及其近亲往往是伏击型猎手，依靠高超的冲刺能力捕捉猎物。

世界上大约有385种海生鼬鱼和光鱼（鼬形目），其中包括一种生活在海洋最深处的鱼。鲑鲈（鲑鲈目）栖息在北美的淡水环境中。银汉鱼（银汉鱼目）生活在热带和温带的海洋及淡水中。

线尾突吻鳕（右图）
Coryphaenoides filicauda
这种长尾深海物种生活在南大洋5 000米深的地方。

非常长的尾巴

大西洋鳕
Gadus morhua
过度捕捞导致这一物种的种群数量急剧下降。

大西洋银鱼是美国东海岸的一种常见鱼类，是许多大型鱼类食物的重要组成部分。

喉肛鱼
Aphredoderus sayanus
这种夜间觅食的淡水物种在北美的部分地区很常见。

蓝鳕

Micromesistius poutassou

这是一种生活在北大西洋的物种，自 20 世纪 70 年代开始，人们就为了谋取巨大的商业利润而对它们痛下杀手。

发光斯氏无须鳕（左图）

Steindachneria argentea

发光斯氏无须鳕常见于墨西哥湾 400 ～ 500 米深的水域。

澳洲犁齿鳕

Salilota australis

最近一次发现澳洲犁齿鳕的记录是在 1986 年，地点位于南大西洋约 1 000 米深处。

德氏底潜鱼

Echiodon drummondii

这一物种生活在北大西洋深度约 400 米的地方。

神女底鼬鳚

Abyssobrotula galatheae

每一片亚热带和热带海洋都有这种生物的身影，它们生活在 3 110 ～ 8 370 米深的海洋中，比任何已知鱼类生活的地方都要更深。

加拿大鲑鲈

Percopsis omiscomaycus

它们是一种北美淡水鱼。

鲈鱼

世界上有一万多种鲈形目的鱼类，鲈鱼是各种水体环境中种类最丰富的鱼类，在淡水、咸水和海洋中都分布广泛。不同种类的鲈鱼的体型、颜色和生活行为各不相同，例如，旗鱼和金枪鱼是体型较大、游动快速的食肉动物，神仙鱼则是纤细柔弱、行动缓慢的"宅家高手"。弹涂鱼生活在潮间带（平均最高潮位和最低潮位之间的海岸），另一些鲈鱼则栖息在海洋深处。

大多数鲈鱼都有棘状或"牙齿"一样的鳞片（栉鳞）。然而，它们的"牙齿"并不像其他鱼类那样连接或融合成鳞片的主要部分。一些极为典型的少数物种长着与众不同的"无齿圆鳞"，还有一些物种完全不长鳞片。

大多数鲈鱼的背鳍相对较长，分为两个不同的部分：前部是锋利又坚硬的棘，后部是柔软而分叉的鳍条。

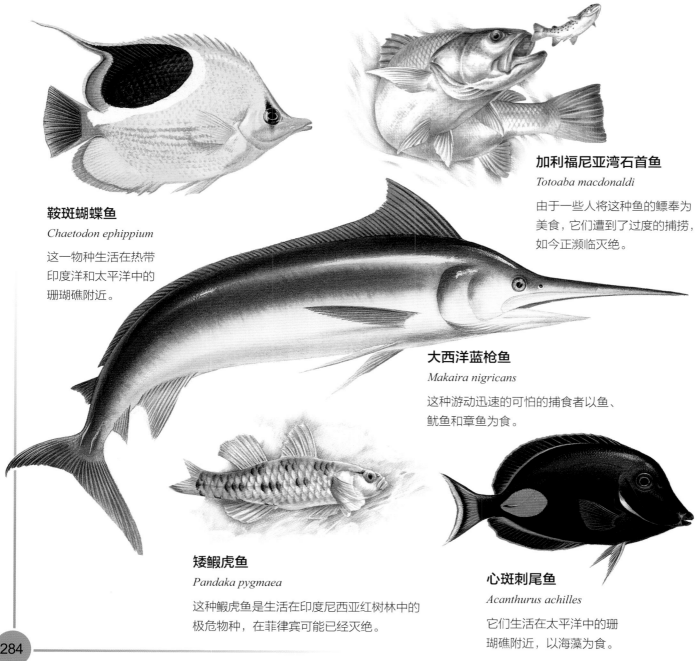

鞍斑蝴蝶鱼

Chaetodon ephippium

这一物种生活在热带印度洋和太平洋中的珊瑚礁附近。

加利福尼亚湾石首鱼

Totoaba macdonaldi

由于一些人将这种鱼的鳔奉为美食，它们遭到了过度的捕捞，如今正濒临灭绝。

大西洋蓝枪鱼

Makaira nigricans

这种游动迅速的可怕的捕食者以鱼、鱿鱼和章鱼为食。

矮鰕虎鱼

Pandaka pygmaea

这种鰕虎鱼是生活在印度尼西亚红树林中的极危物种，在菲律宾可能已经灭绝。

心斑刺尾鱼

Acanthurus achilles

它们生活在太平洋中的珊瑚礁附近，以海藻为食。

许多鲈鱼为人类提供了重要的食物来源。有时，这些物种支撑着当地的小型渔业，它们还奠定了全球的渔业基础。金枪鱼和鲭鱼是食用鱼类中最重要的组成部分。鲭鱼的种群数量依然庞大，但包括加利福尼亚湾石首鱼在内的其他许多鲈鱼，现已非常罕见。

彩虹色的双棘甲尻鱼生活在印度洋和太平洋中珊瑚丰富的潟湖和珊瑚礁地带，以海绵为食。

用胸鳍在潮间带的淤泥上"行走"

弹涂鱼
Periophthalmus sp.

弹涂鱼分布在非洲、亚洲和大洋洲海岸附近的红树林中，大部分时间都待在水体外。

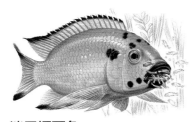

淡黑镊丽鱼
Labidochromis caeruleus

一种用嘴孵卵的慈鲷，只分布在东非的马拉维淡水湖。

大西洋鲭
Scomber scombrus

它们生活在寒带和温带的北大西洋。

镰刀状的臀鳍

黄鳍金枪鱼
Thunnus albacares

一种分布在热带和亚热带水域的鱼，游动迅速，能长到 180 千克重。

双棘甲尻鱼（左图）
Pygoplites diacanthus

印度—太平洋水域的珊瑚礁是这一绚丽物种的栖息地。

带鳍鹦嘴鱼
Scarus taeniopterus

一种丰富多彩的鱼类，生活在加勒比海和西大西洋中的热带珊瑚礁附近。

旗鱼

旗鱼、四鳍旗鱼、东方旗鱼和剑旗鱼主要生活在热带和亚热带海洋中，它们最显著的特征是拥有可以用于劈砍和击打猎物的长喙，也因此被统称为旗鱼。

黑枪鱼可能是世界上游得最快的鱼，速度比猎豹还快。据记载，一条黑枪鱼的游动速度曾达到每小时 129 千米。尽管其他旗鱼比不上黑枪鱼，但它们也能爆发出极快的速度。大西洋蓝枪鱼的冲刺速度可以达到每小时 80 千米，剑旗鱼的冲刺速度可以达到每小时 90 千米。与鲭鱼和金枪鱼（鲭科动物）一样，这些高速游动的捕食者有复杂的血液循环系统，能够将体温保持在比环境高几度的水平，从而完成快速而持续的游动。

剑旗鱼主要在夜间捕食小鱼，独自构成了剑旗鱼科这一类群。11 种旗鱼、东方旗鱼和四鳍旗鱼一起组成了旗鱼科。

名称	旗鱼

拉丁学名
剑雨科：*Family Xiphiidae*
旗鱼科：*Family Istiophoridae*

英文名
Billfish

分类　鲈形目　剑鱼科和旗鱼科

物种数
剑鱼科：1 属 1 种。
旗鱼科：5 属 12 种。

体型　体长：从 1.8 米到 5 米不等。

主要特征　所有种类都体型纤长，有长喙；剑旗鱼的喙从上到下都是扁平的，而其他所有种类旗鱼的喙的横截面都为圆形；躯体近似圆柱形；东方旗鱼的背鳍像船帆；剑旗鱼没有腹鳍，其他种类虽然有腹鳍但较为窄小；尾巴坚硬、狭窄、明显分叉。

繁殖　体外受精。

食物　鱼类、甲壳类和鱿鱼。

栖息地　海洋。

白色四鳍旗鱼的喙又长又圆，与剑旗鱼又长又扁的喙形成鲜明对比。

286

金枪鱼有着"鲔行式"的泳姿，它们在水中游泳时不会像其他鱼类那样弯曲身体。

鲭鱼和金枪鱼

鲭科大家族包括至少 51 种鲭鱼、金枪鱼和狐鲣，其中一些种类是我们最熟悉和重要的食用鱼。大西洋鲭鱼的数量非常多，尤其是在夏季，因此它们成为多地渔业的重要组成部分，特别是在地中海。

鲭鱼及其近亲共有的特征是两个背鳍以及第二背鳍后的一系列小鳍。而金枪鱼的游泳技巧非常适于它们长时间漫游的生活方式，在必要的情况下它们能瞬间爆发出极快的速度。金枪鱼的主要运动肌肉在身体深处沿脊柱排列，并不像大多数鱼类那样位于皮肤之下。在金枪鱼身上，深层肌肉的伸缩几乎不会在体表产生任何可察觉的动作，也就是说金枪鱼在游泳时不会像其他鱼类那样弯曲身体，这样的游泳方式被称为"鲔行式"泳姿。

名称　鲭鱼和金枪鱼

拉丁学名

鲭属：*Scomber* spp

金枪鱼属：*Thunnus* spp

英文名

Mackerels and tunas

分类　鲈形目　鲭科

物种数

15 属 54 种。

体型　体长：从 20 厘米（富氏羽鳃鲐）到 4.6 米。

主要特征　躯体两端逐渐变细，从截面上看几乎呈圆柱形；头尖；第一背鳍有坚硬的棘；第二背鳍和臀鳍后的小鳍一直延伸到尾巴基部；鳞片非常小；鲭鱼的上半身通常有斑点或深色条纹；狐鲣身上通常有纵向条纹。

繁殖　除蓝枪鱼外，雌鱼会反复多次产卵。

食物　甲壳类动物、鱿鱼、鱼和无脊椎动物。

栖息地　海洋。

肉鳍鱼和灯笼鱼

　　肉鳍鱼、灯笼鱼和合齿鱼并没有什么亲缘关系，唯一的共同之处在于它们都拥有与众不同的生活方式或体型。

　　6 种肺鱼和 2 种腔棘鱼都属于肉鳍鱼（肉鳍鱼纲），它们与哺乳动物的关系比与辐鳍鱼的关系还要更加密切。肺鱼非常适于在恶劣环境下生存。它们有 1 或 2 个肺，因此可以在水面呼吸空气，或在旱季里干涸的湖泊底或河床上躺平休息。曾经，所有对腔棘鱼的认识都只能源自化石证据，人们认为它们已经在 6 600 万年前灭绝了，直到 1938 年，在南非海岸一只活生生的腔棘鱼横空出世，人们才对它们有了更多的认识。

　　灯笼鱼和合齿鱼都是辐鳍鱼（辐鳍鱼纲动物）。前者大量存在于世界各地的海洋里，并利用生物发光现象进行交流。后者有许多深海物种，有些甚至是底栖物种。

长吻帆蜥鱼

Alepisaurus ferox

这种高度掠食性的鱼类生活在热带、亚热带和温带海洋，有时在很深的海域活动。

芒光灯笼鱼

Myctophum affine

这种鱼只能长到 8 厘米长，以大西洋里的浮游生物为食。

细蛇鲻

Saurida gracilis

这种鱼常见于印度洋和太平洋的浅水潟湖和珊瑚礁滩。

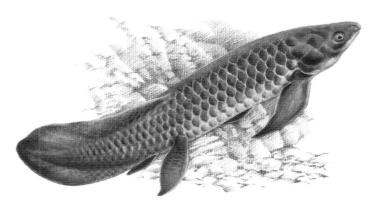

昆士兰肺鱼

Neoceratodus forsteri

它们是仅存的 6 种能呼吸空气的肺鱼之一，只要保持皮肤湿润，它们就能在离开水的情况下存活好几天。

合齿鱼是底栖生物，生活在世界各地相对较浅的热带和亚热带水域。

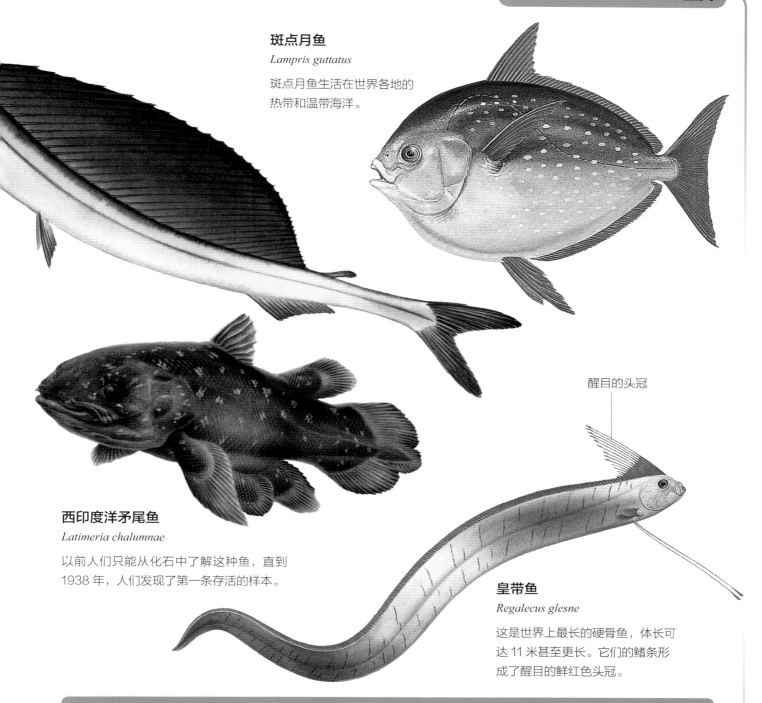

斑点月鱼

Lampris guttatus

斑点月鱼生活在世界各地的
热带和温带海洋。

醒目的头冠

西印度洋矛尾鱼

Latimeria chalumnae

以前人们只能从化石中了解这种鱼，直到
1938 年，人们发现了第一条存活的样本。

皇带鱼

Regalecus glesne

这是世界上最长的硬骨鱼，体长可
达 11 米甚至更长。它们的鳍条形
成了醒目的鲜红色头冠。

多鳍鱼、腔棘鱼和肺鱼的形态结构

这些来自 5 个不同科的鱼类
展示出了各种各样的身体形态。
值得注意的是，肺鱼没有背鳍，
腔棘鱼有两个明显的背鳍，而多
鳍鱼的背上有一排小鳍，每个小
鳍都由一根粗壮的棘支撑着一系
列鳍条。

1. **多鳍鱼科**（*Polypteridae*）。

2. **腔棘鱼科**（*Coelacanthidae*）。

3. **角齿鱼科**（*Ceratodontidae*）。

4. **美洲肺鱼科**（*Lepidosirenidae*）。

5. **非洲肺鱼科**（*Protopteridae*）。

鳐鱼和鲨鱼

与大多数鱼类不同，鲨鱼、鳐鱼和银鲛的骨骼是由软骨组成的，这些软骨并未完全骨化。

在已知的约 460 种鲨鱼中，大多数种类都生活在开阔的海洋或相对较浅的沿海水域和珊瑚礁附近。体型最大的鲨鱼是鲸鲨，能够长到 18 米长。许多鲨鱼可以探测到 1.6 千米以外的猎物，因为它们的耳朵能在这个范围接收到低频声波，而它们高灵敏度的侧线系统也可以在距离振动源约 91 米的地方探测到低频振动。有些鲨鱼会产下带卵壳的卵，而有些则直接产下活生生的幼体。

世界上有 500 多种鳐鱼，它们的体型与其他大多数鱼类截然不同，其中最明显的就是鳐鱼巨大的、通常像翅膀一样的胸鳍，它们利用胸鳍推动自己前行。这些扁平的鱼通常将鳃裂和嘴开口于腹部。魟鱼的尾巴上长着有毒的棘刺。

大白鲨

Carcharodon carcharias

这种食物链顶端的捕食者几乎存在于地球上所有主要的海洋中，它们能长到 6.4 米长，除虎鲸以外没有其他天敌。

鲸鲨

Rhincodon typus

鲸鲨能长到 21.5 吨重、12.6 米长。鲸鲨是游动缓慢的滤食性动物，生活在世界各地的热带和亚热带海洋中。

双髻鲨是一种独特的生物，它们扁平的头部横向延伸形成锤状，称为头翼。

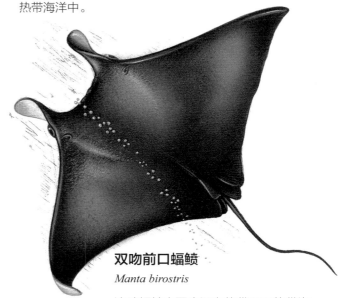

双吻前口蝠鲼

Manta birostris

这种蝠鲼主要生活在热带和亚热带海洋中，胸鳍展开可达 7 米。

大西洋银鲛

Chimaera monstrosa

这种银鲛长着有毒的棘刺，主要以底栖无脊椎动物为食。

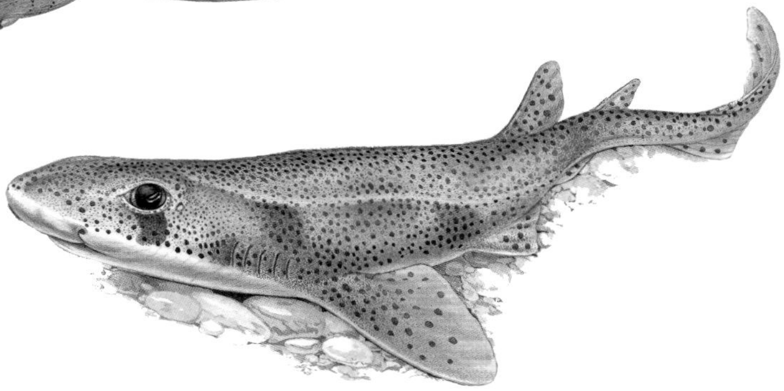

巴氏光唇鲨

Eridacnis barbouri

它们生活在南美洲北部、墨西哥湾和加勒比海沿岸海域的400～650米深处。

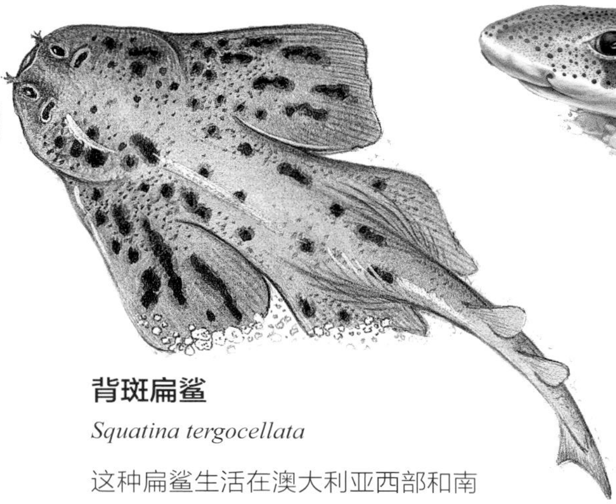

背斑扁鲨

Squatina tergocellata

这种扁鲨生活在澳大利亚西部和南部海岸边的大陆架和大陆坡上。

半带皱唇鲨

Triakis semifasciata

这种纹路漂亮的鲨鱼主要生活在北美洲太平洋沿岸的水域。

南美江虹

Potamotrygon motoro

这是一种生活在南美洲的淡水鱼，尾巴能发出强有力的一击。

琴犁头鳐

Rhinobatos rhinobatos

它们是浅海中的底栖生物，生活在从法国到安哥拉的大西洋东部及地中海。

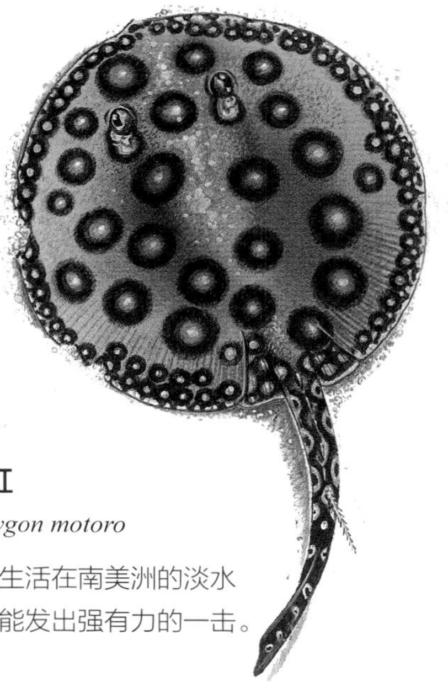

大白鲨（噬人鲨）

纵观全球海洋，在统治地位和捕食行为方面能与大白鲨匹敌的只有虎鲸。大白鲨完美适应于自己的生活方式。它们的身体呈流线型鱼雷状，上下颌长有巨大的牙齿，如果有牙齿缺损，可以通过"传送带系统"更换[1]。

大白鲨的感受器能够探测到 1.6 千米以外的猎物，其复杂的机制几乎让人无法理解。因此，它们可以率先察觉到如海豹、海狮一般的猎物，然后在不被发现的情况下悄悄靠近，最后在目标猎物难以逃脱的距离内发动攻击。从鲨鱼发动攻击到它们咬下第一口只需要不到 1 秒钟的时间。

事实证明，大白鲨的捕猎技巧在追捕海豹和海狮时非常成功，这个步骤包括远距离探测、锁定目标猎物、疾速冲刺和闪电般的撕咬。据估计，大白鲨发起的攻击几乎有一半都是成功的，捕猎经验丰富的大白鲨甚至能拥有高达 80% 的成功率。

【注释】

1. 鲨鱼的牙板可以不断移动，慢慢地把后排备用的皮齿往前推，就像传送带一样。

名称　大白鲨（噬人鲨）

拉丁学名
Carcharodon carcharias

英文名
Great White Shark

分类　鼠鲨目　鲭鲨科

体型
体长：经鉴定的标本体长 5.5 ~ 6.0 米。

主要特征　身体呈鱼雷形，吻部圆锥形；上下颌的牙齿相似，上颌锯齿状牙齿稍宽；身体背部呈石板灰到褐色；背部与白色腹部交界处呈不规则边界；胸鳍尖端的腹面呈黑色。

繁殖　卵胎生，在长达 12 个月的妊娠期后产下 5 ~ 14 只幼崽。

食物　主要是鱼类（包括其他鲨鱼）、海龟、海鸟、海洋哺乳动物，包括海豚、海豹和海狮。

栖息地　海洋。

大白鲨的主要牙齿后面有一排排锯齿状的皮齿，随时可以替换脱落的牙齿。

直到 2009 年，阿氏前口蝠鲼才被认定为一个独立的物种。它们以浮游动物为食。

双吻前口蝠鲼

双吻前口蝠鲼是所有鳐类中体型最大的物种。由于鳃结构的特化，蝠鲼几乎完全以从水中过滤的微小浮游生物为食。蝠鲼身体前部独特的舌状鳍就像漏斗一样将食物送入口中，但在不进食时，舌状鳍会一直保持卷曲状态。因为它们的舌状鳍看起来像恶魔的两个角，所以这种鱼也被称为魔鬼鱼。当发现一群小鱼时，蝠鲼就会将它们吸进嘴里并全部吞下。蝠鲼的嘴里大约有 270 颗牙齿，都长在下颌上。

蝠鲼体型庞大，游动速度快，可以达到每小时 24 千米。它们几乎没有天敌，并且经常有同伴：一起游动的领航鱼、蚕食它们身上寄生虫的"清洁工"隆头鱼，以及用吸盘吸附在它们身上的鮣鱼。与之亲缘关系相近的阿氏前口蝠鲼体型较小，栖息在热带东印度洋和西太平洋的沿海浅水水域。

名称　双吻前口蝠鲼

拉丁学名
Manta birostris

英文名
Giant Oceanic Manta Ray

分类　鲼目　鲼科

体型
体长：可达 5.2 米。

主要特征　延伸到眼睛下面的独特角状突起（舌状鳍）；背部黑棕色，颈部白色图案形状可变，可用于个体识别；腹部发白；天性好动，比起隐藏在海床上更习惯于长距离游动。

繁殖　雌性每胎产下 1 ~ 2 只幼崽，妊娠期大约 1 年。

食物　通常吃浮游动物，有时也吃小鱼。

栖息地　通常在海洋上层。

分布　环球分布于亚热带和热带的大西洋、印度洋、太平洋海域。

什么是无脊椎动物

在已知的 1 300 000 种物种中，大约有 1 288 550 种都是无脊椎动物。它们组成了多样性惊人的群体，从最小的单细胞生物到拥有巨大神经细胞的章鱼和鱿鱼，从身体柔软的水母到全副武装的螃蟹和龙虾。许多无脊椎动物都生活在海洋或淡水环境中。而陆地上的那些种类，如蚯蚓或蜗牛，再一次为我们展现了它们形态结构的多样性，因为不受脊柱的限制，它们的体型千变万化。

原生动物

已有记录的原生动物超过5万种，但实际种类可能更多。这些单细胞生物有相对复杂的内部结构。大多数种类通过无性繁殖的方式产生后代。这里画出了3种形态以展示其多样性。

1. 一种砂壳虫，外壳是细小的沙粒。
2. 一种辐射虫。
3. 一种会游泳的旋口虫。

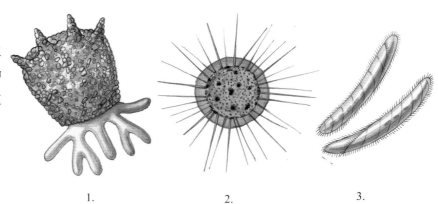

1.　　　　　2.　　　　　3.

环节动物

环节动物有 22 000 多种，从需要用显微镜观察的微小个体到将近 3 米的大型个体都有。它们细长的身体分成许多环形体节，即使长有附肢，附肢也不分节。

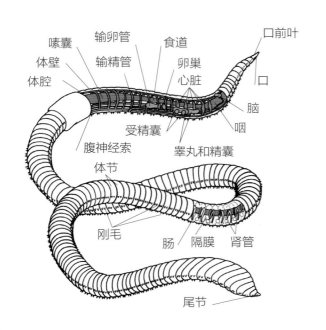

嗉囊　输卵管　食道　口前叶
体壁　输精管　卵巢　口
体腔　　　　心脏
　　　　　　　脑
受精囊　　　　咽
腹神经索　睾丸和精囊
体节
刚毛
肠　隔膜　肾管
尾节

海葵

海葵和珊瑚一起组成了海洋无脊椎动物的一大类群，称为珊瑚纲。它们的基本结构是一个圆形的柱体（水螅体），顶部的口被触手包围。大多数海葵都是独居动物，而珊瑚往往是群居动物。

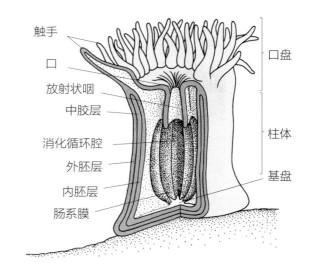

触手　　　　　　　口盘
口
放射状咽
中胶层
消化循环腔　　　　柱体
外胚层
内胚层　　　　　　基盘
肠系膜

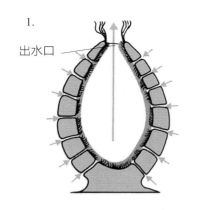
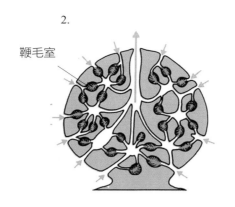
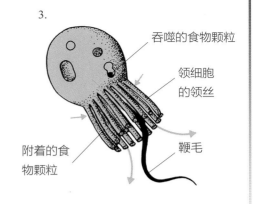

海绵

　　大多数海绵的工作原理就像烟囱：它们从底部或两侧吸水，再从像"小嘴"一样的出水口排出。领细胞上的鞭毛驱动水流过海绵，食物颗粒在过滤后被领细胞吞噬并传递给其他细胞。

1. 单沟型海绵的结构。
2. 复沟型海绵的结构。
3. 带有鞭毛的领细胞。

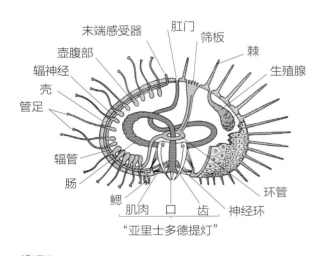

海胆

　　现存大约有 950 种海胆，属于海胆纲，它们生活在地球上所有的海洋中。

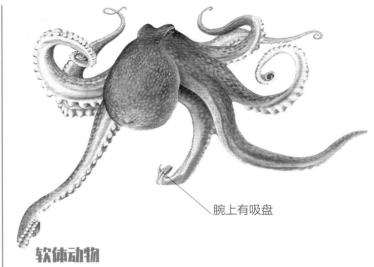

软体动物

　　数量庞大的软体动物门包括如常见的章鱼（如图）一样的头足类动物、双壳类动物和腹足类动物。

淡水龙虾

　　淡水龙虾组成了众多无脊椎动物类群之一——甲壳亚门（通常被称作甲壳类动物）。它们分节的身体周围有坚硬的外骨骼和分节的四肢。其他甲壳类动物包括螃蟹、龙虾、磷虾、虾和水虱。迄今为止，人们至少发现了 67 000 种甲壳类动物。右图中的淡水龙虾是棘刺龙虾。

软体动物

这一丰富类群（软体动物门）有 85 000 多种，其化石标本至少可以追溯到 5.4 亿年前。大多数现存的软体动物都生活在海洋里，但也有许多种类生活在陆地或淡水环境中。

腹足类动物是其中最大的一个类群。它们有明显的头，2 只或 4 只带有眼睛的触角，足在腹部，大多数种类（如蜗牛）都拥有一个完整的外壳。数量第二多的是双壳类动物，它们的壳由两片用韧带连接的钙质部分组成。

头足类动物

其他软体动物还包括多板类，栖息在岩岸的潮汐带和海床上；掘足类，也称作象牙贝；还有头足类，包括鱿鱼、章鱼和墨鱼。头足类动物是自由游动的海洋软体动物，拥有发达的感官，以及无脊椎动物中最大的脑和最复杂的神经系统。大多数头足类动物依靠视觉来探测捕食者和猎物，并能在个体之间进行交流。

耳乌贼是一种彩色的小型头足类动物，大部分时间都在海底休息，主要以虾和小螃蟹为食。

侏儒紫螺

Janthina exigua

这种色彩鲜艳的海蜗牛是一种腹足类软体动物。

珍珠鹦鹉螺

Nautilus Pompilius

这种肉食性软体动物生活在太平洋中的海床和珊瑚附近。

蛾螺和帽贝

蛾螺（*Whelk*）（右图的左侧）是腹足类动物，而新碟贝（*Neopilina galathea*）这类帽贝（最右侧）是单壳类软体动物。

象牙贝和竹蛏

象牙贝（*Dentalium*），是掘足类软体动物（下图）。而竹蛏（*Solen*），是双壳类动物（右下）。

欧洲帽贝

Patella vulgata

它们与新碟贝一样是海洋软体动物。不同的是，欧洲帽贝是腹足类动物，能够安全地附着在岩石表面上。

玉黍螺（左图）

Littorina obtusata

玉黍螺是一种海洋腹足类动物，与褐藻关系紧密，以褐藻为食。

砂海螂

Mya arenaria

这种双壳类软体动物生活在潮间带的淤泥里，在北美和西欧被人们当作食物捕捞。

紫贻贝

Mytilus edulis

人们捕捞紫贻贝作为食物，并用于商业化水产养殖。

大砗磲

Tridacna gigas

这是现存最大的软体动物，宽度可达1.2米，寿命可以超过100年。

石鳖（下图）

Class Polyplacophora

这些扁平的、固着的软体动物长有8个重叠的甲板。

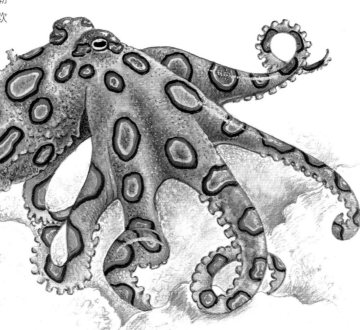

大蓝环章鱼

Hapalochlaena lunulata

虽然只有10厘米大小，但这种生活在热带和亚热带海洋中的头足类动物带有剧毒。

什么是昆虫

昆虫是节肢动物门的小型无脊椎动物，有 6 条腿，通常情况下还有 1 对或 2 对翅膀。典型的成虫身体可以分为头部、胸部（长着腿和翅膀）和腹部 3 部分。昆虫纲包括了许多常见的昆虫，如苍蝇、蜜蜂、黄蜂、蛾子、甲虫、蚱蜢和蟑螂。已有记载的昆虫种类有 100 多万个。

昆虫的形态结构

表皮形成外骨骼是昆虫生存的关键，它们的大多数感觉器官都是由表皮衍生而来的。最常见的一种就是铰接的刚毛，当刚毛运动时，轴内的神经末梢就会受到刺激。

- 表皮
- 感觉系统
- 神经系统
- 消化系统
- 排泄系统
- 呼吸系统
- 循环系统

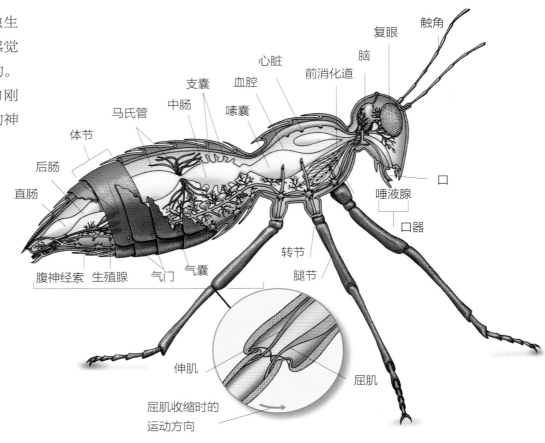

触角
复眼
脑
心脏
前消化道
支囊
血腔
马氏管
中肠
嗉囊
体节
口
唾液腺
口器
后肠
直肠
转节
腿节
腹神经索
生殖腺
气门
气囊
伸肌
屈肌
屈肌收缩时的运动方向

体节

昆虫身体的每一节实际上都像一个盒子，以背板为顶，胸板为底，侧板围成侧面。腿从侧板下方伸出，与身体主板相连的缩足肌和伸足肌可以调控腿的运动。

背板
缩足肌
心脏
伸肌
消化道
侧板
屈肌
纵肌
腹神经索
胸板

甲壳类动物

虾、螃蟹和龙虾都是甲壳类动物，构成了节肢动物门的一部分。甲壳类动物有一些重要的共同特征，包括外骨骼、分为 3 个部分的身体、有关节的四肢和两对触角。

世界上共计有甲壳类动物 67 000 种，其中大部分都是自由自在的水生物种，但也有一些生活在陆地上。它们的身体都分为头、胸、腹 3 个部分，有些种类的头和胸融合在一起。为了生长发育，甲壳类动物必须蜕皮并替换掉自己的外骨骼。

甲壳类动物的体型范围很广，从微型的寄生虫，到小型的桡足动物和磷虾，再到大型的螃蟹都有。日本蜘蛛蟹的体重可达 20 千克，腿部展开有 3.8 米长。磷虾和桡足动物的总生物量非常大，在海洋食物链中扮演着重要角色。

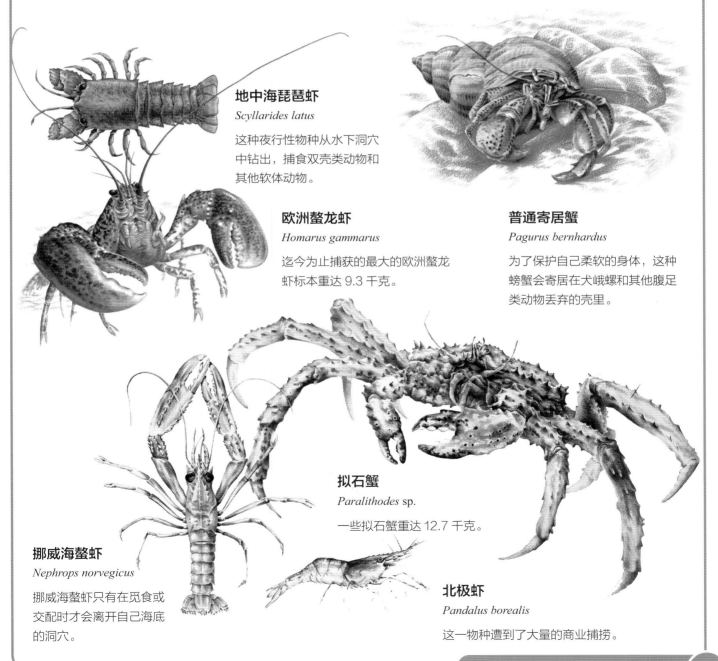

地中海琵琶虾
Scyllarides latus

这种夜行性物种从水下洞穴中钻出，捕食双壳类动物和其他软体动物。

欧洲螯龙虾
Homarus gammarus

迄今为止捕获的最大的欧洲螯龙虾标本重达 9.3 千克。

普通寄居蟹
Pagurus bernhardus

为了保护自己柔软的身体，这种螃蟹会寄居在犬峨螺和其他腹足类动物丢弃的壳里。

拟石蟹
Paralithodes sp.

一些拟石蟹重达 12.7 千克。

挪威海螯虾
Nephrops norvegicus

挪威海螯虾只有在觅食或交配时才会离开自己海底的洞穴。

北极虾
Pandalus borealis

这一物种遭到了大量的商业捕捞。

蜘蛛

蜘蛛来自蛛形纲这个无脊椎动物中的大类别，同类的代表还有蝎子、螨虫和蜱虫。

到目前为止，人们已经记录了 50 000 多种蜘蛛，这些特殊的捕食者构成了一个多姿多彩的群体。它们的身体结构与昆虫不同，昆虫的躯干分为 3 个部分，而蜘蛛只有 2 个部分；昆虫有 6 条腿，而蜘蛛有 8 条。蜘蛛躯体的前半部分由头和胸共同组成，称为头胸部或前体；后半部分是腹部，也称为后体。蜘蛛躯体的两个部分由纤细的腰部，或者称为腹柄连接在一起。世界上最大的蜘蛛是南美洲的巨人捕鸟蛛，其展开的腿间距离可达 25 厘米。

蜘蛛不像昆虫那样有可以活动的上下颚，取而代之的是它们身体前端的两个须肢。蜘蛛不能吞咽固体食物，必须先用消化液溶解。被注入（或喷洒）消化液的食物会变得像汤汁一样易于吸食，这个过程被称为外部消化。

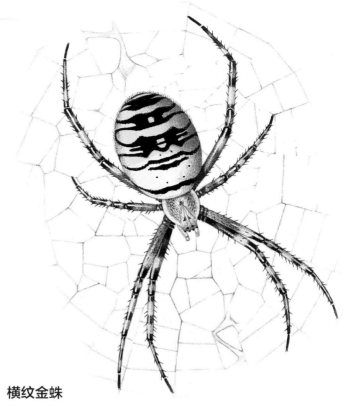

横纹金蛛

Argiope bruennichi

这种色彩鲜艳的蜘蛛会在黎明或黄昏时织就一张螺旋状的圆网，它们把落网的猎物包裹在蛛丝中，使之无法动弹，然后向其注射麻痹性的毒液和一种溶解蛋白质的酶。

跳蛛的 8 只眼睛排列独特，中间的两只大眼睛和侧面的两只小眼睛一起朝向前方。

奇异盗蛛

Pisaura mirabilis

这一物种的雄性会为未来的配偶准备一份用蛛丝包裹的猎物作为结婚礼物。雌性咬住礼物后，雄性就会开始与其交配，交配过程中保持一条腿搭在礼物上。

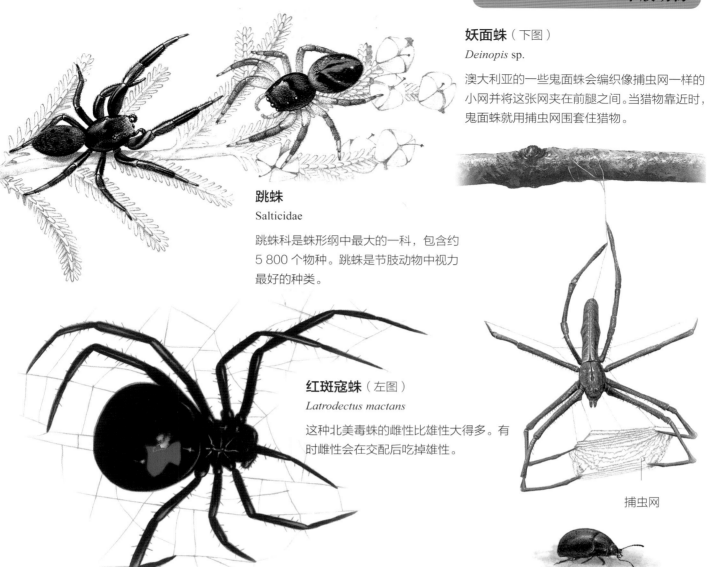

妖面蛛（下图）

Deinopis sp.

澳大利亚的一些鬼面蛛会编织像捕虫网一样的小网并将这张网夹在前腿之间。当猎物靠近时，鬼面蛛就用捕虫网围套住猎物。

跳蛛

Salticidae

跳蛛科是蛛形纲中最大的一科，包含约5 800个物种。跳蛛是节肢动物中视力最好的种类。

红斑寇蛛（左图）

Latrodectus mactans

这种北美毒蛛的雌性比雄性大得多。有时雌性会在交配后吃掉雄性。

捕虫网

蜘蛛的内部结构

蜘蛛的身体分为2个主要部分，头胸部（头部和胸部的结合）和腹部。其头胸部被坚硬的甲壳覆盖，内含脑、毒腺和胃，头胸部长出6对附肢：4对腿、1对须肢和1对携带强大毒爪的螯肢。大多数蜘蛛的视力都很差，但它们能够通过空气或地面传递的振动来"探听"周围的动静。螯肢是蜘蛛的武器。蜘蛛将分泌的消化液喷洒到猎物身上或注射到猎物体内，然后吮吸猎物溶解后的液体。

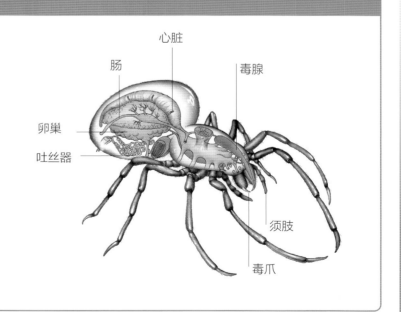

心脏
肠
毒腺
卵巢
吐丝器
须肢
毒爪

蝴蝶

鳞翅目包含约 18 万种蝴蝶和蛾子。

鳞翅目的名字意为长着鳞片的翅膀，源自大多数成员翅膀上成千上万的微小鳞片。长久以来，将蝴蝶和蛾子区分开来的标准都是人为规定的。事实上，这两类昆虫都有 4 个翅膀和典型的 3 段式躯干。许多蛾子也在白天飞舞，也像蝴蝶一样鲜艳多彩。

鳞翅目的身体形态是所有昆虫中最统一的。它们都被一层厚厚的微小鳞片所覆盖。翅膀上的鳞片扁平，像一块块小瓷砖，许多物种因此而显现出明亮的光彩。鳞翅目的头很小，有点像一个球形的囊，承载着摄食的口器和主要的感觉器官，其中有 1 对明显的复眼。它们的头顶上有 1 对触角，在蝴蝶中呈棒状，基部细长，顶端逐渐变厚；在蛾子中变化多样，形态各异。

纹黄豆粉蝶

Colias eurytheme

这一物种在北美很常见，有时被称为苜蓿蝴蝶。

亚历山大鸟翼凤蝶

Ornithoptera alexandrae

这种蝴蝶的翅展有 28 厘米。

东非日落蛾

Chrysiridia croesus

在维多利亚时代，这一东非物种的翅膀常常被用来装饰服装、珠宝。

红涡蛱蝶是一种产于南美洲和中美洲的蝴蝶，以腐烂的水果为食。

注意翅膀上明亮的橘红色"眼点"

阿波罗绢蝶

Parnassius apollo

欧洲山区的高山草甸为这种漂亮蝴蝶的幼虫提供了充足的食物。

蓝闪蝶

Menelaus morpho

其翅膀背面是斑斓的绿松石色，腹面的图案像树皮一样，能够很好地把自己伪装起来。

优红蛱蝶

Vanessa atalanta

这一鲜艳物种的成虫以花朵和腐烂的果实为食。

毛毛虫正在狼吞虎咽

雌性在选定的叶子上产卵

蛹附着在木头或叶子上，里面有成虫在生长

雌性

生命周期

蝴蝶的生命周期有一系列显著的转变。毛毛虫从卵中孵出来，经过一次次蜕皮逐渐长大，最终从末龄幼虫（蛹，见右图）中长出蜕变的成虫。

红蝙蝠蛾

Leto venus

它们原产于南非，幼虫在树干上取食。

求偶时，雄性在雌性身边翩然起舞

著作权合同登记：图字 02-2022-211 号

© 2021 Brown Bear Books Ltd
[BROWN logo] A Brown Bear Book
Devised and produced by Brown Bear Books Ltd,
Unit 3/R, Leroy House, 436 Essex Road, London
N1 3QP, United Kingdom
Chinese Simplified Character rights arranged through CA-LINK
International LLC

图书在版编目（CIP）数据

动物王国 /（英）蒂姆·哈里斯著；罗雅文译 . --
天津：天津科学技术出版社，2023.1
　书名原文：The Encyclopedia of Animals
　ISBN 978-7-5742-0564-2

Ⅰ . ①动… Ⅱ . ①蒂… ②罗… Ⅲ . ①动物 – 少儿读
物 Ⅳ . ① Q95–49

中国版本图书馆 CIP 数据核字 (2022) 第 182670 号

动物王国
DONGWU WANGGUO
责任编辑：马妍吉
出　　版：天津出版传媒集团
　　　　　天津科学技术出版社
地　　址：天津市西康路 35 号
邮政编码：300051
电　　话：（022）23332695
网　　址：www.tjkjcbs.com.cn
发　　行：新华书店经销
印　　刷：河北鹏润印刷有限公司

开本 930×1230　1/16　印张 19　字数 140 000
2023 年 1 月第 1 版第 1 次印刷
定价：296.00 元